网络空间安全学科系列教材

安全大数据分析技术与应用

段晓光 林雪纲 马利民 杨东晓 编著

清华大学出版社
北京

内 容 简 介

本书共11章，主要介绍安全大数据分析的基本知识和大数据分析、云计算的相关机制，围绕计算机系统面临的安全威胁，重点介绍为提高网络空间安全采取的安全大数据分析相关技术和措施，使学生了解在真实网络空间安全场景下采用的基于大数据分析的关键技术和模型。结合对网络空间安全的具体攻击及基于大数据分析技术的安全解决方案，使学生掌握网络安全和大数据的基础知识，理解大数据分析主流算法的原理及应用场景，掌握安全大数据分析的关键技术，培养学生针对实际安全场景进行架构设计和场景分析的能力。

本书针对高校网络空间安全专业的教学规划组织编写，既可作为网络空间安全、信息安全专业及网络工程、计算机技术应用型人才培养与认证体系中的教材，也可作为负责网络安全运维的网络管理人员和对网络空间安全感兴趣的读者的基础读物。

本书封面贴有清华大学出版社防伪标签，无标签者不得销售。
版权所有，侵权必究。举报：010-62782989，beiqinquan@tup.tsinghua.edu.cn。

图书在版编目(CIP)数据

安全大数据分析技术与应用/段晓光等编著. —北京：清华大学出版社，2023.4(2025.6重印)
网络空间安全学科系列教材
ISBN 978-7-302-63239-9

Ⅰ.①安… Ⅱ.①段… Ⅲ.①计算机网络—网络安全—教材 Ⅳ.①TP393.08

中国国家版本馆 CIP 数据核字(2023)第 057283 号

责任编辑：张　民　战晓雷
封面设计：常雪影
责任校对：李建庄
责任印制：刘海龙

出版发行：清华大学出版社
　　　　网　　址：https://www.tup.com.cn，https://www.wqxuetang.com
　　　　地　　址：北京清华大学学研大厦A座　　邮　　编：100084
　　　　社 总 机：010-83470000　　邮　　购：010-62786544
　　　　投稿与读者服务：010-62776969，c-service@tup.tsinghua.edu.cn
　　　　质量反馈：010-62772015，zhiliang@tup.tsinghua.edu.cn
　　　　课件下载：https://www.tup.com.cn，010-83470236
印 装 者：三河市人民印务有限公司
经　　销：全国新华书店
开　　本：185mm×260mm　　印　张：16　　字　数：368 千字
版　　次：2023 年 5 月第 1 版　　印　次：2025 年 6 月第 2 次印刷
定　　价：49.00 元

产品编号：091880-01

网络空间安全学科系列教材 编委会

顾问委员会主任：沈昌祥（中国工程院院士）
特别顾问：姚期智（美国国家科学院院士、美国人文与科学院院士、中国科学院院士、"图灵奖"获得者）
何德全（中国工程院院士）　蔡吉人（中国工程院院士）
方滨兴（中国工程院院士）　吴建平（中国工程院院士）
王小云（中国科学院院士）　管晓宏（中国科学院院士）
冯登国（中国科学院院士）　王怀民（中国科学院院士）
钱德沛（中国科学院院士）

主　　任：封化民
副 主 任：李建华　俞能海　韩　臻　张焕国
委　　员：（排名不分先后）

蔡晶晶	曹珍富	陈克非	陈兴蜀	杜瑞颖	杜跃进
段海新	范　红	高　岭	宫　力	谷大武	何大可
侯整风	胡爱群	胡道元	黄继武	黄刘生	荆继武
寇卫东	来学嘉	李　晖	刘建伟	刘建亚	罗　平
马建峰	毛文波	潘柱廷	裴定一	秦玉海	秦　拯
秦志光	仇保利	任　奎	石文昌	汪烈军	王劲松
王　军	王丽娜	王美琴	王清贤	王伟平	王新梅
王育民	魏建国	翁　健	吴晓平	吴云坤	徐　明
许　进	徐文渊	严　明	杨　波	杨　庚	杨义先
于　旸	张功萱	张红旗	张宏莉	张敏情	张玉清
郑　东	周福才	周世杰	左英男		

秘 书 长：张　民

网络空间安全学科系列教材 出版说明

21世纪是信息时代,信息已成为社会发展的重要战略资源,社会的信息化已成为当今世界发展的潮流和核心,而信息安全在信息社会中将扮演极为重要的角色,它会直接关系到国家安全、企业经营和人们的日常生活。随着信息安全产业的快速发展,全球对信息安全人才的需求量不断增加,但我国目前信息安全人才极度匮乏,远远不能满足金融、商业、公安、军事和政府等部门的需求。要解决供需矛盾,必须加快信息安全人才的培养,以满足社会对信息安全人才的需求。为此,教育部继2001年批准在武汉大学开设信息安全本科专业之后,又批准了多所高等院校设立信息安全本科专业,而且许多高校和科研院所已设立了信息安全方向的具有硕士和博士学位授予权的学科点。

信息安全是计算机、通信、物理、数学等领域的交叉学科,对于这一新兴学科的培养模式和课程设置,各高校普遍缺乏经验,因此中国计算机学会教育专业委员会和清华大学出版社联合主办了"信息安全专业教育教学研讨会"等一系列研讨活动,并成立了"高等院校信息安全专业系列教材"编委会,由我国信息安全领域著名专家肖国镇教授担任编委会主任,指导"高等院校信息安全专业系列教材"的编写工作。编委会本着研究先行的指导原则,认真研讨国内外高等院校信息安全专业的教学体系和课程设置,进行了大量具有前瞻性的研究工作,而且这种研究工作将随着我国信息安全专业的发展不断深入。系列教材的作者都是既在本专业领域有深厚的学术造诣,又在教学第一线有丰富的教学经验的学者、专家。

该系列教材是我国第一套专门针对信息安全专业的教材,其特点是:

① 体系完整、结构合理、内容先进。

② 适应面广:能够满足信息安全、计算机、通信工程等相关专业对信息安全领域课程的教材要求。

③ 立体配套:除主教材外,还配有多媒体电子教案、习题与实验指导等。

④ 版本更新及时,紧跟科学技术的新发展。

在全力做好本版教材,满足学生用书的基础上,还经由专家的推荐和审定,遴选了一批国外信息安全领域优秀的教材加入系列教材中,以进一步满足大家对外版书的需求。"高等院校信息安全专业系列教材"已于2006年年初正式列入普通高等教育"十一五"国家级教材规划。

2007年6月,教育部高等学校信息安全类专业教学指导委员会成立大会暨第一次会议在北京胜利召开。本次会议由教育部高等学校信息安全类专业教学指导委员会主任单位北京工业大学和北京电子科技学院主办,清华大学出版社协办。教育部高等学校信息安全类专业教学指导委员会的成立对我国信息安全专业的发展起到重要的指导和推动作用。2006年,教育部给武汉大学下达了"信息安全专业指导性专业规范研制"的教学科研项目。2007年起,该项目由教育部高等学校信息安全类专业教学指导委员会组织实施。在高教司和教指委的指导下,项目组团结一致,努力工作,克服困难,历时5年,制定出我国第一个信息安全专业指导性专业规范,于2012年年底通过经教育部高等教育司理工科教育处授权组织的专家组评审,并且已经得到武汉大学等许多高校的实际使用。2013年,新一届教育部高等学校信息安全专业教学指导委员会成立。经组织审查和研究决定,2014年,以教育部高等学校信息安全专业教学指导委员会的名义正式发布《高等学校信息安全专业指导性专业规范》(由清华大学出版社正式出版)。

2015年6月,国务院学位委员会、教育部出台增设"网络空间安全"为一级学科的决定,将高校培养网络空间安全人才提到新的高度。2016年6月,中央网络安全和信息化领导小组办公室(下文简称"中央网信办")、国家发展和改革委员会、教育部、科学技术部、工业和信息化部及人力资源和社会保障部六大部门联合发布《关于加强网络安全学科建设和人才培养的意见》(中网办发文〔2016〕4号)。2019年6月,教育部高等学校网络空间安全专业教学指导委员会召开成立大会。为贯彻落实《关于加强网络安全学科建设和人才培养的意见》,进一步深化高等教育教学改革,促进网络安全学科专业建设和人才培养,促进网络空间安全相关核心课程和教材建设,在教育部高等学校网络空间安全专业教学指导委员会和中央网信办组织的"网络空间安全教材体系建设研究"课题组的指导下,启动了"网络空间安全学科系列教材"的工作,由教育部高等学校网络空间安全专业教学指导委员会秘书长封化民教授担任编委会主任。本丛书基于"高等院校信息安全专业系列教材"坚实的工作基础和成果、阵容强大的编委会和优秀的作者队伍,目前已有多部图书获得中央网信办与教育部指导和组织评选的"网络安全优秀教材奖",以及"普通高等教育本科国家级规划教材""普通高等教育精品教材""中国大学出版社图书奖"等多个奖项。

"网络空间安全学科系列教材"将根据《高等学校信息安全专业指导性专业规范》(及后续版本)和相关教材建设课题组的研究成果不断更新和扩展,进一步体现科学性、系统性和新颖性,及时反映教学改革和课程建设的新成果,并随着我国网络空间安全学科的发展不断完善,力争为我国网络空间安全相关学科专业的本科和研究生教材建设、学术出版与人才培养做出更大的贡献。

我们的E-mail地址是:zhangm@tup.tsinghua.edu.cn,联系人:张民。

"网络空间安全学科系列教材"编委会

前　言

没有网络安全,就没有国家安全;没有网络安全人才,就没有网络安全。

为了更多、更快、更好地培养网络安全人才,许多学校都在加大各方面投入,聘请优秀教师,招收优秀学生,建设一流的网络空间安全专业。

网络空间安全专业建设需要体系化的培养方案、系统化的专业教材和专业化的师资队伍。优秀教材是网络空间安全专业人才培养的关键。但是,这是一项十分艰巨的任务。原因有二:其一,网络空间安全的涉及面非常广,至少包括密码学、数学、计算机、通信工程等多门学科,因此,其知识体系庞杂、难以梳理;其二,网络空间安全的实践性很强,技术发展更新非常快,对环境和师资要求也很高。

"安全大数据分析技术与应用"是高校网络空间安全和信息安全专业的基础课程,主要介绍安全大数据分析的基本知识和大数据分析、云计算的相关机制,围绕计算机系统面临的安全威胁,重点介绍为提高网络空间安全采取的安全大数据分析相关技术和措施,使学生了解在真实网络空间安全场景下采用的基于大数据分析的关键技术和模型。

本书既适合作为高校网络空间安全、信息安全等相关专业学生的教材和参考资料,也适合作为网络安全研究人员的基础读物。随着新技术的不断发展,我们将不断更新图书内容。

由于编者水平有限,书中难免存在疏漏和不妥之处,欢迎读者批评指正。

编　者
2022 年 10 月

目 录

第1章 网络空间安全形势发展变化 ········· 1
- 1.1 安全需求多元化发展 ········· 2
  - 1.1.1 系统安全 ········· 3
  - 1.1.2 设备安全 ········· 4
  - 1.1.3 网络安全 ········· 4
  - 1.1.4 应用安全 ········· 5
  - 1.1.5 数据安全 ········· 5
- 1.2 攻击形式多样化 ········· 6
- 1.3 安全数据来源多样性 ········· 7
  - 1.3.1 设备日志数据 ········· 7
  - 1.3.2 网络流量数据 ········· 7
  - 1.3.3 资产数据 ········· 8
  - 1.3.4 用户行为数据 ········· 8
  - 1.3.5 威胁情报数据 ········· 9
- 1.4 安全分析方法的综合性 ········· 9
  - 1.4.1 传统的安全分析方法的局限性 ········· 9
  - 1.4.2 安全大数据分析方法 ········· 10
- 小结 ········· 11

第2章 大数据技术基础 ········· 12
- 2.1 大数据概念及特点 ········· 12
  - 2.1.1 大数据概念 ········· 12
  - 2.1.2 大数据的特征 ········· 12
- 2.2 大数据技术发展历程 ········· 15
  - 2.2.1 数据采集与预处理 ········· 18
  - 2.2.2 数据存储 ········· 19
  - 2.2.3 数据处理与分析 ········· 20
  - 2.2.4 数据安全和隐私保护 ········· 20

2.3 大数据计算模式 ... 21
2.3.1 批处理计算 ... 21
2.3.2 内存计算 ... 22
2.3.3 交互式分析计算 ... 22
2.3.4 流计算 ... 22
2.3.5 图计算 ... 23
2.3.6 查询分析计算 ... 23
2.4 大数据生命周期安全 ... 23
2.4.1 数据产生面临的威胁 ... 24
2.4.2 数据采集面临的威胁 ... 24
2.4.3 数据传输面临的威胁 ... 24
2.4.4 数据存储面临的威胁 ... 24
2.4.5 数据分析面临的威胁 ... 25
2.4.6 数据使用面临的威胁 ... 25
2.4.7 数据治理技术 ... 26
2.5 大数据技术与大数据安全分析技术发展趋势 ... 29
2.5.1 大数据技术发展趋势 ... 29
2.5.2 大数据安全分析技术发展趋势 ... 31
小结 ... 32

第3章 特征工程与模型评估 ... 33
3.1 特征工程 ... 33
3.1.1 数据预处理 ... 33
3.1.2 特征构建 ... 36
3.1.3 特征选择 ... 39
3.1.4 特征提取 ... 41
3.2 模型评估 ... 43
3.2.1 模型误差 ... 43
3.2.2 模型评估方法 ... 46
3.2.3 模型评价指标 ... 47
小结 ... 54

第4章 基于大数据分析的恶意软件检测技术 ... 55
4.1 恶意软件检测技术的发展 ... 55
4.1.1 恶意软件 ... 55
4.1.2 恶意软件的特征 ... 56
4.1.3 传统的恶意软件检测技术 ... 56
4.1.4 基于机器学习的恶意软件检测技术 ... 57

4.2 大数据分析技术在恶意软件检测中的应用 ··· 59
　　4.2.1 分类算法在恶意软件检测中的应用 ·· 60
　　4.2.2 聚类分析算法在恶意软件检测中的应用 ·································· 79
小结 ··· 83

第 5 章　基于大数据分析的入侵检测技术 ··· 84
5.1 入侵检测技术 ··· 84
　　5.1.1 入侵检测技术概述 ·· 84
　　5.1.2 入侵检测的方法 ·· 86
5.2 大数据分析技术在入侵检测中的应用 ··· 90
　　5.2.1 朴素贝叶斯算法 ·· 90
　　5.2.2 逻辑斯谛回归算法 ·· 101
小结 ··· 107

第 6 章　基于大数据分析的威胁情报 ··· 108
6.1 威胁情报 ··· 108
　　6.1.1 威胁情报的概念及分类 ··· 108
　　6.1.2 威胁情报的用途 ·· 110
　　6.1.3 威胁情报的生命周期 ··· 111
　　6.1.4 标准与规范 ·· 112
6.2 大数据分析技术在威胁情报中的应用 ·· 113
小结 ··· 119

第 7 章　基于大数据分析的日志分析技术 ·· 120
7.1 日志分析 ··· 120
　　7.1.1 日志 ··· 120
　　7.1.2 网络环境下日志的分类 ··· 120
　　7.1.3 日志的格式、语法和内容 ··· 122
　　7.1.4 日志分析概述 ··· 126
　　7.1.5 网络日志分析相关术语 ··· 127
　　7.1.6 网络日志分析流程 ·· 127
　　7.1.7 日志分析系统典型产品 ··· 131
7.2 大数据分析技术在日志分析中的应用 ·· 132
　　7.2.1 基于大数据分析的日志分析架构及工具 ································ 132
　　7.2.2 日志异常检测技术的研究现状 ··· 134
　　7.2.3 关联关系算法——Apriori 算法 ··· 136
　　7.2.4 KNN 算法在日志分析中的应用 ·· 141
小结 ··· 143

第 8 章　基于大数据分析的网络欺诈检测 ... 144
8.1　网络欺诈 ... 144
8.1.1　网络欺诈概述 ... 144
8.1.2　钓鱼网站 ... 144
8.1.3　社会工程学 ... 146
8.2　大数据分析技术在网络欺诈检测中的应用 ... 148
8.2.1　神经网络概述 ... 148
8.2.2　反向传播神经网络 ... 152
8.2.3　深度学习卷积神经网络 ... 160
小结 ... 166

第 9 章　基于大数据分析的网络流量分析技术 ... 167
9.1　网络流量分析 ... 167
9.1.1　网络流量分析概述 ... 168
9.1.2　网络流量分析的现状 ... 168
9.1.3　网络流量采集数据集 ... 170
9.1.4　流量数据采集相关问题 ... 171
9.2　大数据分析技术在网络流量分析中的应用 ... 172
9.2.1　网络流量分析流程 ... 172
9.2.2　k 均值聚类算法在网络流量分析中的应用 ... 177
小结 ... 188

第 10 章　基于大数据分析的网络安全态势感知 ... 189
10.1　网络安全态势感知 ... 189
10.1.1　态势感知技术 ... 189
10.1.2　网络安全态势感知的发展历程 ... 190
10.1.3　网络安全态势感知简介 ... 191
10.1.4　网络安全态势感知关键技术 ... 193
10.1.5　网络安全态势感知的发展趋势 ... 194
10.2　大数据分析技术在网络安全态势感知中的应用 ... 195
10.2.1　网络安全态势感知模型 ... 195
10.2.2　线性支持向量机算法 ... 199
10.2.3　Inception Net 算法 ... 210
小结 ... 214

第 11 章　基于大数据分析的网络用户行为分析 ... 215
11.1　网络用户行为 ... 215

11.1.1　网络用户行为的概念及特点 ……………………………………… 215
　　　11.1.2　网络用户行为的分类 ……………………………………………… 216
　　　11.1.3　网络用户分类 ……………………………………………………… 217
　　　11.1.4　网络用户行为分析的过程 ………………………………………… 217
　11.2　犯罪网络分析 ………………………………………………………………… 218
　　　11.2.1　社会网络分析的基本概念 ………………………………………… 219
　　　11.2.2　社会网络分析的主要内容 ………………………………………… 219
　　　11.2.3　犯罪网络分析的主要内容 ………………………………………… 221
　　　11.2.4　犯罪网络分析的主要方法和工具 ………………………………… 222
　11.3　大数据分析技术在犯罪网络分析中的应用 ………………………………… 224
　　　11.3.1　Louvain算法 ……………………………………………………… 224
　　　11.3.2　Louvain算法在犯罪网络分析中的应用 ………………………… 226
　　　11.3.3　三角形计数法 ……………………………………………………… 228
　　　11.3.4　PageRank算法 …………………………………………………… 228
　　　11.3.5　PageRank算法在犯罪网络分析中的应用 ……………………… 231
　小结 ………………………………………………………………………………………… 233

附录A　英文缩略语 …………………………………………………………………… 234

参考文献 ………………………………………………………………………………… 236

第1章 网络空间安全形势发展变化

信息技术广泛应用和网络空间不断发展,极大促进了经济社会繁荣进步,同时也带来了新的安全风险和挑战。根据国际电信联盟(International Telecommunication Union,ITU)的定义,网络空间是指"由以下所有或部分要素创建、组成的物理或非物理领域,包括计算机、计算机系统、网络机器软件支持、计算机和内容数据、流量数据集用户"。《信息技术 安全技术 网络安全指南》(ISO/IEC 27032:2012)中对网络空间的定义是"通过互联网上的技术、设备和网络与人、软件和服务相互作用而产生的复杂环境,它不以任何物理形式存在"。国家互联网信息办公室发布的《国家网络空间安全战略》指出:"互联网、通信网、计算机系统、自动化控制系统、数字设备及其承载的应用,服务和数据构成了网络空间"。目前网络空间已经成为继陆、海、空、天后的第五维空间。网络空间虽然具有虚拟性,但并不意味着网络空间可以脱离现实世界而独立运行,它需要依赖于现实世界中的服务器而存在。网络空间安全(cyberspace security,简称 cyber security)研究网络空间中的安全威胁和防护问题,即在有敌手(adversary)的对抗环境下,研究信息在产生、传输、存储、处理的各个环节中面临的威胁和防御措施,以及网络和系统本身的威胁和防护机制。网络空间安全不仅包括传统信息安全研究的信息的保密性、完整性和可用性,同时还包括构成网络空间基础设施的安全和可信。

目前网络安全形势不容乐观,近几年爆发的安全问题已经引起世界各国的高度重视。美国国防部于2018年公布的《国防部网络战略》中将中国、俄罗斯、伊朗和朝鲜列为其在网络空间的主要对手。加拿大、澳大利亚均推出了新版《国家网络安全战略》,新西兰更新了《网络安全战略和行动计划》,日本政府制定了今后三年的网络安全战略等。这些战略突显出共性特征,即由被动防御转向主动出击,更加注重网络威胁中的对抗及应对。面对日益严峻的网络安全形势,西方国家对网络战略的"换代升级"表明,未来网络空间对抗将成为常态。2018年以来,具有国家背景的黑客活动呈明显上升趋势。黑客活动渗入政治、经济等多重领域,新型技术及应用为网络犯罪提供了新的攻击载体。利用人工智能的攻击事件已经出现,例如,利用人工智能应用程序重构恶意软件,以规避智能防病毒程序的监测;针对语音识别人工智能应用程序实施人耳无法感知的"海豚攻击"。这表明"人工智能+黑客"模式已经逐步成熟,精准网络攻击将带动网络攻击技术的变革,网络安全模式逐步被改变。随着人工智能的迅猛发展,人工智能被黑客利用已经成为事实,将对网络空间安全构成新型威胁。2018年,脸书(Facebook)公司千万级用户数据泄露,并曾涉嫌为剑桥分析(Cambridge Analytical)公司网络政治干预和操控行为提供数据,使得数据安全问题上升至政治安全高度,引发全社会的高度关切,各国政府纷纷在数据保护领域建章立制,加强数据安全保护工作。随着大数据技术的成熟,采集数据、分析数据、使用数据、共享数据等已成为大数据平台频繁的业务活动,网络数据流在虚拟机之间的传输增加,数据主体对于敏感信息和高级恶意软件的监视和控制能力将被大大削弱。如何确保网络数据的完整性、可用性和保密性,不受到信息泄露和非法篡改的安全威胁影响,已成为政府机构、企事业单位信息化健康发展要考虑的核心问题。2021年年底,中国国家信息安全漏洞库(China National Vulnerability Database of Information Security,CNNVD)通报,各类漏洞已累计接近17.5万个。技术漏洞与隐患威胁不断攀升,攻击武器持续变化升级以及垃圾邮件加速传播,严重威胁到国家要害网络和核心系统的安全运行。高级持续性威胁(Advanced Persistent Threat,APT)攻击活动持续升级,给APT攻击的发现、分析、溯源带来更大难度。勒索软件技术迭代升级,功能模块大大增强,攻击次数明显递增,影响范围持续扩大,已经成为数字经济时代的网络黑手。面对各种安全威胁和日新月异的攻击方式,现有的安全防御技术已经无法有效应对,利用基于机器学习的大数据信息安全技术解决大数据时代的网络安全问题,成为信息安全领域新的挑战和发展契机。

2014年2月,中国共产党中央网络安全和信息化领导小组成立,习近平总书记担任组长。习近平总书记在第一次会议上强调指出:"没有网络安全,就没有国家安全;没有信息化,就没有现代化。"2016年12月27日,经中国共产党中央网络安全和信息化领导小组批准,中国国家互联网信息办公室发布《国家网络空间安全战略》,其中明确指出:网络空间安全事关人类共同利益,事关世界和平与发展,事关各国国家安全。而目前网络空间安全也面临不同层次、多种多样的威胁和挑战,网络空间安全形势更加严峻和复杂。

1.1 安全需求多元化发展

信息技术的飞速发展,安全问题也随之产生,从早期的计算机安全到信息安全,再到今天的网络空间安全,安全形势不断发生变化,安全需求也不断向多元化发展。从信息论角度来看,系统是载体,信息是内涵。信息安全是信息的影子,哪里有信息,哪里就存在信息安全问题。因此,网络空间存在更加突出的信息安全问题,其核心内涵仍是信息安全。传统的信息安全强调信息(数据)本身的安全属性,认为信息安全主要包括3个基本要素——CIA,即机密性(Confidentiality)、完整性(Integrity)和可用性(Availability)。其中,信息的机密性指数据不被未授权者知晓的属性;信息的完整性指数据是正确的、真实的、未被篡改的、完整无缺的属性;信息的可用性指数据是随时可以使用的属性。而信息不能脱离载体存在,因此,信息安全问题属于信息系统的安全问题。随着网络空间概念的提出,信息安全自然而然地扩展到网络空间安全,而网络空间安全则既包括网络空间中的一切数字化信息自身的安全性,又包括网络信息系统的安全性。网络空间是所有信息系统的集合,也是人类生存的信息环境,信息技术已经深刻地改变了人类的生产生活方式,人在其中与信息相互作用、相互影响,其安全性也会对人类生活造成重大影响。如何全面、有效地了解网络空间面临的安全风险,围绕不同的网络安全需求合理地规划、建设网络空间安全体系,是当前网络空间安全建设的关注热点。

1.1.1 系统安全

系统安全包括计算机系统安全和平台系统安全。

1. 计算机系统安全

计算机系统安全主要是指运行于计算机硬件上的操作系统安全。操作系统(Operation System,OS)是计算机系统的核心控制软件,负责控制和管理计算机系统内部各种资源,有效组织各种程序高效运行,从而为用户提供良好的、可扩展的系统操作环境,达到使用方便、资源分配合理、安全可靠的目的。但是,如果操作系统出现安全缺陷,则可能被攻击者利用,发生严重的信息安全事件。为了实现操作系统安全,需要从用户管理、资源访问行为管理以及数据安全、网络访问安全等各方面对系统行为进行控制,保证破坏系统安全的行为难以发生。同时,还需要对系统的所有行为进行记录,使攻击等恶意行为一旦发生就会留下痕迹,使安全管理人员有据可查。针对操作系统的攻击方式也不断更新,黑客通过0day漏洞(尚未公开的安全漏洞)或者n-day漏洞(已经公开,但可能未采取安全补救措施)在目标主机上运行恶意代码,甚至控制其操作系统。仅2021年,微软公司就为其产品修复了928个漏洞,平均每月修复多达77个漏洞。而一直以安全著称的苹果手机操作系统iOS在2015年也经历了一次有史以来最严重的安全危机——Xcode事件。2015年9月18日,安全报告显示,苹果公司的应用商店(Apple Store)已有大量的应用感染了一种名为XcodeGhost的病毒。这种病毒不仅可以收集用户个人隐私数据,而且会模拟收费或者账号登录窗口以窃取用户的iCloud和iTunes密码。受影响的苹果手机应用超过70个,涉及用户超过1亿人。

2. 平台系统安全

在操作系统之上,为了完成一定的业务功能,还需要大量的平台系统支持,例如业务系统、管理系统、外部信息、决策支持系统、云平台等。在大数据时代,大数据系统自身安全防护具有重要意义,原因在于其中存储着大量数据信息,黑客一次成功的攻击往往可以获取大量数据,其中不乏重要的个人财产和隐私相关信息。另一方面,传统网络安全防御技术以及现有网络安全行政监管手段与大数据安全保护的需求之间还存在较大差距。例如,Hadoop系统对数据的聚合增加了数据泄露的风险,2018年恶意软件XBash和DemonBot发动了多起针对Hadoop集群服务器的比特币挖掘和DDoS攻击。除此之外,NoSQL技术在维护数据安全方面缺乏严格的访问控制和隐私管理。从2017年1月开始,分布式文件数据库MongoDB有超过33 000个数据库遭遇黑客入侵,被攻击的MongoDB数据库中所有的数据都被黑客洗劫一空,并留下勒索信息,要求支付比特币赎回数据。新一代开源数据库的数据安全问题应引起人们的思考。复杂多样的数据存储在一起,在数据管理和使用环节容易形成安全隐患。另外,安全防护手段的更新升级速度无法跟上数据量指数级增长的步伐。从系统层面来看,保障大数据自身安全需要从大数据系统的各部分采取措施,建立坚固、缜密、健壮的防护体系,保障大数据系统正确、安全、可靠地运行,防止大数据系统被破坏、被渗透或被非法使用。

1.1.2 设备安全

设备安全涉及网络设备和安全产品。

1. 网络设备

不仅传统的网络设备成为攻击目标,越来越多的物联网设备由于其安全设置及安全管理较为薄弱,更容易被黑客攻击和利用,其中的典型代表是智能手机和汽车。2017年,在日本东京举办的 Mobile Pwn2Own 2017 世界黑客大赛上,腾讯安全科恩战队利用堆栈溢出攻破了华为 Mate9 Pro 的基带。2019 年,在加拿大温哥华举行的 Pwn2Own 2019 黑客大赛上,一组安全研究人员设法破解了特斯拉的 Model 3 车型系统。近几届黑客大会充分揭示了目前物联网产品正面临严重的安全威胁。随着网络设备逐渐向智能化方向发展,原有计算系统中的安全问题也出现于网络设备中。例如,智能路由设备其操作系统可能受到恶意用户的攻击而使路由错误转发或失效,导致网络不可用或导向钓鱼网站;此外,针对路由器的主要攻击还包括分布式拒绝服务(Distributed Denial of Service,DDoS)攻击、中间人攻击(Man in the Middle Attack)、TCP 重置攻击(TCP Reset Attack)以及针对 OSPF 的攻击(Attack on OSPF)。

2. 安全产品

通常人们认为安全产品可以保护它身后的网络不受外界的侵袭和干扰。但随着网络攻击技术的发展和安全漏洞的挖掘,安全产品也出现了一定的问题和局限性。2016 年,Symantec 公司和 Norton 公司产品中使用的核心杀毒引擎被暴露出存在高危漏洞。它在解析用 aspack 早期版本打包的可执行文件时会发生缓冲溢出,导致内存损坏,使得 Windows 系统蓝屏。同年,Check Point 公司的安全研究人员曝光思科公司的 FirePower 防火墙存在关键漏洞(CVE-2016-1345),该漏洞允许恶意软件绕过检测机制。

随着网络设备和安全设备的功能及数量的增加,及时掌握设备的运行状态和安全状况,迅速定位安全问题,已经成为网络管理和安全运维人员重点关注的问题,通过增加日志采集与分析系统、网络安全态势感知系统等安全设备,可以更好地应对日益复杂的网络安全形势。

1.1.3 网络安全

网络技术在给全球信息共享带来方便的同时,基于 TCP/IP 的 Internet 存在大量的安全漏洞,原因在于:其通信协议在设计之初仅考虑了互联互通,而未考虑安全问题。在大数据时代,网络安全面临的攻击不断增加,DDoS 攻击、APT 攻击、钓鱼邮件攻击、Web 攻击、僵木蠕攻击等各种不同的攻击方式使得网络安全形势越来越严峻。为了保证信息系统在网络环境中的安全运行,一方面需要确保网络设备的安全运行,提供有效的网络服务;另一方面需要确保在网上传输数据的保密性、完整性和可用性等。由于网络环境是抵御外部攻击的第一道防线,因此必须进行多方面的防护。

由于网络具有开放等特点,与其他方面的安全要求相比,网络安全更需要注重整体性,即要求从全局安全角度关注网络整体结构和网络边界(网络边界包括外部边界和内部边界)。与此同时,也需要从局部角度关注网络设备自身安全等方面。网络安全要求中对广域网、城域网等通信网络安全的要求由构成通信网络安全的网络设备、安全设备等的网络管理机制提供的功能予以满足;对局域网安全的要求主要通过防火墙、入侵检测系统、恶意代码防范系统、边界完整性检查系统及安全管理中心等安全产品提供的安全功能予以满足。而从网络全局而言,通过威胁态势感知、日志审计分析等手段,综合各类安全情报,对海量的安全数据进行分析,发现各种攻击行为,成为迫切的安全需求。

1.1.4 应用安全

应用安全也称应用系统安全,它与网络安全、系统安全不同。应用系统一般需要根据业务流程、业务需求由用户定制开发。应用系统的多样性和复杂性使得应用安全的实现机制更具灵活性和复杂性。应用系统是直接面向最终用户,为用户提供所需的数据并处理相关信息,因此应用系统需要提供更多与信息保护相关的安全功能。如果应用系统是多层结构的,一般不同层的应用程序都需要实现同样强度的身份鉴别、访问控制、安全审计、剩余信息保护及资源控制等,但通信保密性、完整性一般在同一个层面实现。此外,对应用程序的日志应及时进行收集和分析,及时掌握应用程序的运行状态,一旦出现应用程序崩溃、停止运行等严重问题时,必须能够及时、有效地进行响应处理,以保证应用服务持续可用。

除了本地部署的应用外,当前 Web 应用程序越来越广泛,但是大多数 Web 应用程序并不安全。2019 年美国安全测试企业 Veracode 发布的软件安全状态第 10 次调查报告显示,在该公司测试的 85 000 个 Web 应用程序中,总共发现高达 1000 万个漏洞,其中 83% 的应用程序至少有一个安全漏洞,而且 20% 的应用程序至少有一个严重安全漏洞。这些漏洞主要有以下常见类型:不完善的身份验证措施和访问控制措施、SQL 注入、跨站点脚本、跨站点请求伪造等。

1.1.5 数据安全

从数据层面来看,大数据应用涉及采集、传输、存储、处理、交换、销毁等各个环节,每个环节都面临不同的安全威胁,需要采取不同的安全防护措施,确保数据在各个环节的保密性、完整性、可用性,并且要采取分级分类、去标识化、脱敏等方法保护用户个人信息安全。这些工作都是保障大数据安全的重要内容。信息系统处理的各种数据(用户数据、系统数据、业务数据等)在维持系统正常运行上起着至关重要的作用。一旦数据遭到破坏(泄露、修改、毁坏),都会在不同程度上造成影响,从而危及系统的正常运行。由于信息系统的各个层面(网络、主机系统、应用程序等)都对各类数据进行传输、存储和处理,因此对数据的保护需要物理环境、网络、数据库、操作系统、应用程序等提供支持。

数据库作为最重要的信息存储工具,保存着各种机密的、敏感的、有价值的商业和公共安全信息中最具有战略性的资产。数据库安全通常指物理数据库的完整性、逻辑数据库的完整性、存储数据的安全性、可审计性、访问控制、身份验证、可用性等。此外，数据库自身的安全问题、数据库组件漏洞及其相关的应用程序逻辑漏洞也需要引起重视。由于数据库管理机制和安全机制不完善，而且数据对于黑客越来越有诱惑力，因此每年都会发生数据泄露事件。2017年12月上旬，互联网上曝出了暗网中有史以来最大的一起数据库泄露事件，暗网监控公司4iQ发现暗网中出现了高达41GB的数据文件，其中包含14亿份以明文形式存储的账号邮箱和密码等登录凭证。此外，数据库"拖库"现象频发，导致个人隐私泄露、商业诈骗、网络犯罪，产生直接的经济损失，影响社会稳定，甚至威胁到国家安全。

1.2 攻击形式多样化

攻击是指对信息系统的非授权行为。攻击者通过一定的方法和策略，利用一些攻击技术和工具，实现对目标系统的非法访问，达到一定的攻击效果。因此，凡是试图绕过信息系统的安全策略，对系统进行渗透以获取信息、修改信息甚至破坏目标网络或者系统功能的行为都可以称为攻击。网络中常见的攻击形式有以下5种：

（1）主机渗透。通过各种入侵扫描工具对主机进行漏洞扫描、端口扫描、弱口令扫描或信息泄露扫描等，发现可以利用的非法途径，展开攻击并控制系统，进行各种非法操作。

（2）Web攻击。这种攻击的根源在于Web信息系统中存在安全漏洞。常见的Web攻击包括SQL注入攻击、OS命令注入攻击、XSS(Cross-Site Scripting，跨站脚本)攻击、CSRF(Cross-Site Request Forgery，跨站请求伪造)攻击、HTTP首部注入攻击、目录遍历攻击、会话劫持等方式。

（3）设备缺陷。目前越来越多的设备提高了信息化和智能化程度并加入网络，而大多数设备在设计之初安全考虑并不周全，因此设备本身固有的缺陷，例如不安全的私有协议、未进行安全加固的系统平台，往往成为黑客攻击的目标，尤其是大量增加的物联网设备和工控设备。例如，2015年2月，某著名公司被暴露其核心视频监控设备存在严重安全隐患，部分设备已经被境外IP地址控制，黑客通过建立这种分布式的僵尸网络对网络目标进行攻击，江苏省公安部门紧急对该公司的监控设备进行全面清查和安全加固。

（4）中间件漏洞。Web安全中很重要的一部分就是中间件的安全问题。而中间件的安全问题主要来源于两方面：一方面是中间件自身由于设计缺陷而导致的安全问题；另一方面就是默认配置或错误配置导致的安全风险。常见的Web中间件包括Apache Tomcat、BEA WebLogic、IBM WebSphere等，而这些中间件均被发现存在各种安全漏洞。例如，美国Oracle公司出品的基于Java EE架构的中间件WebLogic就存在SSRF(Server-Side Request Forgery，服务器端请求伪造)漏洞，利用该漏洞可以发送任意HTTP请求，进而攻击内网中Redis、Fastcgi等脆弱组件。

（5）恶意代码。其定义可以描述为：在未被授权的情况下，以破坏软硬件设备、窃取用户信息、扰乱用户心理、干扰用户正常使用为目的而编制的软件或代码片段。这个定义涵盖的范围非常广泛，它包含了所有具有敌意、干扰性、破坏性的程序和源代码。最常见的恶意代码有计算机病毒(简称病毒)、特洛伊木马(简称木马)、计算机蠕虫(简称蠕虫)、僵尸病毒(zombie)、间谍软件、恶意广告、流氓软件、逻辑炸弹、后门、恶意脚本等。

在大数据时代,网络攻击形式将变得更加丰富多样,攻击的目标更加广泛也更加趋向深层次的目标,而不仅仅是单个终端设备。下面列举几种攻击方式:

(1) 网络时间协议攻击。网络时间协议(Network Time Protocol,NTP)与基于时间的 Windows 服务器等协议已经成为黑客群体攻击的新目标。组织大多使用这些协议控制各项事务的时间安排。一旦时间发生问题,从许可服务器到批处理事务都有可能遭遇失败,并导致互联网及组织后端流程中的某些关键基础设施面临拒绝服务攻击。

(2) 机器学习训练数据污染。机器学习(Machine Learning,ML)正在成为众多安全产品制定安全策略的关键技术,攻击者也在着力从中寻求新的可利用因素。恶意攻击者在窃取原始训练数据副本之后,即可将污染数据注入训练池以操纵由此生成的模型,最终建立一套与预期训练目标不符的系统。由于整个下游应用程序都将以模型为基础进行自动处理,因此,此类操纵造成的影响将被成倍放大,最终破坏其他合法处理的数据的完整性。

(3) 人工智能武器化。恶意攻击者利用机器学习加速针对网络及系统的攻击。网络攻击引擎将使用成功攻击中的数据进行训练,借此识别防御体系中的模式,快速查明类似系统/环境中存在的漏洞。以此为基础,所有后续攻击数据都可作为素材继续训练网络攻击引擎。通过这种方式,攻击者能够更快、更隐秘地清理攻击痕迹,确保每一次攻击尝试只涉及更少的漏洞,借此避免大面积尝试被安全工具发现。

1.3 安全数据来源多样性

在大数据时代,信息爆炸带来的信息量中隐藏的安全数据早已达到安全大数据的规模。为了应对 APT 攻击和 0day 攻击,需要采集、分析多种类型的安全数据,这些安全数据包括但不限于设备日志数据、全网流量审计数据、资产数据、用户行为数据、威胁情报数据等。

1.3.1 设备日志数据

日志是按照一定的规则将操作系统、应用程序、网络设备中发生的事件记录下来,对系统管理、网络安全策略实施状况的评估以及网络安全数据分析都是必不可少的证据。一个用户的网络活动会在操作系统日志、防火墙日志、IDS 日志等系统日志中留下痕迹。同样,恶意软件以及黑客的攻击行为也将被记录在各种系统和设备的日志中,这些日志数据单独分析时未必能发现攻击痕迹,而将这些相关日志综合起来进行关联分析,则可能获取某一用户的真实活动意图及活动情况。

1.3.2 网络流量数据

网络流量是指两个通信节点之间传输的数据量,可以作为网络运行状态的评价依据。

网络流量数据包含的信息可以分为3类：空间信息、时间信息、技术指标信息。

空间信息是流量发生的地点，包括路由器、物理端口、IP地址（段）、ASN（Autonomous System Number，自治系统号）、地域名称等。

时间信息是流量发生的时间，用分钟、时间片、小时、日、周、月、年度量。

技术指标信息提供流量的业务特征，包括应用类型、TCP标志位（TCP-flag）、服务类型（Type of Service, ToS）、包大小等。

这样，网络流量数据实际上就构成了一个多维数据集。所谓流量的统计分析过程，就是在指定的时空范围内统计流量在不同维度的分布。

网络流量分析对于网络安全工作具有重要作用，通过网络流量分析，可以快速定位出故障的网络设备，及时发现设备/软件配置错误等问题，还可以识别恶意流量数据，及时发现恶意软件的攻击行为，更好地维护网络安全。

1.3.3 资产数据

IT资产主要指企业或组织所拥有的、能为业务带来价值的硬件、软件和信息资产。随着网络信息技术的不断发展，目前信息技术基础架构变得越来越复杂，企业为了发展，往往需要购买大量的信息技术产品，这些产品都是IT资产。其中，硬件资产通常包括计算机硬件、路由器、交换机、网络安防设备、服务器等，软件资产包括信息应用系统、操作系统、开发工具和资源库等，信息资产包括个人终端以及服务器内以电子数据的形式存在的各种资料。资产数字化是将现实存在的各种实物或非实物资产进行数字化标识，使资产在网络空间也具备线下各种属性，如权属、流通等。信息资产和业务安全是息息相关的。资产数据化后，由于其价值所在，安全问题也随之而来。例如，在网络游戏交易、虚拟财产交易等多个领域，盗版侵权、盗号、逃税等违法情况屡见不鲜。据不完全统计，未合理合法缴税的虚拟交易市场规模已超万亿元。而资产数据是数字资产权属证明、交易流转、权益保护等问题的关键所在。通过对资产进行信息化管理，可以使企业管理人员及时掌握企业当前资产的应用情况，如果能进一步掌握主机级资产重点信息，例如进程、网络连接、账户等主机层面或者操作系统级别的信息，则可以为安全管理人员进行入侵检测提供信息支撑。

1.3.4 用户行为数据

用户行为数据是指信息系统用户在使用该系统时执行的一系列操作行为及其操作时间、操作频率等，例如访问的模块或文件、访问频率、停留时间以及进行的具体操作（包括创建文件、修改属性、增删用户等）。用户行为数据是安全数据分析的重要来源之一。其原因在于用户身份信息容易伪造，但行为难以伪造。密切监视一个人的行为可以揭露他的真实意图。同样，密切监视机器的行为也能暴露出潜在的安全问题。例如，用户账户频繁登录、非正常时间访问、尝试访问非授权内容等用户行为可能是正在发生的入侵攻击的具体体现。

1.3.5 威胁情报数据

根据高德纳(Gartner)咨询公司对威胁情报的定义,威胁情报是某种基于证据的知识,包括上下文、机制、标示、含义和能够执行的建议,这些知识与资产面临的已有的或酝酿中的威胁或危害相关,可为资产相关主体对威胁或危害的响应或处理决策提供信息支持。业内通常所说的威胁情报可以认为是狭义的威胁情报,其主要内容为用于识别和检测威胁的失陷标识,如文件 Hash 值、IP 地址、域名、程序运行路径、注册表项以及相关的归属标签。威胁情报数据可以帮助企业安全人员了解其所在行业的威胁环境,例如有哪些攻击者、攻击者使用的战术技术等。威胁情报帮助资产相关主体了解自身正在遭受或未来面临的威胁,并为高层决策提供建议。传统的网络安全防护依靠各个组织独立实施垂直的防护机制,已经难以及时应对日益复杂的网络攻击。因此,需要依靠威胁情报提供的威胁可见性及对网络风险及威胁的全面理解,基于威胁的视角,了解攻击者可能的目标、方法及其掌握的网络攻击工具和互联网基础设施情况,有针对性地进行防御、检测、响应和预防,快速发现攻击事件,采取迅速、果断的行动应对重要、相关的威胁。

1.4 安全分析方法的综合性

随着大数据、云计算、移动互联网和物联网技术的应用和普及,传统的网络安全边界正在消失,网络空间面临着新的威胁和挑战:高危漏洞频发,新的网络攻击技术不断出现,组织机构不仅需要防御国家级黑客组织的体系化攻击,还要应对商业间谍的 APT 攻击,而互联网中的核心元素——数据也呈现爆发性增长:不论是数据的量还是增长速度,都得到了显著提升。虽然这对于互联网服务性能的提升有促进作用,但不可忽视的一个问题是,它也变相地增大了网络安全分析工作的压力。

Gartner 早在 2012 年的报告中就明确指出,"信息安全正在变成一个大数据分析问题"。安全大数据分析方法能够解决海量数据的采集和存储,结合机器学习和数据挖掘方法,更加主动、弹性地应对未知多变的风险和新型复杂的违规行为。因此安全大数据分析(Big Data Security Analysis,BDSA)应运而生。

1.4.1 传统的安全分析方法的局限性

安全分析是一个综合多项检测技术的概念和实践,安全分析将分析技术和方法论应用到网络安全领域,其目的是更有效地实现威胁检测,提高威胁检测的准确度和效率,保护网络和信息系统安全。安全分析方法随着网络的发展和网络攻击技术的不断变化,也经历了不同的阶段。在最初阶段,安全分析的目的是保障网络服务的可用性。该阶段安全方法通常基于简单的数据统计,例如为了保证某个网站的正常访问,针对其可能遭受的 DoS 攻击,一旦某个 IP 地址的主机在一段时间内的访问次数超过一定阈值,就需要采取禁止该 IP 地址访问的保护措施。随着网络的发展,网络流量不断增长,网络应用日益丰富,用户的各种信息在互联网上流转,攻击目的也发生了变化,从最初的破坏网络可用性发展到获取用户信息和经济利益等。这个阶段仅靠简单的数据统计已经难以应对,需要利用安全专家的综合知识制定复杂的规则,基于规则进行流量分析,安全分析进入规则分析时期。

基于规则的分析方法一般包括两种:基于特征的检测方法和基于异常的检测方法。基于特征的检测方法是依靠预先设定报警规则实现的,仅能处理已知的安全威胁,而面对不断更新的网络攻击方式,特别是APT攻击,则束手无策。而基于异常的检测方法则往往需要处理误报问题。

传统的安全分析方法虽然能够将大量的日志数据集中到一起,进行整体性的安全分析,试图从中发现安全事件,但是处理的结果往往并不理想,具体体现在以下几方面:

第一,网络安全分析工作不得不面对更大的数据量和更丰富的数据种类,只有采取多维分析才能进行有效处理。

第二,不论是数据量的增长还是数据传输速度的提升,都对数据分析处理工作提出了更高的要求,既要实现快速采集和处理数据信息,又要确保整个数据信息安全分析过程的有效性,因此网络安全分析工作面临着前所未有的压力。

第三,现实存在的"信息孤岛"问题增加了网络安全分析工作的难度,往往一个系统存在的安全缺陷可能会导致其他系统出现类似的安全问题。而传统的安全分析方法很难对这些信息系统进行关联分析。

第四,传统网络安全分析系统中数据存储主要是依靠结构化数据库来完成的,但这种方式所花费的成本较大。为了控制成本,通常的做法是先对数据进行处理以降低其大小,然后提升数据存储容量,但这又催生了另一个问题,即数据在处理过程中容易丢失部分信息,导致分析结果出现偏差。

第五,传统的网络安全分析系统对于一些内容复杂、非结构化的数据和数据集进行处理时,不论分析还是查询都极为低效。

以上问题如果不得到有效解决,将越来越难以适应日益增长的网络安全需求。因此,需要进一步提高安全检测技术能力,提升安全检测技术在大数据时代的适用性。

1.4.2 安全大数据分析方法

为了更好地保障大数据时代网络空间的安全性,大数据技术在网络安全分析中的应用是必然的,大数据技术的突出优势是可以采集到海量数据。当前企业、机构等组织都已经开始利用大数据技术提升信息安全能力,包括采用大数据技术实现网络安全威胁信息分析,采用基于大数据的深度学习方法替代传统入侵检测方法中的攻击特征模式提取,采用大数据技术实现网络安全态势感知,以及对未知、复杂网络攻击的检测、溯源和场景重现。可以说,大数据技术将重塑未来的网络安全技术和产业发展趋势。

安全大数据分析的核心思想是:通过对海量数据处理及学习建模,从海量安全数据(如日志、网络流量元数据、应用程序事务记录和端点执行记录等)中找出异常行为和相关特征,针对不同安全场景设计有针对性的关联分析方法,发挥大数据存储和分析的优势,从丰富的数据源中进行深度挖掘,发现网络异常,进而挖掘出安全问题。安全大数据分析主要包括安全数据采集、存储、检索和智能分析。

安全大数据分析具有广泛的安全应用场景,例如外挂行为识别、WebShell 检测、异常页面检测、攻击溯源等常见的攻击行为和安全问题的分析。外挂行为识别通过分析业务操作日志数据,根据用户操作次数、操作间隔、操作频次等特征,识别出用户的操作行为是否存在外挂行为。WebShell 检测可以通过分析 HTTP 请求数据,识别网站后门通信行为,能够在大规模通信下发现异常行为。异常页面检测可以统计各页面入度、出度、访问量、来访 IP 地址、请求方法、响应状态码等维度,利用机器学习算法分析 Web 应用日志,检测出异常页面。攻击溯源可以分析给定域名历史解析记录以及域名对应的 Whois 信息记录,通过对给定恶意域名的通信行为进行溯源关联分析,挖掘出隐藏在后面的黑客组织的身份和关联域名 IP 地址资源信息。

对于公司或组织来说,安全数据分析可以实现行为管控、态势感知、威胁情报、威胁分析、应急响应等安全管控措施,以有效应对未知攻击的安全威胁,保障信息系统和网络环境安全正常运行。

行为管控指可以有效识别和规范上网终端的各种操作行为,包括智能流控、实名认证、防止非法外连、基于行为动作的精细化管控,让网络有序可控。可以对网页、聊天工具、邮件、论坛、微博、搜索引擎、文件传输等行为进行多维关联轨迹分析和可视化呈现,保障内部网络安全合规。

态势感知是一种基于环境的动态、整体地洞悉安全风险的能力,是以安全大数据为基础,从全局视角提升对安全威胁的发现识别、理解分析、响应处置能力的一种方式,最终是为了辅助决策与行动,是安全能力的落地。

威胁情报是通过大数据技术由互联网流量、各种类型的网络攻击样本数据、失陷标识(如文件 Hash 值、IP 地址、域名、程序运行路径、注册表项等相关的归属标签)生成威胁情报,可以有效提高企业的安全检测与响应能力。

威胁分析是在威胁情报的基础上,通过大数据分析技术识别和分析威胁源名称、类型、攻击能力和攻击动机、威胁路径、威胁发生可能性、威胁的覆盖范围、破坏的严重程度和可补救性。

应急响应是有针对性地对网络空间中有关安全突发事件的灾情数据进行挖掘与分析,然后根据得出的信息帮助相关应急部门采取具体的、精准的应急措施,在最短的时间内为应急管理提供最优方案,降低损失,有效保障网络安全。

上述安全大数据分析应用场景将在后续章节中展开描述。

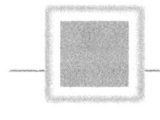

小结

本章主要介绍了当前安全威胁的复杂性、网络攻击的多样性、安全数据的多种来源,以及使用基于安全大数据分析以应对当前日益复杂的网络安全形势的必要性。

第 2 章 大数据技术基础

研究大数据，或者利用大数据技术的目的不在于掌握庞大的数据量，而在于如何从海量的数据中抽取具有一定意义的数据，将其变为数据资产，这是大数据分析的真正目的。大数据已经被视为重要资产，而大数据技术是与之相匹配的重要科学技术。如何利用数据资产实现盈利，将大数据加工成有增值价值的数据，不是一件容易的事情，需要经过一定的处理，包括基础架构及支持、数据采集和存储、数据计算、分析与展现等。

2.1 大数据概念及特点

在信息技术领域中，已经有"海量数据""大规模数据"等概念。但这些概念只着眼于数据规模本身，未能充分反映数据爆发背景下的数据处理与应用需求。而"大数据"这一概念不仅指规模庞大的数据对象，也包含对这些数据对象的处理和应用活动，是数据对象、技术与应用三者的统一。

2.1.1 大数据概念

关于大数据的定义，在学术界或工业界尚无统一的标准化表述。目前在计算机科学与技术领域内的几种主流的大数据概念，指的是涉及的数据量规模巨大到无法通过目前主流的软件工具在合理的时间内获取、管理、处理并整理成可以帮助政府部门或者企业决策的资讯（数据集）。

Gartner 给出了这样的定义：大数据是需要新的处理模式才能具有更强的决策力、洞察发现力和流程优化能力以适应海量、高增长率和多样化的信息资产。

麦肯锡全球研究所给出的大数据的定义是：一种规模大到在获取、存储、管理、分析方面大大超出了传统数据库软件工具能力范围的数据集合，具有海量的数据规模、快速的数据流转、多样的数据类型和价值密度低四大特征。

2.1.2 大数据的特征

目前多使用 IBM 公司提出的以下 5 个维度（简称 5V）概括大数据的特征：Volume（数量）、Velocity（速度）、Variety（种类）、Value（价值）、Veracity（真实性），如图 2-1 所示。

图 2-1 大数据的 5V 特征

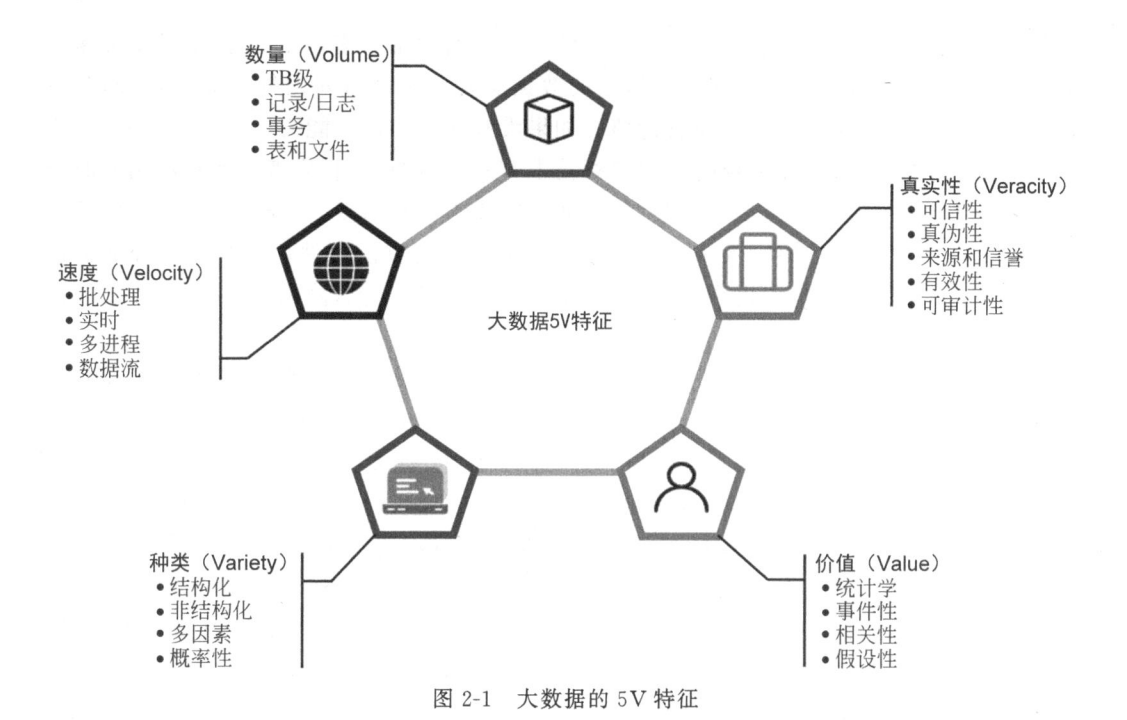

第一，Volume(数量)，即数据量。数据量大是大数据的第一个鲜明特征。人类社会在进入信息社会后，经历了第一次"数据爆炸"，从 20 世纪 90 年代开始到 2010 年，全球数据总量增长了 100 倍，而在人类社会进入 Web 2.0 和移动互联网时代后，经历了第二次"数据爆炸"，人类社会产生的数据量之大，超出人类可以控制的范围。根据国际数据公司(IDC)的估计，人类社会产生的数据以每年 50% 的速度增长，每两年增加一倍。2021 年，微信用户每分钟发布 46.52 万张图片，每分钟发起 22.91 万次视频通话，每分钟有 54.16 万人进入朋友圈。百度用户每分钟进行 416.6 万次搜索，每分钟有 6.94 万次语音播报。美团每分钟产生 3.06 万个订单。B 站每分钟有 83.3 万次播放。Instagram 用户每分钟发布 6.5 万张照片。Twitter 用户每分钟发布 57.5 万条动态。Facebook 用户每分钟分享 24 万张照片。Facebook Live 用户每分钟观看 4400 万次直播。谷歌用户每分钟进行 570 万次搜索。YouTube 用户每分钟观看 69.4 万个视频。而据 IDC 发布的《数据时代 2025》白皮书预测：在 2025 年，全球数据量将达到史无前例的 163ZB。这种超大规模的数据量对数据存储、处理和分析都提出了全新的挑战。在网络安全方面，与安全相关的数据也出现爆炸式增长。2021 年第三季度，360 安全大脑在 PC 端与移动端共为全国用户拦截恶意 URL 攻击约 168.9 亿次，共截获新增的 4736.4 万个各类恶意 URL。2021 年第三季度，亚信安全客户终端检测并拦截恶意 URL 地址共计 17 291 316 次。这些恶意 URL 对网络安全存在严重的影响。而对恶意 URL 的检测分析，是生成威胁情报的重要来源之一。

第二，Velocity(速度)。数据增长速度快，处理速度也快。在现在高速发展的互联网中，大量的应用业务对时效性要求高，例如社交网络、在线导航、精准营销、网络游戏等，这些应用的一大特点就是强调与用户的实时交互。谈到对用户需求的智能分析和快速响应,甚至出现了有名的"一秒定律",即海量的数据需要在秒级时间内处理完毕,给出分析结果,否则将失去对应用业务的应有价值。如果没有强大的计算能力,上述互联网商务模式将失去特有的魅力,这和传统的数据挖掘技术有着本质的不同,后者不要求给出实时分析结果。当前网络空间安全形势更为复杂,面临的攻击日益增多,从安全运维管理的角度出发,提高对安全威胁的检测效率以及对已经发生的网络攻击事件快速响应已经成为迫切的需求,特别是 0day 漏洞出现后,更要求快速实现故障定位,降低网络攻击带来的损失,其中"快速"是关键。

第三,Variety(种类)。大数据来源众多,数据类型丰富。目前随着信息技术和各行业的融合,各种新的数据不断产生:政务大数据、医疗大数据、交通大数据、金融大数据、安全大数据等等呈现井喷式增长,涉及的数据量巨大,已经从 TB 级跃升至 PB 级。大数据的数据类型丰富,按照其结构特征可以分为结构化、半结构化、非结构化数据,其中非结构化数据所占比重最高,主要包括邮件、音频、视频、文档、网络链接、日志等多种异构数据。传统的联机分析处理(On-Line Analytical Processing,OLAP)和商务智能工具大都面向结构化数据,难以对半结构化和非结构化数据实现快速检索和实时应用服务的开发。目前安全数据的来源也不仅是病毒库,而且包括各类日志数据(例如网络设备日志数据、安全设备日志数据、操作系统日志数据、应用程序日志数据等)、用户行为数据、资产管理数据、威胁情报数据等。对这些数据结构和类型都不相同的数据进行存储和分析,也对数据分析能力提出了较高要求。

第四,Value(价值)。大数据的价值密度低,或者说碎片化的数据毫无价值。在大数据时代,很多有价值的信息分散在海量的数据中,只有大规模整体数据才能体现其价值,这是大数据分析与传统的数学统计分析的关键区别。例如,一个小区的视频监控如果没有意外事件发生,可能很长时间内产生的监控视频都是没有价值的;而一旦发生盗窃事件,这些监控视频就有价值了。在网络安全方面,也存在类似的情况。例如,现在出现了越来越多的 APT 攻击,一般会以各种方式巧妙绕过既有的安全防御系统,悄然进入目标网络,并且进行长时间的潜伏,尽可能减少明显的攻击行为和痕迹。针对这样的攻击方式,只能依靠外部的威胁情报,实时监控内部的日志记录,以了解黑客的攻击手法和技巧,而要在海量的数据中寻找有价值的数据,就需要使用大数据分析方法。大数据分析方法不受限于数据量,而是以数据整体或完整数据集为处理对象的。传统的统计分析方法往往采取抽样调查的随机分析方法,其结果的正确性和准确性取决于随机抽样模型产生的样本集的代表性。此外,大数据分析往往采取机器学习的分析方法,其处理过程是一个动态调整的过程,处理的数据量越大,计算结果也越优化,因此,大数据分析只有在数据量达到一定规模时才能呈现出其价值。

第五,Veracity(真实性)。随着社交数据、企业内容、交易与应用数据等新数据源的兴起,传统数据源的局限被打破,企业愈发需要有效的信息,以确保其真实性及安全性。在安全攻击事件中,黑客往往会通过篡改一些关键的日志记录掩盖其攻击行为,如何保障数据来源的真实性是当前企业亟须考虑的重要维度,促进应用数据融合和先进数学方法,将进一步提升数据质量,从而创造更高的价值。

2.2 大数据技术发展历程

大数据技术是在互联网快速发展中诞生的,其起点可追溯到 2000 年前后。在 2000 年年底,全球网页数达到 40 亿个,用户检索信息越来越不方便。Google 等公司率先建立了覆盖数十亿个网页的索引库,开始提供较为精确的搜索服务,大大提升了人们使用互联网的效率,这是大数据应用的起点。当时搜索引擎要存储和处理的数据不仅数量之大前所未有,而且以非结构化数据为主,传统技术无法应对。为此,Google 公司提出了一套以分布式为特征的全新技术体系,即在 2003 年、2006 年和 2007 年陆续公开的分布式文件系统(Google 文件系统,Google File System,GFS)、分布式并行计算(MapReduce)和分布式数据库(BigTable)技术,这通常被认为是大数据技术的起源,被称为 Google 公司的"三驾马车"。这些技术奠定了当前大数据技术的基础。2005 年,Apache Lucene 项目创始人道格·卡丁(Doug Cutting)开源实现了 Google 公司的 MapReduce。2006 年 2 月,他将 Lucene 项目的一部分——Nutch 中的 HNDFS(Hadoop Distributed File System)和 MapReduce 分离出来,形成一个独立的子项目,被称为 Hadoop,于 2008 年正式成为 Apache 顶级项目。Hadoop 的主要贡献者是 Yahoo 公司,Facebook、LinkedIn、Twitter 等公司也都贡献了一些影响深远的项目。2009 年 5 月,Hadoop 把 1TB 数据排序时间压缩至 62s,从此名声大振,迅速发展成为大数据时代最具影响力的开源分布式开发平台,并成为事实上的大数据处理标准。Hadoop 是一个能够对大量数据进行分布式处理的软件框架,并且是以可靠、高效、可伸缩的方式进行处理的。经过多年的发展,Hadoop 生态系统不断完善和成熟,目前已经包含多个子项目。其中最重要的是核心的分布式文件系统 HDFS 和分布式并行计算模型 MapReduce。HDFS 是针对 Google 公司的分布式文件系统 GFS 的开源实现,具有处理超大数据、流式处理、可以运行在廉价商用服务器上等优点。Hadoop MapReduce 则是针对 Google 公司的 MapReduce 的开源实现,用于大规模数据集(大于 1TB)的并行处理,它将复杂的、运行于大规模集群上的并行计算过程高度抽象为两个函数——Map 和 Reduce,其核心思想是"分而治之"。MapReduce 将输入的数据集切分为若干独立的数据块,然后分发给集群的各个节点进行并行处理,最后把各自的处理结果通过整合得到最终结果。

除了核心的 HDFS 和 MapReduce 外,Hadoop 生态系统还包括 Zookeeper、HBase、Hive、Pig、Mahout、Sqoop、Flume 等。其中,HBase 是针对 Google 公司 BigTable 的开源实现,它可以提供高可靠性、高性能、可伸缩、实时读写的列式数据库,一般采用 HDFS 作为其底层数据存储,具有强大的非结构化数据存储能力。为了使熟悉数据库的数据分析师和工程师可以更方便地进行数据分析和处理,Yahoo! 和 Facebook 分别提出了 Pig 和 Hive。Pig 是一种数据流语言和运行环境,为 Hadoop 应用程序提供了一种更加接近结构化查询语言(Structured Query Language,SQL)的接口。开发者可以用 Pig 描述要在大数据集上进行的操作,经过编译后会生成 MapReduce 程序。Hive 是一个基于 Hadoop 的数据仓库工具,用于对 Hadoop 文件中的数据集进行数据整理、特殊查询和分析存储。

Hive 也提供了一种类似于 SQL 的查询语言——Hive SQL,其自身可以将 Hive SQL 转化为 MapReduce 程序运行。此外,还有专门将数据在关系数据库和 Hadoop 平台之间导入导出的 Sqoop,针对大规模日志进行分布式收集、聚合和传输的 Flume,用于管理和协调多个运行在 Hadoop 平台上的作业的 MapReduce 工作流调度引擎 Oozie,等等。在 Hadoop 早期,MapReduce 不仅是一个编程模型,而且需要实现服务器集群的资源调度管理,显得臃肿复杂。为了解决这个问题,2012 年 Apache Hadoop 启动了开源项目 Yarn,将 MapReduce 执行引擎和资源调度分离开来。它运行于 HDFS 之上,像一个集群操作系统一样,为 Hadoop 集群提供资源管理和调度功能。

随着大数据应用场景的不断丰富,以 Hadoop 为代表的离线大数据批处理技术已经难以应对一些需要对实时产生的大量数据进行即时计算的应用场景,例如互联网电商常用的实时在线推荐系统和智能交通系统等。随后出现了 Storm、Flink、Spark Streaming 等流计算框架以应对此类大数据应用的场景。流式计算要处理的数据是实时在线产生的数据,所以这类计算也被称为大数据实时计算。其中,Storm 是由 Twitter 公司开发的一个开源实时分布式流处理系统,被广泛应用在实时分析、在线机器学习连续计算、分布式 RPC、ETL 等场景。Storm 支持水平扩展,具有高容错性,保证数据能被处理,而且处理速度很快,同时支持多种编程语言,易于部署和管理,是目前广泛使用的流处理系统之一。Apache Flink 是一个同时支持分布式数据流处理和数据批处理的大数据处理系统,其特点是完全以流处理的角度出发进行设计,将批处理看作有边界的流处理来执行。Flink 可以表达和执行许多类别的数据处理应用程序,包括实时数据分析、连续数据管道、历史数据处理(批处理)和迭代算法(机器学习、图表分析等)。Flink 同样是使用单纯流处理方法的典型系统,其计算框架与原理和 Apache Storm 相似,并在上层做了很多优化,提供了丰富的 API,使开发者能更轻松地完成编程工作。Spark 也是一种混合式计算框架,它既有自带的实时流处理工具,也可以和 Hadoop 集成,被看作继 Hadoop 之后的新一代大数据计算平台,计算更快,效率更高,支持更多计算模型。Streaming 是 Spark API 核心扩展,能够对实时数据流进行流式处理,具备可扩展、高吞吐和容错等特性。它提出了 D-Stream(Discretized Stream,离散化流)方案,将流数据切成很小的批(micro-batch),用一系列短暂、无状态、确定性的批处理实现流处理。

大数据在完成处理之后,可以应用于数据分析、数据挖掘与机器学习,以实现分析和预测。机器学习和深度学习可以将大数据蕴含的价值发掘出来,通过分析数据使之成为有用的信息,也标志着大数据机器学习时代的到来。目前,针对大数据分析有专门的机器学习框架 TensorFlow、Mahout 以及 MLlib 等,内置了主要的机器学习和数据挖掘算法。2011 年,Google 公司开展面向科学研究和 Google 公司产品开发的大规模深度学习应用研究,实现了神经网络算法库 DistBelief。TensorFlow 是 Google 公司基于 DistBelief 研发的第二代人工智能学习系统,它将复杂的数据结构传输至人工智能神经网中进行分析和处理,可以用于语音识别或图像识别等多个机器学习和深度学习领域。2015 年 11 月,Google 公司完成了对 2011 年开发的深度学习基础架构 DistBelief 各方面的改进,并将代码开源。Mahout 是 Apache 软件基金会(Apache Software Foundation,ASF)旗下的一个开源项目,提供一些可扩展的机器学习领域经典算法的实现,旨在帮助开发人员更加方便快捷地创建智能应用程序。Mahout 包含许多实现,包括聚类、分类、推荐过滤、频繁子项挖掘。此外,通过使用 Apache Hadoop 库,Mahout 可以有效地扩展到云中。MLlib 是 Spark 的机器学习库,其目标是使实际的机器学习具有可扩展性和易用性。MLlib 由一些通用的学习算法和工具组成,包括分类、回归、聚类、协同过滤、降维等,同时还包括底层的优化原语和高层的管道 API。MLlib 提供了常用数据挖掘算法的分布式实现功能,开发者只需要有 Spark 基础,并且了解数据挖掘算法的原理以及算法参数的含义,就可以通过调用相应的算法的 API 实现基于海量数据的挖掘过程。MLlib 由 4 部分组成:数据类型、数学统计计算库、算法评测和机器学习算法。与基于 Hadoop MapReduce 实现机器学习算法的 Manhout 相比,MLlib 的性能有较大的提升。

在大数据处理分析中,必不可少的操作就是搜索。ElasticSearch 是一个基于 Lucene 构建的开源的、实时的、分布式、RESTful 风格的搜索与分析引擎。它能建立全文索引,将数据和索引分离,把索引分片、分布式地保存到不同节点,节点可以扩展到上百个,能实时检索、处理 PB 级的结构化或非结构化数据。同时分片可以进行副本备份以提高数据的可靠性,各分片副本协同工作也可以大大提高检索性能,且通过简单的 RESTful API 让全文搜索变得高效、简单。

大数据需要将采集和预处理后的数据存入分布式文件系统(HDFS),需要有序调度 MapReduce 和 Spark 作业执行,并能把执行结果写入到各个应用系统的数据库中,还需要有一个大数据平台整合所有这些大数据组件和企业应用系统。上述所有的框架、平台以及相关的算法共同构成了大数据技术体系,如图 2-2 所示。

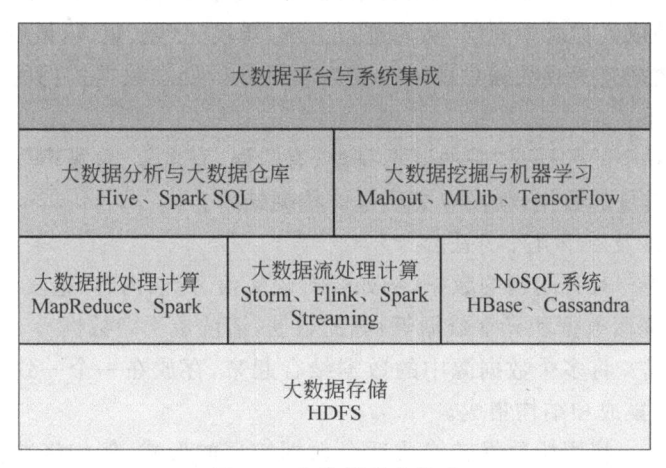

图 2-2 大数据技术体系

大数据带来的不仅是机遇,同时也是挑战。传统的数据处理手段已经无法满足大数据海量、实时的要求,需要采用新的信息技术对大数据进行处理。从大数据处理的基本流程来看,大数据分析的相关技术可以包括数据采集与预处理、数据存储、数据处理与分析、数据安全和隐私保护。

2.2.1 数据采集与预处理

由于大数据的特点是数据价值密度低,所以获取足够的数据量是大数据分析的基础,数据采集也就成了大数据分析的前站。大数据技术的意义其实不在于掌握规模庞大的数据信息,而在于对这些数据信息的智能分析和处理,但前提是拥有大量的数据。数据的采集和预处理的数据来源可以包括物联网设备的传感器数据、互联网上的信息系统以及各种物理信息系统(例如视频监控、实时监测等系统)产生的数据。一般数据采集与预处理涉及数据采集、数据抽取(Extract)、数据变换(Transform)、数据加载(Load)(这 3 个过程一般称为数据采集的 ETL)、数据脱敏、数据集成和数据标注等基本活动。数据的采集与预处理过程是数据分析的基础和前提,可以提升数据计算的效果和效率。数据采集与预处理工作不仅可以明显提升数据质量,降低数据计算的复杂度,而且可以减小数据规模,提升数据处理的准确性。

针对不同的数据源,可以采取不同的数据采集方法。例如,针对系统日志,很多互联网企业都有自己的海量数据采集工具,例如 Hadoop Chukwa、Cloudera 的 Flume、Facebook 的 Scribe 等,这些工具均采用分布式架构,能满足每秒数百兆字节(MB)的日志数据采集和传输需求;针对网络数据采集,则可以通过网络爬虫或者网站公开的 API 等方式从网站上获取数据,该方法可以将非结构化数据(图片、音频、视频)从网页中抽取出来,将其存储为统一的本地数据文件。

数据的预处理过程是进行大数据分析前最重要的过程,包括数据清洗、数据变换、数据加载等,通常会花去整个项目 1/3 的时间。整个过程通常使用 ETL 工具完成,将分布的、异构的数据源中不同种类和结构的数据,如文本数据、关系数据以及图片、视频等非结构化的数据等,抽取到临时中间层,然后进行清洗、转换、分类、集成,最后加载到对应的数据存储系统(如数据仓库或数据集市)中,成为联机分析处理数据挖掘的基础。进行数据预处理的原因如下:

(1) 现实世界中的数据是"脏的"(不完整、有错误、有重复、含噪声等)。

(2) 没有高质量的数据,就没有高质量的挖掘结果。

数据预处理涉及以下几个方法:

(1) 数据清洗。对有问题的数据,例如含有缺失值、冗余内容(重复数据、无关数据)、噪声(错误数据、虚假数据和异常数据等)等的数据,清洗成干净数据。

(2) 数据集成。将多个数据源中的数据结合起来,存放在一个一致的数据存储系统中,通常包括内容集成和结构集成。

(3) 数据变换。将原始数据转换成适合数据挖掘的形式,例如将数据类型从字符串转换为数值型。

(4) 数据归约。指在不影响数据的完整性和数据分析结果的正确性的前提下,通过减少数据规模的方式达到提升数据分析效果与效率的目的。主要方法有数值归约、维度归约、数据压缩和数据立方体聚集等。

(5) 数据脱敏。指在不影响数据分析结果的前提下,对原始数据进行一定的变换操作,对其中的个人(或组织)敏感数据进行替换、过滤或删除操作,降低信息的敏感性,减少相关主体的信息安全隐患和个人隐私风险。

（6）数据标注。通过对目标数据补充必要的词性、颜色、纹理、形状、关键字或语义信息等标签类元数据，提高其检索、洞察、分析和挖掘的质量与效率。

2.2.2　数据存储

随着互联网的发展，数据信息呈爆炸式增长。从存储服务来看，一方面是对数据的存储量需求越来越大，另一方面是对数据的有效管理提出了更高要求。数据的多样化、地理位置上的分散性、对重要数据的保护等都对数据管理提出了更高的要求。为了支持大规模数据的存储、传输与处理，针对海量数据存储，目前主要展开了如下3个方向的研究。

1. 虚拟化存储技术

大数据存储和分析技术是大数据技术体系的核心技术，大数据存储和分析技术的技术组件包括内存数据库、关系型数据库、NoSQL数据库、分布式文件系统、对象存储系统、实时流处理引擎、数据挖掘、数据搜索、OLAP分析、统计分析、报表等。多数应用级分布式文件系统提供基于C语言或C++语言的应用接口，有些还提供其他语言（例如Java）的应用接口。一些主流厂商还提供应用级分布式文件系统，如Google公司的分布式文件系统（GFS）、MogileFS、FastFS等，开源平台Hadoop也提供了以GFS为原型的Hadoop分布式文件系统（Hadoop Distribute File System，HDFS）。HDFS提供基于Java、C和HTTP的应用接口类型（不遵循POSIX规范），其数据操作接口支持对文件和文件夹的操作，管理接口则提供自动副本复制、系统容错性等功能。

2. 数据库系统

除了传统的分布式关系数据库系统提供的针对结构化数据的SQL、JDBC、ODBC等应用接口类型外，NoSQL数据库系统针对不同的数据处理提供了4种数据模型：键-值对（key-value）、列式（column-oriented）、文档式（document-oriented）、图式（graph-oriented）。NoSQL数据库系统往往不支持SQL应用接口类型，每种数据模型的NoSQL数据库系统支持的应用接口类型也不一样，如HTTP/REST等，并提供基于Java、C等语言的应用编程接口（API）。

3. 云存储

云计算的快速发展推动了云存储和云数据库的兴起。云存储是通过集群应用、网格技术或分布式文件系统等，将网络中大量各种不同的存储系统通过应用软件集合起来协同工作，共同对外提供数据存储和业务访问功能的复杂系统，可以解决传统存储技术扩展性差、建设和运维成本高等问题。在大数据时代，数据量的高速增长对于许多企业和机构来说都是严峻的挑战，而云存储和云数据库则是较好的解决方案。云数据库是部署和虚拟化在云计算环境中的数据库，它极大地增强了数据库的存储能力，具有动态可扩展性、高可用性、较低的使用代价、安全易用等特点。云数据库可以满足大数据公司的海量存储需求，它采用的数据模型可以是关系模型（例如微软公司的SQL Azure云数据库、阿里的RDS云数据库），也可以是NoSQL数据库使用的非关系模型（例如Amazon Dynamo云数据库）。同一个公司也可以采用不同的数据模型的多种云数据库服务。例如，百度云数据库提供了3种数据库服务:分布式关系数据库服务(MySQL)、分布式非关系数据库服务(基于文档数据库MongoDB)和键-值型非关系数据库服务(Redis)。

大数据存储技术如表2-1所示。

表2-1 大数据存储技术

系统类型	应用接口类型	应用环境	特性分析
分布式文件系统	NFS/CIFS	非结构化数据的存储与管理	定义元数据,提供应用级用户功能和管理功能
对象存储系统	HTTP/REST	基于对象的数据存储及设备操作	定义对象属性,提供数据对象操作
分布式关系数据库系统	ODBC、JDBC、SQL	结构化数据的存储与管理	定义关系型数据模型,按数据组织结构访问
NoSQL数据库系统	HTTP/REST、API	半结构化数据的存储与管理	数据模型遵循模式自由(schema-free)原则,不支持SQL

2.2.3 数据处理与分析

数据在社会中扮演着越来越重要的角色,然而数据通常并不能直接被人们利用,要想从大量看似杂乱无章的数据中揭示其隐含的内在规律,挖掘出有用信息,以指导人们进行科学的精准推断与决策,需要对海量的数据进行分析。大数据的处理和分析包括针对不同类型数据的计算模型,如针对非结构化数据的 MapReduce 批处理模型、针对动态数据流的流计算(stream computing)模型、针对结构化数据的大规模并发处理(Massively Parallel Processing,MPP)模型、基于物理大内存的高性能内存计算(in-memory computing)模型,还包括针对应用需求的各类数据分析算法(回归分析算法、聚合算法、关联规则算法、决策树算法、贝叶斯分析算法、机器学习算法等),以及提供用于数据计算处理的各种开发工具包和运行支持环境的计算平台,如 Hadoop、Spark、Storm 等。针对不同的应用场景,应选择合适的计算平台,设计和实现计算模型和数据分析算法,完成对大数据的分析和挖掘,获取新的知识或技能,不断改善分析过程,从而更好地理解现实,预测未来,实现基于数据的决策。

2.2.4 数据安全和隐私保护

大数据在带来巨大价值的同时,也引入了大量的安全风险和技术挑战。要合理地利用大数据,必须把大数据安全和隐私保护放到重要位置。在网络攻击日益增多的今天,大数据由于其巨大的应用价值,已经成为黑客攻击的目标。2016年9月,互联网公司巨头Yahoo!证实,该公司在2013年和2014年被未经授权的第三方盗取了超过10亿个和5亿个用户的账户信息,内容涉及用户ID、邮箱、电话号码、生日和部分登录密码。除了黑客攻击,内部员工盗窃数据导致信息安全风险的案例也频频发生。2017年3月,京东和腾讯的安全团队联合协助公安部破获一起特大窃取贩卖公民信息案,主要犯罪嫌疑人是京东内部员工,盗取涉及交通、物流、医疗、社交、银行等个人信息50亿条,并将其在网络黑市贩卖。大数据安全和隐私保护已经成为关键问题,而且处理起来极为棘手。例如,腾讯、阿里、Facebook 等互联网服务提供商既是数据的生产者也是数据的管理和使用者,而用户自身的数据也是在其平台上生成和存储的,如何实现这些数据的安全保护是很有挑战性的工作。其主要原因在于:在大数据应用场景下,通过加密技术保证海量数据的机密性,要求加密算法性能更高;通过访问控制应对大数据的复杂场景,角色更难划分,大数据的真实性和可信回溯对其传输途径、加工处理过程和各项数据的可信度都提出了更高要求。

大数据往往是人的行为操作产生的,除了数据安全之外,隐私保护越来越受到重视。大量事实表明,隐私保护问题处理不当会对用户和企业造成重大伤害。美国的 AOL 公司曾公布匿名化处理后的 3 个月内的部分搜索历史供人们分析使用,其中个人标识信息已经被匿名化处理。但是经研究发现,利用一些相关信息还是可以准确地定位到具体的人。《纽约时报》就公布了一个被识别出来的老人:年龄 62 岁,家里养了 3 条狗,还患有某种疾病。可以说这些信息对个人造成了重大的隐私泄露。因此,仅凭简单的去标识方法,已经无法保护用户隐私安全,特别是去匿名化(de-anonymization)技术的发展,实现身份匿名越来越困难。攻击者可以通过多数据源的交叉对比分析、协同分析等手段对个人隐私信息进行精准推测。

此外,人们面临的威胁不仅限于个人隐私的泄露,还有基于大数据对人们状态和行为进行分析和预测。例如,通过 Twitter 信息可以发现用户的政治倾向、消费习惯、个人爱好以及感兴趣的地点和即将出现的地点等。当前,用户数据隐私需要实现可控保护,例如用户可以决定自己的信息何时被披露,何时被销毁。在整个大数据生命周期内,需要实现全生命周期的隐私保护手段。

2.3 大数据计算模式

针对不同数据类型(实时数据或非实时数据,数值数据、文本数据或网络数据,连续数据或离散数据)、不同的处理方式(线上或线下,数据切割划分,数据迁移或复制)以及不同的大数据应用场景,需要采用不同的存储体系、计算模型和支撑平台,这些也可以称为大数据计算模式。目前大数据的主流计算模式有批处理计算模式、内存计算模式、交互式分析计算模式、流计算模式、图计算模式、查询分析计算模式等。

2.3.1 批处理计算

批处理计算主要解决大规模数据的批量处理,这也是日常数据分析工作中常见的一类数据处理需求。其中 MapReduce 是最具有代表性的大数据批处理技术,它基于现有廉价的商业硬件和成熟技术,可以并行执行大规模数据处理任务,用于大规模数据集(大于 1TB)的并行计算。MapReduce 极大地方便了分布式编程工作。它实际上采用了分治策略,即将一个大数据集分割为多个小尺度子集,然后让计算程序靠近每个子集,同时并行完成计算处理。MapReduce 将复杂的、运行于大规模集群上的并行计算过程高度地抽象为两个函数——Map 和 Reduce，使得编程人员即使不会分布式并行编程，也可以较容易地将自己的程序运行于分布式系统上，完成海量数据的处理。MapReduce 批处理计算模式已经被证明是一种数据量大、高性价比、技术成熟的解决方案。

2.3.2 内存计算

MapReduce 的不足之处在于需要频繁地读取硬盘数据，处理的时效性较差（通常为天到小时量级），不适合对实时性要求较高的应用场景。内存计算模式则可以实现低时延要求的实时在线分析，它将 DRAM 内存集群作为主存储介质，构成大规模集中式内存结构（如内存云 MemCloud），计算数据一次性载入内存，数据分析处理速度非常快（通常为秒到毫秒量级），但是大内存模式系统成本非常高（硬盘存储成本约为 0.6 美分/GB，而 MemCloud 成本高达 60 美元/GB）。

Spark 是美国加州大学伯克利分校 AMP 实验室在 2009 年提出的一个基于内存计算模式的开源大数据分布式并行计算框架。它被看作继 Hadoop/MapReduce 之后的新一代大数据计算平台。

2.3.3 交互式分析计算

如果把 MapRedcuce 批处理计算模式和 Spark 大内存计算模式看成同一条轴线上的两个端点，那么是否可以找到一个折中方案？2012 年，Google 公司提出一种新的计算技术，引起了业界注意并得到快速发展，被称为交互式分析计算模式。它采用现有的分布式架构（Google 公司的 GFS/BigTable、开源社区的 Hadoop/HDFS/Hive），通过改造数据存储结构和算法创新（如列存储结构、数据本地化、提高内存驻存率等）大大降低了计算耗时，将数据处理时间从 MapReduce 的天到小时量级降低到分钟到秒量级。这虽然还比不上大内存计算模式的处理速度，但是为大数据实时计算提供了一种可行的高性价比的折中方案。

交互式分析计算模式的意义在于避免了物理大内存技术的高昂成本，而且在计算架构和网络接口方面与现有的体系能够更好地集成，可靠性也更高。目前，交互式分析计算的商业产品主要有 Google 公司的 Dremel、PowerDrill，开源技术有 Apache Drill、Cloudera 公司支撑的 Apache 培育项目 Impala 等。

2.3.4 流计算

流计算是一种处理实时动态数据的计算模式。流数据（或数据流）是指在时间分布和数量上无限的一系列动态数据集合体，数据的价值随着时间的流逝而降低，因此必须采用实时计算的方式给出秒级响应。流计算可以实时处理来自不同数据源的、连续到达的流数据，经过实时分析处理，给出有价值的分析结果。但是每一个计算任务处理的数据量并不大，这与内存计算模式不同，后者需要把大数据量的静态数据一次性载入内存。

目前业内已涌现出许多流计算框架与平台，主要分为 3 类：第一类是商业级的流计算平台，包括 IBM Info Sphere Streams 和 IBM Stream Base 等；第二类是开源流计算框架，包括 Twitter Storm、Yahoo! S4（Simple Scalable Streaming System）、Spark Streaming 等；

第三类是一些公司为支持自身业务开发的流计算框架,例如,Facebook 使用 Puma 和 HBase 相结合处理实时数据,百度开发了通用实时流数据计算系统——DStream,淘宝开发了通用实时流数据计算系统——银河流数据处理平台。

2.3.5 图计算

在大数据时代,许多应用数据更适合以大规模图或者网络的形式呈现,如社交网络、传染病传播途径、交通事故对路网的影响等。此外,许多非图结构的数据也常被转换为图模型后进行处理分析。MapReduce 作为单输入、两阶段、粗粒度数据并行的分布式计算框架,在表达多迭代稀疏结构和细粒度数据时往往显得力不从心,不适合用来解决大规模图计算问题。因此,针对较为复杂的图的计算问题,需要采用图计算框架进行处理。2008年,Google 公司基于整体同步并行(Bulk Synchronous Parallel,BSP)计算模型提出图并行计算框架 Pregel,Apache 开源社区也在 2012 年启动图并行计算项目 Hama。

图并行计算框架 Pregel、Hama 的优势在于高效地支持图遍历广度优先搜索(BFS)、单源最短路径(SSSP)、PageRank 等图算法,弥补了 MapRedcuce 模型在大规模图计算处理方面的不足之处。图计算模式也侧重于数据吞吐量,更接近于批处理模式,计算时间长,不支持在线实时处理。

2.3.6 查询分析计算

针对超大规模数据的存储、管理和查询分析,需要提供实时或者准实时的响应,才能更好地满足企业经营者的需求。然而,大数据的查询分析处理具有很大的技术挑战性,在数量规模较大时,即使采用分布式数据存储管理和并行化计算方法,仍然难以达到关系数据库处理中小规模数据时那样的秒级响应性能。目前,大数据查询分析计算的典型系统包括 Hadoop 下的 HBase 和 Hive、Facebook 公司开发的 Cassandra、Google 公司的 Dremel、Cloudera 公司的实时查询引擎 Impala。此外,为了实现更高性能的大数据查询分析,还出现了不少基于内存的分布式数据存储管理和查询系统,如 Apache Spark 下的数据仓库 Shark、SAP 公司的 Hana、开源的 Redis 等。ElasticSearch 作为在全文搜索领域广泛应用的主流软件之一,基于 RESTful Web 接口提供了一个分布式、支持多用户的全文搜索引擎。ElasticSearch 使用 Java 开发,并作为 Apache 许可条款下的开放源码发布,是当前流行的企业级搜索引擎,该设计用于云计算中,能够实现实时搜索,具有稳定、可靠、快速、安装和使用方便的特点。

2.4 大数据生命周期安全

在大数据生命周期中,包括产生、采集、传输、存储、分析、使用等流程,每个环节都面临不同的安全风险,对数据分析可能产生影响。需要针对每个步骤实施相应的安全技术,如此才能化整为零,实现完整的数据生命周期安全。

2.4.1 数据产生面临的威胁

从来源上看,大数据系统中的数据可能来源于各种传感器、主动上传者以及公开网站。除了可信的数据来源外,也存在大量不可信的数据来源,甚至有些攻击者会故意伪造数据,企图误导数据分析结果。因此,对数据的真实性确认、来源验证等的需求非常迫切,数据真实性保障面临的挑战更加严峻。事实上,由于采集终端性能限制、鉴别技术不足、信息量有限、来源种类繁杂等原因,对所有数据进行真实性验证存在很大的困难。收集者无法验证其获得的数据是否是原始数据,甚至无法确认数据是否被篡改、伪造,那么在这些数据基础上进行大数据分析很可能得到错误的结果。

此外,大数据分析阶段会采用基于机器学习的算法对数据进行分析处理,而机器学习模型的准确性需要通过对大量的训练样本数据完成训练才能大幅提高。一旦训练数据被污染,则可以导致机器学习模型产生错误判断,这一攻击方式就是数据投毒。数据投毒通过在训练数据里加入伪装数据、恶意样本等破坏数据的完整性,进而导致训练的算法模型决策出现偏差。例如,模型偏斜污染训练数据可欺骗分类器将特定的恶意二进制文件标记为良性。

2.4.2 数据采集面临的威胁

数据采集是采集方对用户终端、智能设备、传感器、信息系统等产生的数据进行记录与预处理的过程。大多数情况下,数据不需要经过特殊处理就可以直接上传。而在一些带宽受限或者采集数据精度存在约束时,数据采集首先需要进行数据压缩、变换甚至加噪处理等步骤,以降低数据量或者精度。那么,在这些数据基础上进行分析,就可能产生偏差。

此外,在数据采集过程中,一旦用户真实数据被采集,那么其隐私保护就完全脱离用户自身控制,由采集方进行控制。因此,在数据采集阶段就需要考虑对用户隐私信息的保护方法。在具体采集过程中可以根据场景需求,选择安全多方计算等密码学方法,或者选择本地差分隐私等隐私保护技术。

2.4.3 数据传输面临的威胁

在数据传输过程中,将采集到的数据由用户终端、智能设备、传感器、信息系统等终端传输到数据中心。在这个过程中,首先需要对通信双方的真实身份进行认证,防止非法设备伪装成合法终端参与到数据传输过程中;其次,对传输数据的机密性和完整性需要采取必要的安全措施来保证,防止攻击者在传输过程中对数据进行窃取和恶意篡改。

对于数据传输面临的安全威胁,目前已经有成熟的解决方案,例如目前常用的 SSL/TLS 通信加密协议和 HTTPS 安全传输协议、VPN 技术等。

2.4.4 数据存储面临的威胁

大数据被采集后常汇集并存储于大型数据中心,而大量集中存储的有价值数据无疑容易成为某些黑客或团体的攻击目标。因此,大数据存储面临的安全风险是多方面的,不仅包括来自外部黑客的攻击、内部人员的信息窃取,还包括不同利益方对数据的超权限使用等。

为了应对数据存储面临的安全风险,在数据存储阶段首先必须考虑的是数据安全性,需要对存储的数据进行加密,保证存储大数据的机密性,即使黑客攻击存储系统,也只能获取加密后的数据。可以采用加密技术,例如对称加密算法,其缺点是密钥管理较为复杂。此外,对加密后的数据进行操作都需要解密后才能进行,操作更为耗时、复杂。同态加密(homomorphic encryption)技术是当前较好的解决方法,同态加密是一种特殊的加密方法,允许对密文进行处理后得到的仍然是加密的结果,即对密文直接进行处理,与对明文进行处理后再对处理结果加密得到的结果相同。数据同态加密在不解密数据的时候就可以对数据进行各种操作,例如检索、比较等。

为了有效地保证存储数据只能被授权人员访问和使用,需要实现对大数据的访问控制机制。基于属性的访问控制(Attribute-Based Access Control,ABAC)模型和基于角色的访问控制(Role-Based Access Control,RBAC)模型是大数据环境下主要采用的访问控制模型,能够保证数据不能被未授权人员访问。同时需要对内部人员的操作行为进行监控审计,防止内部人员进行越权的非法操作。

在数据存储过程中,为了防止出现操作失误或系统故障导致数据丢失,将全系统或部分数据集合从应用主机的硬盘或硬盘阵列复制到其他存储介质,即进行数据灾备。一旦出现故障或灾难时,备份数据可以对关键业务甚至全部业务进行有力支持,保证其正常运行。数据灾备系统建设成本较高,在大型企业和金融机构应用较多。

2.4.5 数据分析面临的威胁

大数据采集、传输、存储的主要目的是分析与使用,通过数据挖掘、机器学习等算法处理提取出所需的知识。本阶段的焦点在于如何实现数据挖掘中的隐私保护,降低多源异构数据集成中的隐私泄露,防止数据使用者通过数据挖掘技术分析出用户刻意隐藏的知识,防止分析者在进行统计分析时得到具体用户的隐私信息。

大数据隐私保护技术为大数据提供离线(数据安全发布)与在线(数据安全查询)等应用场景下的隐私保护,防止攻击者将属性、记录、位置和特定的用户个体关联起来,典型的隐私保护需求包括用户身份隐私保护、属性隐私保护、社交关系隐私保护与轨迹隐私保护等。用户身份隐私保护的目标是降低攻击者从数据集中识别出某特定用户的可能性。属性隐私保护要求将用户的属性数据匿名化,杜绝攻击者对用户的属性隐私进行窥视。属性数据是用于描述个人用户的属性特征,例如关系数据库中记录一个人的年龄、性别等的字段。社交关系隐私保护要求将用户的社交关系匿名化,攻击者无法确定特定用户拥有哪些社交关系。轨迹隐私保护要求将用户的真实位置匿名化,不将用户的敏感位置信息和活动轨迹泄露给恶意攻击者。

2.4.6 数据使用面临的威胁

在互联网领域,数据作为企业未来的核心资产,争夺已经公开化,数据产权的归属问题已经成为数字经济时代的开门钥匙。实际上,在整个数据周期中,对于数据的产权到底是属于个人、企业还是其他单位的问题,每个主体天然地都会有自己的权利主张。而互网数据本身有自己的特性，例如互联网的数据可能是由上亿个个体相互作用生成的，具有高度的混合性；另外，数据可能要经过几轮不同主体产生和处理，具有高度的复杂性。因此，互联网数据产权的认定非常复杂，导致数据在使用时可能面临层层安全风险。

互联网数据要完成大数据分析，利用大数据提升生产效率和利益，必须实现大数据的高度共享和充分利用，而在数据共享过程中需要考虑价值激励、责任认定、安全信任等问题，这些问题难以解决，导致了大数据"不愿、不敢、不能"共享的难题。此外，鉴于大数据的广泛集成和深度挖掘，隐私泄露风险的显著增加也成为数据拥有者共享数据时的一大担忧。例如，地下数据的"黑灰"产业链、侵犯用户个人信息安全、数据滥用等问题严重阻碍了数据共享使用的发展。一方面，在大数据使用环节，即大数据的查询、访问过程中，不严格的权限管理将导致数据泄露；另一方面，在数据共享开放环节，即数据资源跨部门、跨域共享使用的过程中，不可避免地导致数据被各使用方存储和使用，其中任何一个使用方处置不当，都可能导致数据泄露，例如 Facebook 的数据被剑桥分析公司不当使用导致用户数据泄露。因此，如何保证大数据的共享安全成为当前的研究热点，这方面的研究主要集中在安全访问控制、共享安全和隐私保护等方面。针对利益藩篱和安全信任等问题导致的数据共享难题，通过技术手段而不是仅凭承诺或管理实现价值激励、责任认定、安全信任等，对促进数据共享十分必要。

对于上述问题，当前主要有两种解决方式。一种方式通过数据迁移，即数据交易、数据流转或数据交换等，实现数据的直接共享；另一种方式无须移动数据，而是通过计算迁移实现数据的间接共享。在这两种方式中，区块链以其可追溯、不可篡改、去中心化的信任建立等特性，能在数据安全共享与可信服务中发挥重要作用。在某些行业或领域中，数据拥有方希望通过数据共享促进发展，但由于受到数据管理政策等严格限制，数据难以有效共享。区块链可以提供方便、安全、快捷的数据共享途径。例如，针对医疗数据监管严格、数据共享审查周期长等问题，已经有人提出基于区块链的医疗数据跨机构、跨境共享方案。针对隐私泄露问题，当前的研究主要采用隐私保护数据发布、隐私保护数据挖掘和数据脱敏等技术，确保数据共享过程中与商业秘密和个人隐私等有关的数据不被泄露，提升大数据服务的可信性。

2.4.7 数据治理技术

数据行业的蓬勃发展带来了海量的数据，与此同时，劣质数据也随之而来，极大地降低了数据分析、挖掘的质量，对信息社会造成了严重的困扰。很多领域和机构都有大量存在的劣质数据。国外权威机构的统计表明：在美国的企业信息系统中，1%～30%的数据具有各种错误和误差；在美国的医疗信息系统中，13.6%～81%的关键数据存在不完整或陈旧的情况。而根据 Gartner 的调查结果，在全球财富 1000 强的企业中，超过 25%的企业信息系统中存在错误数据。

随之而来的问题就是这些数据如何管理。大数据的 5V 特征已经显示出其与以往数据的明显不同，那么传统的管理方法还有效吗？答案是否定的，随着数据的发展变化，其管理方法也要创新，于是数据治理的概念应运而生。

目前最权威的大数据治理的定义是由桑尼尔·索雷斯提出的，主要包含以下 6 部分：

(1) 大数据治理应该被纳入现有的信息治理框架内。
(2) 大数据治理的工作就是制定策略。
(3) 大数据必须被优化。
(4) 大数据的隐私保护很重要。
(5) 大数据必须被货币化,即创造价值。
(6) 大数据治理必须协调好多个职能部门的目标与利益。

此定义指出:大数据的优化、隐私保护以及商业价值是大数据治理的重点关注领域,大数据治理是数据治理发展的一个新阶段。与传统的数据治理相比,各种需求的解决在大数据治理中变得更加重要和富有挑战性。

大数据的大规模性和高速性带来的实时分析需求使得传统的密码学技术遇到了极大的瓶颈,而大数据的大规模采集技术、新型存储技术与高级分析技术使得大数据的安全和隐私保护也面临巨大的挑战。因此,大数据安全和隐私保护也是大数据治理的关注重点。

目前,已经有一些开源组件可用于大数据安全与治理。

1. Apache Falcon

大数据治理包括数据生命周期管理、数据处理以及数据审计与追踪,其中数据生命周期管理贯穿了对数据的采集、处理、存储以及清洗删除等过程。Hadoop 生态环境也有与之对应的组件处理相关问题,例如,Sqoop 实现对数据的采集抽取,MapReduce 实现对数据的处理。Apache Falcon 就是 Hadoop 集群数据处理和数据生命周期管理的系统框架。通过数据生命周期管理及处理方案,解决 Hadoop 数据复制、业务连续性及血统追踪的问题。Falcon 主要对数据生命周期进行集中管理,通过促进数据快速复制实现业务连续性和灾难恢复,并通过实体沿袭追踪和审计日志收集为审计和合规性提供基础,方便用户设定数据管理以及处理方案,并将其提交到 Hadoop 集群调度执行。换句话说,它使终端用户可以快速地将数据及其相关的处理和管理任务上载(onboard)到 Hadoop 集群。

Falcon 是一个建立在 Hadoop 上的数据集及其处理流程的管理平台,其架构如图 2-3 所示。Falcon 本质上通过标准工作流引擎将用户的数据集及其流程配置转换成一系列重复的活动,而本身不做任何烦琐的工作,所有功能以及工作流状态管理需求都委托给工作流调度器进行调度。由于 Falcon 并没有对工作流做额外的工作,它唯一要做的就是保持数据流程实体之间的依赖和联系,这让开发人员在使用 Falcon 建立工作流时完全感觉不到 Oozie 调度器以及其他基础组件的存在,从而可以将工作重心放在数据及其处理本身,而不需要进行任何多余操作。

2. Apache Atlas

Falcon 是对大数据生命周期的管理,但是大数据治理的内容远远不止于此,还包括元数据的管理、数据生命周期的审计和可视化显示、数据血统的搜索以及数据安全与隐私。Apache Atlas 是一个可伸缩和可扩展的元数据管理工具与大数据治理服务,它构建统一的元数据库与元数据定义标准,与 Hadoop 生态系统中各类组件集成,建立统一、高效且可扩展的元数据管理平台。

对于需要元数据驱动的企业级 Hadoop 系统来说,Atlas 提供了可扩展的管理方式,

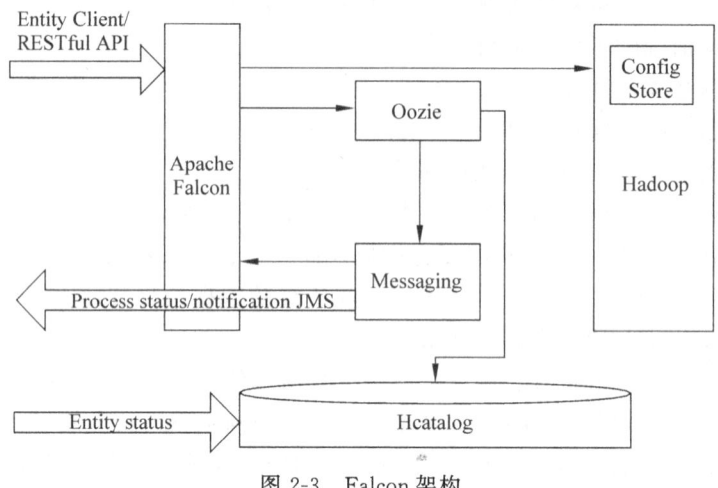

图 2-3　Falcon 架构

并且支持对新的商业流程和数据资产进行建模,其内置的类型系统(type system)允许 Atlas 与 Hadoop 大数据生态系统之内或之外的各种大数据组件进行元数据交换,这使得建立与平台无关的大数据管理系统成为可能。Atlas 提供了大数据治理中可扩展的核心治理服务,这些服务具体如下:

(1) 元数据交换。允许从当前的组件导入已存在的元数据或模型到 Atlas 中,也允许从 Atlas 中导出元数据到下游系统中。

(2) 数据血统追踪。Atlas 在平台层次上,针对 Hadoop 组件抓取数据血统信息,并根据数据血统间的关系构建数据的生命周期。

(3) 数据生命周期可视化。通过 Web 服务将数据生命周期以可视化的方式展现给客户。

(4) 快速数据建模。Atlas 内置的类型系统允许通过继承已有类型的方式自定义元数据结构,以满足新的商业场景的需求。

(5) 丰富的 API。提供了目前比较流行且灵活的方式,能够对 Atlas 服务、HDP(Horton Work data Platform)组件、UI 及外部组件进行访问。

3. Apache Ranger

Apache Ranger 是应用于 Hadoop 的集中式安全管理解决方案,提供集中管理的安全策略和监控用户行为,而且它可以对 Hadoop 生态系统上的组件(如 Hive、HBase 等)进行细粒度的数据访问控制,使管理员能够为 HDFS 和其他的 Hadoop 平台组件创建和实施安全策略,解决授权和审计问题。通过操作 Ranger Web UI 控制台,管理员可以轻松地通过配置策略控制用户访问权限。Ranger 还提供全面的日志审计,使用户不仅能够清晰地看到请求信息和数据的权限状态,而且能够通过 Web UI 控制台配置访问权限,并通过 LDAP(Light weight Directory Access Protocol,轻量目录访问协议)支持用户和组的信息同步。

为了实现用户和组的信息同步,Ranger 集成了一个独立的守护进程模块,负责与

LDAP/AD 同步，并将策略分发到集群中的节点。轻量级代理程序嵌入在需要数据保护的单个 Hadoop 组件（如 Hive、HBase 等）中，并使用这些组件中内置的安全挂钩。此代理还作为 NameNode（命名空间）的一部分运行，为 HDFS 提供访问控制，并收集存储在审核日志中的请求的详细信息。由于策略在本地层次节点上实施，因此 Ranger 在运行时间上没有显著的性能影响。

Ranger 通过在 Hive3 中使用标准的 SQL 授权，进一步与 Hadoop 进行深度集成，并且允许在表上使用 SQL grant/revoke 功能。此外，Ranger 提供了一种模式，可以通过使用 Hadoop 文件级权限验证 HDFS 中的访问。Ranger 与基于 Web 的管理控制台一起支持用于策略管理的 RESTful API。

Ranger 为 Hadoop 的每部分和公共认证存储库提供插件，并允许用户在集中位置定义策略，实现权限控制。Ranger 还可以与现有的身份管理（ID Management，IDM）和单点登录（Single Sign On，SSO）解决方案（包括 Siteminder、Tivoli Access Manager、Oracle Access Management Suite 和基于 SAML 的解决方案）进行互操作。通过内置 Knox 集成，Ranger 可用于保护任何提供对存储在 Hadoop 集群中的数据的周边访问的 REST 端点，使用 HiveServer2 保护 ODBC/JDBC 连接。

4. Apache Sentry

虽然 Hadoop 平台本身的文件系统已经有较强的安全性，但是缺乏细粒度的数据读取权限控制，导致在对文件数据进行保护时只能选择对整个文件数据进行保护，这种方案会极大地限制 Hadoop 中数据的读取。

Apache Sentry 是一个用于 Hadoop 生态系统的细粒度授权系统。和 Apache Ranger 类似，Sentry 对 Hadoop 生态系统上的组件（如 Hive、Impala 等）进行细粒度的数据访问控制，对 Hadoop 集群上经过身份验证的用户和应用程序的数据进行控制并实施精确的权限控制功能。在 Hadoop 生态系统现有的组映射环境下，只需要对 Sentry 独有的角色进行操作，即可实现权限管理。

通俗地说，借助 Sentry 提供的功能，用户可以在 Hadoop 平台使用更加简洁的方法更有效地完成繁杂而又琐碎的文件保护工作。与 Ranger 类似，Sentry 也使用了插件-服务器的结构进行权限管理。Sentry 通过挂钩（HOOK）将插件嵌入需要进行数据保护的单个 Hadoop 组件中，拦截操作请求并进行权限验证。Sentry 为了实现可扩展的设计目标，使用结合层（Binding）标准化授权请求，使得授权验证可以面向多种数据引擎。当前 Sentry 支持 Apache Hive、Hive Metastore/HCatalog、Solr、Cloudera Impala 以及 HDFS 中 Hive 的表格数据。而作为一个高度模块化的应用，Sentry 协议未来会被扩展到更多其他组件。

2.5 大数据技术与大数据安全分析技术发展趋势

2.5.1 大数据技术发展趋势

在全球范围内，研究发展大数据技术并运用大数据推动经济发展、完善社会治理、提升政府服务和监管能力正成为趋势。目前已有众多成功的大数据应用,但就其效果和深度而言尚处于初级阶段,根据大数据分析预测未来、指导实践的深层次应用将成为发展重点。按照数据开发应用深入程度的不同,可将众多的大数据应用分为3个层次:描述性分析应用、预测性分析应用和指导性分析应用。

描述性分析应用是指从大数据中总结、抽取相关的信息和知识,帮助人们分析发生了什么,并呈现事物的发展历程。例如,美国DOMO公司从其企业客户的各个信息系统中抽取、整合数据,再以统计图表等可视化形式将数据蕴含的信息推送给不同岗位的业务人员和管理者,帮助其更好地了解企业现状,进而做出判断和决策。

预测性分析应用是指从大数据中分析事物之间的关联关系、发展模式等,并据此对事物发展的趋势进行预测。例如,微软公司纽约研究院研究员David Rothschild通过收集和分析赌博市场、好莱坞证券交易所、社交媒体用户发布的帖子等大量公开数据,建立预测模型,对多届奥斯卡奖项的归属进行了预测。2014年和2015年,该模型准确预测了共24个奥斯卡奖项中的21个,准确率达87.5%。

指导性分析应用是指在前两个层次的基础上,分析不同决策将导致的后果并对决策进行指导和优化。例如,无人驾驶汽车分析高精度地图数据和海量的激光雷达、摄像头等传感器的实时感知数据,对汽车不同驾驶行为的后果进行预判并据此指导汽车的自动驾驶。

2019年12月5日,在中国大数据技术大会(Big Data Technology Conference,BDTC)开幕式上,中国计算机学会(China Computer Federation,CCF)大数据专业委员会正式发布了2020年大数据十大发展趋势预测:

(1) 数据科学与人工智能的结合越来越紧密。

(2) 数据科学带动多学科融合,基础理论研究的重要性受到重视,但理论突破进展缓慢。

(3) 大数据的安全和隐私保护成为研究和应用热点。

(4) 机器学习继续成为大数据智能分析的核心技术。

(5) 基于知识图谱的大数据应用成为热门应用场景。

(6) 数据融合治理和数据质量管理工具成为应用瓶颈。

(7) 基于区块链技术的大数据应用场景渐渐丰富。

(8) 对基于大数据进行因果分析的研究得到越来越多的重视。

(9) 数据的语义化和知识化是数据价值的基础问题。

(10) 边缘计算和云计算将在大数据处理中成为互补模型。

大数据与人工智能的共生关系受到持续认可,具体反映到趋势(1)和(4)上。趋势(2)对学科突破的期待心态依然存在。趋势(3)表明既要挖掘数据价值,又要在此过程中兼顾数据安全和隐私保护。趋势(5)和(9)说明从数据到知识的途径依然是关注热点。从大数据中获得知识和价值是人们利用大数据的一个基本需求,因此基于知识图谱的大数据应用以及与知识自动发现和挖掘相关的技术将是热点。趋势(6)表明数据融合治理是大数据应用的基石,如果数据在融合中存在属性偏差或信息损失,或者融合后的数据质量低下,上层应用的价值将无从保障。在行业大数据应用实践中解决了数据有无问题后,对数据质量的管理将会成为最迫切的挑战。目前业界还缺乏通用、有效的数据融合治理与数据质量管理工具,这将成为大数据应用向深层次发展的瓶颈。数据管理将作为企业核心竞争力,战略性规划与运用数据资产成为企业数据管理的核心。趋势(7)表明大数据与区块链的结合稳中有升。区块链是一种分布式总账系统,整合时间戳、非对称加密、共识机制、智能合约等多种技术,具有可追溯、不可篡改、去中心化的信任建立、多方共同维护等特性。基于区块链实现大数据交易,能够从技术上解决激励与价值认可、安全与责任认定、分析与全维共享等问题,实现安全共享与可信服务。然而,区块链在共识机制和智能合约等自身关键技术中存在安全漏洞,在大数据服务中引入区块链后产生的安全问题有待进一步探索。趋势(8)表明大数据时代"一切皆数据",被数字化的事物和流程越来越多。利用统计方法对数据进行相关性分析,成为科学决策和预测的重要手段。然而相关性不等于因果性,许多在统计上具有强相关性的事物,在逻辑上并不存在直接或间接的因果性。如果无法分析出相关性背后的因果关系,不考虑结论的可解释性,必然会影响决策的质量和应用范围。趋势(10)表明,在未来的大数据处理模式中,边缘计算和云计算将实现互补,共同发展。边缘计算是靠近数据源的处理模式,是一种分散式处理框架。过去大数据的概念往往和云计算绑定在一起,但在实际应用中,将数据放在终端上进行部分处理的方法具有实时性高、对网络带宽占用少、更有利于隐私保护等优点。随着终端处理能力的增强,将部分计算任务部署在终端上,与云端任务进行合理的分层解耦,成为一种可靠性更高、计算成本更低、实时性更强的计算框架。

  大数据作为一种颠覆性创新技术,是信息化发展的新阶段,可以影响甚至重塑社会形态,改变人们的生活和工作方式,蕴含着巨大价值。目前,越来越多的高校已经设立专门的数据科学类专业,将催生一批与之相关的新的就业岗位。唯有加快培养适应未来需求的合格人才,才有可能在数字经济时代形成国家的综合竞争力。所以应该抓住机遇,迎接挑战,构建自主可控的大数据产业生态,丰富行业大数据应用,同时必须防范大数据发展可能带来的新风险,加强大数据安全和隐私保护措施。

2.5.2　大数据安全分析技术发展趋势

  传统的网络安全保护方法往往是依靠加入各种网络安全设备,例如防火墙、IDS、反病毒网关等,而在大数据时代,数据的信息量猛增,传统的网络安全保护方法已经无法及时、有效地保护网络数据的安全了。而充分发挥大数据技术在信息收集、存储、分析过程中的优势,可以更好地保护网络安全。对于信息和网络安全而言,大数据发挥着举足轻重的作用,在隐私保护、日志分析、流量分析、APT攻击识别、威胁情报等方面都有具体的安全需求场景和应用。

  在隐私保护方面,由于大数据分析已经得到广泛应用,越来越多的数据挖掘工具被开发出来,对个人隐私保护和数据安全都造成了较大威胁。目前与大数据相关的隐私保护技术主要可以分为3类:

  (1) 基于数据失真的技术。主要是采用加入噪声、交换等技术对数据进行处理,但处理后的数据仍然可以进行数据分析。

  (2) 基于加密技术。主要是通过密码机制实现对数据机密性、完整性和可用性的处理,其中常用的加密技术有同态加密和安全多方计算。

(3) 基于限制发布的技术。通过有选择地发布敏感度较低或不发布敏感数据的方式实现隐私保护。当前这类技术主要集中体现在数据匿名化,常用的算法有 k-匿名(k-anonymity)、l-多样性(l-diversity)等。

在日志分析方面,由于日志中包含的信息量巨大、人工查看日志能力有限等原因,大数据分析技术在此方面更具优势,特别是针对一些比较隐秘的 APT 攻击,只有大范围的协同分析才能帮助网络安全管理员及时发现异常情况,提前准备预防措施,阻断攻击行为。常用于日志分析的数据挖掘算法有关联分析、序列分析等。关联分析是对相关网络设备及系统的日志进行特征提取,并按照一定规则进行关联分析,得到新的攻击链。序列分析是对攻击行为随时间变化的规律或趋势进行分析。

在流量分析方面,新型的网络协议和技术的使用使得网络流量越来越大,信息传输速度也越来越快,在保证安全的同时要求流量采集分析设备具有更强的能力,以减少对应用业务的影响。而网络管理员可以通过流量分析识别隐藏攻击,进行网络流量分类,识别网络中的重要服务提供者,判断网络行为是否正常等。与日志分析类似,关联分析、聚类分析、分类分析等数据挖掘算法在流量分析中也有广泛的应用。例如,可以基于聚类分析算法实现对网络流量进行分类,分析出网络流量中包含的异常流量,进而发现未知的网络攻击等。

在 APT 攻击识别、威胁情报等方面,大数据分析技术更是可以有效提高网络安全管理人员的工作效率,降低人工成本。APT 攻击往往具有明确的攻击意图,并且其攻击手段具备极高的隐蔽性和潜伏性,传统的网络检测手段通常无法有效地对其进行检测,因此 APT 攻击的识别往往需要丰富的威胁情报支持。而威胁情报本身就需要大量的安全大数据资源,包括 PDNS 数据、Whois 数据、网络攻击 IP 地址历史库、失陷检测情报、文件信誉等。大数据分析技术一方面可以快速收集情报数据,另一方面可以对收集的数据进行分析处理。

网络信息系统日趋复杂,人们越来越关注网络安全问题,对网络安全保障工作的水平提出了更高要求。使用大数据技术对网络数据信息进行采集、存储、检索、处理和关联分析,可以有效增强网络安全分析技术的效果,提升网络系统的安全性。运用大数据构建网络信息安全平台,可以系统地分析并查找网络系统中存在的风险源和漏洞,提高网络安全防护工作的准确性和效率。

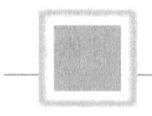

小结

本章主要介绍了大数据技术的基本知识,包括大数据的概念与特点、大数据分析的相关方法、目前常见的大数据分析及处理相关平台和主流的大数据分析计算方法。

第3章 特征工程与模型评估

业界广泛流传这样一句话：数据和特征决定了机器学习的上限，而模型和算法只是逼近这个上限而已。那么，什么是特征工程？这里引用维基百科对特征工程（feature engineering）的定义：特征工程是利用数据领域的相关知识创建能够使机器学习算法达到最佳性能的特征的过程。也就是说，特征工程尽可能从原始数据中获取更多信息，从而使得预测模型达到最佳。简而言之，特征工程是一个把原始数据变成特征的过程，这些特征可以很好地描述数据，并且利用这些特征建立的模型在未知数据上表现性能可以达到最优。

在建立数据模型后，只有选择与问题相匹配的评估方法，才能快速地发现模型选择或训练过程中出现的问题，迭代地对模型进行优化。针对分类、排序、回归、序列预测等不同类型的机器学习问题，评估指标的选择也有所不同。知道每种评估指标的精确定义，有针对性地选择合适的评估指标，根据评估指标的反馈进行模型调整，这些都是机器学习在模型评估阶段的关键问题。

本章的主要内容为特征工程和模型评估，前者有利于建立更精确的模型，而后者则有利于对模型进行不断的调整和优化，从而使得构建的模型能够针对样本以外的数据也能做到高精度分析或预测。

3.1 特征工程

特征工程包含数据预处理、特征构建、特征选择和特征提取等子问题。

3.1.1 数据预处理

现实世界中的数据大体上都是不完整、不一致的"脏"数据，无法直接进行数据分析，或者模型的训练结果差强人意。为了提高特征的质量，往往在构建特征之前，需要对数据进行预处理。常用的数据类型有两种：

（1）结构化数据。可以看作关系数据库的一张表。每一列都有清晰的定义，包含了数值型和类别型两种基本类型；每一行表示一个样本的信息。

（2）非结构化数据。主要是文本、图像、音频和视频数据，其包含的信息无法用一个简单的数值表示，也没有清晰的类别定义，并且各个数据的大小也互不相同。

数据预处理针对的主要是缺失值和异常值。

1. 缺失值

1) 缺失值的产生及影响

数据的缺失主要包括记录的缺失和记录中某个字段信息的缺失,两者都会造成分析结果的不准确。

缺失值产生的原因如下:

(1) 信息暂时无法获取,或者获取信息的代价太大。

(2) 信息被遗漏,包括人为的输入遗漏或者数据采集设备的遗漏。

(3) 属性不存在。在某些情况下,缺失值并不意味着数据有错误。对一些对象来说,某些属性值是不存在的,如未婚者的配偶姓名、儿童的固定收入等。

缺失值的影响如下:

(1) 训练模型将丢失大量的有用信息。

(2) 训练模型表现出的不确定性更加显著,模型中蕴含的规律更难把握。

(3) 包含空值的数据会使建模过程陷入混乱,导致不可靠的输出。

2) 缺失值的处理

缺失值的处理主要采用删除法和填补法。

删除法包括以下3种方法:

(1) 删除样本(行删除)。将存在缺失数据的样本行删除,从而得到一个完备的数据集。

(2) 删除变量(列删除)。当某个变量缺失值较多且对研究目标影响不大时,可以将缺失值所在列的数据全部删除。

(3) 改变权重。当删除缺失数据会改变数据结构时,通过对数据赋予不同的权重,可以降低缺失数据带来的偏差。

填补法包括单一填补、随机填补和基于模型预测3种方法。

(1) 单一填补。

① 均值填补。对于非数值型特征,采用众数填补;对于数值型特征,采用所有对象的均值填补。

② 热平台填补。在完整数据中找到一个与空值最相似的值,然后用这个相似的值进行填补。

③ 冷平台填补。从过去的调查数据中获取信息进行填补。

④ k 均值填补。利用辅助变量,定义样本间的距离函数,寻找与包含缺失值的样本距离最近的无缺失值的 k 个样本,利用这 k 个样本的加权平均值填补缺失值。

⑤ 期望最大化。在缺失类型为随机缺失的情况下,假设模型对于完整的样本是正确的,那么通过观测数据的边际分布可以对未知参数进行极大似然估计。

(2) 随机填补。在均值填补的基础上加上随机项,通过增强缺失值的随机性改善缺失值分布过于集中的缺陷。

(3) 基于模型预测。将缺失属性作为预测目标,使用其余属性作为自变量,利用缺失属性的非缺失样本构建分类模型或回归模型,使用构建的模型预测缺失属性的缺失值。

2. 异常值

模型通常是对整体样本数据结构的一种表达方式,这种表达方式通常抓住的是整体样本的一般性质,而那些在一般性质上表现完全与整体样本不一致的点就称为异常值,也称离群点。通常异常值在预测问题中是不受开发者欢迎的,因为预测问题通常关注的是整体样本的性质,而异常值的生成机制与整体样本完全不一致。如果算法对异常值敏感,那么生成的模型并不能较好地表达整体样本,从而预测也会不准确。

1) 异常值的检测方法

异常值的检测方法有以下 5 种。

(1) 3σ 法。

使用该方法的前提是数据需要服从正态分布,在正态分布中 σ 代表标准差,μ 代表均值,$x=\mu$ 为分布图的对称轴。采用 3σ 法时,观测值与均值的差别如果超过 3 倍标准差,那么就可以将其视为异常值。观测值落在 $[-3\sigma, 3\sigma]$ 区间的概率是 99.7%,那么距离均值超过 3σ 的值出现的概率为 $P(|x-\mu|>3\sigma)=0.3\%$,属于小概率事件。如果数据不服从正态分布,也可以用远离均值的多少倍标准差描述,倍数的取值需要根据经验和实际情况决定。

(2) 箱形图。

箱形图是用于显示一组数据分散情况的统计图,如图 3-1 所示。这种方法利用箱形图的四分位距(Inter-Quartile Range,IQR)对异常值进行检测,四分位距就是上四分位与下四分位的差值。箱形图法以 IQR 的 1.5 倍为标准,规定位于上四分位+1.5 倍 IQR(上界)以上或者下四分位-1.5 倍 IQR(下界)以下的点为异常值。

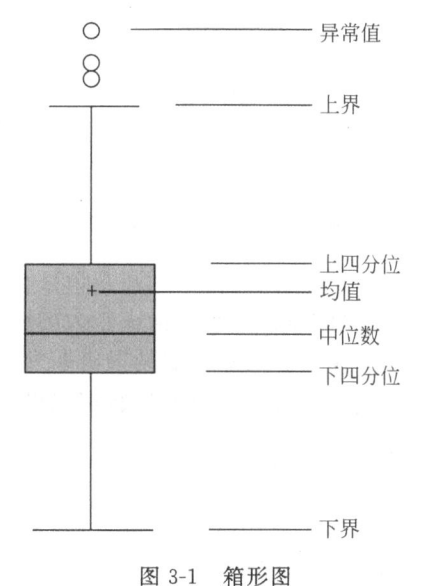

图 3-1 箱形图

(3) 基于模型的检测。

构建一个概率分布模型,并计算对象符合该模型的概率,把具有低概率的对象视为异常值。如果模型是簇的集合,则异常值是不显著属于任何簇的对象;如果模型是回归模型,异常值是相对远离预测值的对象。

(4) 基于密度的检测。

从基于密度的观点来说,异常值是在低密度区域中的对象。基于密度的异常值检测与基于邻近度的异常值检测密切相关,因为密度通常用邻近度定义。一种常用的密度定义是:密度为到 k 个最近邻的平均距离的倒数。如果该距离小,则密度高;否则密度低。另一种密度定义是 DBSCAN 聚类算法使用的密度定义,即一个对象周围的密度等于在该对象指定距离 d 内的对象个数。

(5) 基于聚类的检测。

从基于聚类的观点来说,如果一个对象不强属于任何簇,那么该对象属于异常值。

2) 异常值的处理方法

检测到异常值后,需要对其进行一定的处理。异常值的处理方法可大致分为以下几种:

(1) 删除含有异常值的记录。

(2) 将异常值视为缺失值,利用缺失值处理方法处理异常值。

(3) 用前后两个观测值的平均值修正异常值。

(4) 不处理异常值,直接在含有异常值的数据集上进行数据挖掘。

是否删除异常值可根据实际情况考虑。一些模型对异常值不敏感,即使有异常值也不影响模型效果;但是一些模型(例如逻辑回归算法)对异常值很敏感,如果不进行处理,可能会出现过拟合等非常差的效果。

3.1.2 特征构建

为了提高数据分析的质量,需要将原始数据转换为计算机可以理解的格式或符合数据分析要求的格式。通过转换函数将数据转换成更适合机器学习算法模型的特征数据的过程称为特征构建,特征构建包括数值型特征无量纲化、数值型特征分箱、统计变换和特征编码等方法。

1. 数值型特征无量纲化

数据一般是有单位的,数据样本不同属性具有不同量级时会对模型训练结果造成影响,量级的差异将导致量级较大的属性占据主导地位,使迭代收敛速度减慢,同时,依赖于样本距离的算法对数据的量级非常敏感,量级的差异可能造成训练结果不准确。因此,在进行模型训练之前需要将数据无量纲化。特征的无量纲化是使不同规格的数据转换到同一规格,常用的无量纲化方法为标准化方法。

数据的标准化(normalization)是将数据按比例缩放,使之落入一个小的特定区间。在对某些比较和评价的指标进行处理时,经常会去掉数据的单位,将其转换为无量纲的纯数值,便于不同单位或量级的指标能够进行比较和加权。其中最典型数据的标准化就是归一化处理,即将数据统一映射到[0,1]区间。常见的数据标准化方法有 min-max 标准化、对数函数转换、反正切函数转换、z-score 标准化等。

1) min-max 标准化

min-max 标准化也叫离差标准化,是对原始数据的线性变换,使结果落到[0,1]区间,转换函数如下:

$$y_i = \frac{x_i - \min_{1 \leqslant i \leqslant n}\{x_j\}}{\max_{1 \leqslant i \leqslant n}\{x_j\} - \min_{1 \leqslant i \leqslant n}\{x_j\}} \tag{3-1}$$

其中,max 为样本数据的最大值,min 为样本数据的最小值。

这种方法有一个缺陷,当有新数据加入时,可能导致 max 和 min 的变化,需要重新定义转换函数。

2) 对数函数转换

通过以 10 为底的对数函数转换的方法可以实现归一化，把一系列数值转换到区间 $[0,1]$，转换函数如下：

$$x^* = \frac{\log_{10} x}{\log_{10} \max} \qquad (3\text{-}2)$$

3) 反正切函数转换

用反正切函数也可以实现数据的归一化。使用这个方法时需要注意，如果映射的目标区间为 $[0,1]$，则数据都应该大于或等于 0，小于 0 的数据将被映射到 $[-1,0]$ 区间。

4) z-score 标准化

并非所有数据标准化的结果都映射到 $[0,1]$ 区间。还有一种常见的标准化方法是 z-score 标准化；它也是 SPSS 中最常用的标准化方法，也叫标准差标准化。

z-score 标准化方法适用于属性的最大值和最小值未知或有超出取值范围的离群数据的情况。

z-score 标准化的步骤如下：

(1) 求出各变量（指标）的算术平均值（数学期望）x_i 和标准差 s_i。

(2) 进行标准化处理：

$$z_{ij} = (x_{ij} - x_i)/s_i \qquad (3\text{-}3)$$

其中，z_{ij} 为标准化后的变量值，x_{ij} 为实际变量值。

(3) 将逆指标前的正负号对调。正指标指的是越大越好的指标，例如产量、销售收入；逆指标指的是越小越好的指标，例如单位成本、原材料耗用率等。逆指标正负号对调的目的是使逆指标正向化，以便统一分析。

z-score 标准化后的变量值围绕 0 上下波动，大于 0 说明高于平均水平，小于 0 说明低于平均水平。

2. 数值型特征分箱

离散化是对数值型特征非常重要的一个处理，也就是将数值型数据转换成类别型数据。连续值的取值空间可能是无穷的，为了便于表示和在模型中处理，需要对连续值特征进行离散化处理，称为数值型特征分箱。常用的分箱法如下。

1) 无监督分箱法

无监督分箱法包括以下 5 种方法。

(1) 自定义分箱。根据业务经验或者常识等自行划分区间，然后将原始数据归类到各个区间中。

(2) 等距分箱。按照相同宽度将数据分成几等份。

将最小值到最大值这一区间均分为 N 等份，如果 A 为最小值，B 为最大值，则每个区间的长度为 $W=(B-A)/N$，则区间边界值为 $A+W,A+2W,\cdots,A+(N-1)W$。这里只考虑边界，每个区间里面的实例数量可能不等。

(3) 等频分箱。

将数据分成几等份，每一份中的数据个数是一样的。边界值要经过选择，使得每一份包含大致相等的实例数量。例如，$N=10$，每一份应该包含大约 10% 的实例。

(4)基于 k 均值聚类分箱。

k 均值聚类法将观测值聚为 k 类。在聚类过程中需要保证类的有序性：第一类中的所有观测值都要小于第二类中的所有观测值，第二类中的所有观测值都要小于第三类中的所有观测值，以此类推。

(5)二值化。

二值化可以将数值型特征进行阈值化，得到布尔型数据，这对于下游的概率估计来说可能很有用（例如数据分布为伯努利分布时）。

2）有监督分箱法

有监督分箱法包括以下两种方法。

(1)卡方分箱法。

卡方分箱法是自底向上（即基于合并）的数据离散化方法。它依赖于卡方检验：具有最小卡方值的相邻区间合并在一起，直到满足确定的停止准则。

对于精确的离散化，类分布在一个区间内应当完全一致。因此，如果两个相邻的区间具有非常类似的类分布，则这两个区间可以合并；否则，应当保持分开。而低卡方值表明这两个区间具有相似的类分布。

(2)最小熵分箱法。

最小熵分箱法需要使总熵值达到最小，也就是使分箱能够最大限度地区分因变量的各类别。

熵是信息论中数据无序程度的度量标准，提出信息熵的基本目的是找出某种符号系统的信息量和冗余度之间的关系，以便能用最小的成本和消耗实现最高效率的数据存储、管理和传递。

数据集的熵越低，说明数据之间的差异越小，最小熵划分就是为了使每个分箱中的数据具有最大的相似性。给定分箱的个数，如果考虑所有可能的分箱情况，最小熵分箱法得到的分箱应该是具有最小熵的分箱。

3. 统计变换

数据分布倾斜有很多负面的影响。可以使用特征工程技巧，利用统计或数学变换减轻数据分布倾斜的影响，使原本密集的区间中的值尽可能分散，原本分散的区间中的值尽可能聚合。

统计变换中使用的变换函数都属于幂变换函数簇，通常用来创建单调的数据变换。其主要作用在于稳定方差，始终保持分布接近于正态分布，并使得数据与分布的平均值无关。

统计变换主要有以下两种方法：

(1)对数变换。

(2)Box-Cox 变换。它有一个前提条件，即数值型数据必须先变换为正数（与对数变换的要求一样）。如果数值是负的，可以使用一个常数对数值进行偏移。

4. 分类特征编码

在统计学中，分类特征是可以采用有限且通常固定数量的可能值之一的变量，基于某些定性属性将每个个体或其他观察单元分配给特定组或名义类别。

分类特征编码有以下 4 种方法：

(1) 标签编码。对不连续的数字或者文本进行编码，编码值介于 0 和 $n-1$ 之间的标签。其中 n 是标签中的类别数。

(2) 独热编码。用于将表示分类的数据扩维。对它最简单的理解就是它与位图类似，设置一个个数与类型数量相同的全 0 数组，每一位对应一个类型。如果该位为 1，表示属于该类型。需要注意的是，独热编码只能将数值型变量二值化，无法直接对字符串型的类别变量编码。

(3) 标签二值化。其功能与独热编码一样，但是独热编码只能将数值型变量二值化，无法直接对字符串型变量编码，而标签二值化可以直接将字符型变量二值化。

(4) 平均数编码。是针对高基数类别特征的有监督编码。当一个类别特征列包括了极多不同类别（如家庭地址，动辄上万）时，可以采用此编码方法。它是一种基于贝叶斯架构，利用要预测的因变量，有监督地确定最适合这个定性特征的编码方式。在 Kaggle 的数据竞赛中，平均数编码是一种常见的提高分数的手段。

3.1.3 特征选择

特征选择（feature selection）也称特征子集选择（Feature Subset Selection，FSS）或属性选择（attribute selection），是指从已有的 M 个特征（feature）中选择 N 个特征，使得系统的特定指标最优化。特征选择是从原始特征中选择一些最有效的特征以降低数据集维度的过程，是提高机器学习算法性能的一个重要手段，也是模式识别中关键的数据预处理步骤。对于一个机器学习算法来说，好的学习样本是训练模型的关键。

当特征维度超过一定界限后，分类器的性能会随着特征维度的增加而下降，而且维度越高，训练模型的时间开销也会越大。导致分类器性能下降的原因往往是由于这些高维度特征中包含大量无关特征和冗余特征。

当特征数量较多时，需要判断哪些是相关特征，哪些是不相关特征。因而，特征选择的难点在于：其本质是一个复杂的组合优化问题。

当构建模型时，假设拥有 N 维特征，每个特征有两种可能的状态：保留和剔除。那么这组状态集合中的元素个数就是 2^N。如果使用穷举法，其时间复杂度为 $O(2^N)$。假设 N 为 10，如果穷举所有特征集合，需要进行 1024 次尝试，这显然需要耗费较长的时间和较多的计算资源。

在实际的工程应用中，需要选择有意义的特征输入机器学习算法和模型进行训练。通常从两方面考虑特征的选择：

(1) 特征是否发散。如果一个特征不发散，例如方差接近于 0，也就是说样本在这个特征上基本上没有差异，这个特征对于样本的区分并没有什么用。

(2) 特征与目标的相关性。与目标相关性高的特征应当优选选择。常规特征选择算法包括基于相似度的方法、基于信息理论的方法、基于稀疏学习的方法、基于统计的方法。

根据特征选择的形式，特征选择方法大致可分为 3 类：过滤式（filter）、包裹式（wrapper）和嵌入式（embedding）。

1. 过滤式特征选择

过滤式方法先对数据集进行特征选择,然后再训练模型,特征选择过程与后续模型无关。通过对每一维特征打分,即给每一维特征赋予权重,就能以权重代表该维特征的重要性,然后依据权重排序,即按照特征的发散性或者相关性指标对各个特征进行评分,设定评分阈值或待选择阈值的个数,选择合适的特征。

过滤式特征选择包括以下 4 种方法:

(1) 方差选择法。通过判断其特征是否发散进行特征选择。方差大的特征,可以认为它是比较有用的;如果方差较小,例如小于 1,那么这个特征可能对算法作用没有那么大。最极端的情况是:如果某个特征方差为 0,即所有的样本该特征的取值都是一样的,那么它对模型训练没有任何作用,可以直接舍弃。

(2) 相关系数法。主要用于输出连续值的监督学习算法,分别计算所有训练集中各个特征与输出值之间的相关系数,设定一个阈值,选择相关系数较大的部分特征。

(3) 卡方检验。卡方检验最基本的思想就是通过观察实际值与理论值的偏差来确定理论的正确与否。具体实现方法是:通常先假设两个变量确实是相互独立的(原假设),然后观察实际值(观察值)与理论值(指"如果两者确实相互独立"的情况下应该有的值)的偏差程度。如果偏差足够小,则认为偏差是很自然的样本误差,是测量不够精确导致的或者偶然产生的,两者确实是相互独立的,可以接受原假设;如果偏差大到一定程度,使得这样的偏差不太可能是测量不精确或者偶然产生所致,那么认为两者实际上是相关的,即否定原假设,而接受备选假设(即两个变量不是相互独立的)。

(4) 信息增益/互信息法。通常作为优先考虑的方法,即从信息熵的角度分析各特征和输出值之间的关系的评分,称之为互信息值。互信息值越大,说明该特征和输出值之间的相关性越大,越需要保留。

2. 包裹式特征选择

与过滤式特征选择不考虑后续模型不同,包裹式特征选择直接把最终将要使用的模型的性能作为特征集的评价准则。换言之,包裹式特征选择的目的就是为给定模型选择最有利于其性能的特征子集。

一般而言,由于包裹式特征选择方法直接针对给定模型进行优化,因此从最终模型性能来看,包裹式特征选择比过滤式特征选择更好。但另一方面,由于在特征选择过程中需多次训练模型,因此包裹式特征选择的计算开销通常比过滤式特征选择大得多。

包裹式特征选择包括以下两种方法:

(1) 递归特征消除。其主要思想是:反复构建模型,然后选出其中贡献最小的特征并将之剔除,然后在剩余特征上继续重复这个过程,直到所有特征都已遍历。这是一种后向搜索方法,采用了贪心法则,而特征被剔除的顺序即是它的重要性排序。为了增强稳定性,这里模型评估常采用交叉验证的方法。

(2) LVW 特征选择算法。LVW(Las Vegas Wrapper,Las Vegas 包裹)算法基于 Las Vegas 算法的框架,Las Vegas 算法是一个典型的随机化方法,即概率算法中的一种。它具有概率算法的特点,允许算法在执行的过程中随机选择下一步。许多情况下,当算法在执行过程中面临一个选择时,随机性选择常比最优选择更省时,因此概率算法可在很大程度上降低算法的复杂度。LVW 算法在 Las Vegas 算法的基础上,每次从特征集中随机产生一个特征子集,然后使用交叉验证的方法估计学习器在特征子集上的误差,若该误差小于之前获得的最小误差,或者与之前的最小误差相当,但特征子集中包含的特征数更少,则将特征子集保留下来。在 LVW 算法中,以最终分类器的误差作为特征子集评价标准。

3. 嵌入式特征选择

在过滤式和包裹式特征选择方法中,特征选择过程与模型训练过程有明显的区别。而嵌入式特征选择是将特征选择过程与模型训练过程融为一体,两者在同一个优化过程中完成,即在模型训练过程中自动进行特征选择。首先使用某些机器学习算法和模型进行训练,得到各特征的权值系数,根据权值系数从大到小的顺序选择特征。嵌入式特征选择与过滤法类似,但嵌入式特征选择是通过机器学习训练确定特征的优劣,而不是直接从特征的统计学指标确定特征优劣。其主要思想是:在模型既定的情况下学习出对提高模型准确性最好的属性,即在确定模型的过程中挑选那些对模型的训练有重要意义的属性。嵌入式特征选择常用的方法包括基于惩罚项的特征选择法和基于树模型的特征选择法。

3.1.4 特征提取

特征提取的主要目的是降维。特征提取的主要思想是将原始样本投影到一个低维特征空间,得到最能反映样本本质或进行样本区分的低维样本特征,即特征提取的过程也是特征降维的过程。

1. 特征降维简介

1) 特征降维的作用

特征降维的作用如下:

(1) 降低时间复杂度和空间复杂度。

(2) 节省提取不必要特征的开销。

(3) 去掉数据集中夹杂的噪声。

(4) 较简单的模型在小数据集上有更强的鲁棒性。

(5) 当数据能用较少的特征进行解释时,可以更好地解释数据,便于提取知识。

(6) 便于实现数据的可视化。

2) 特征降维的目的

特征降维的主要目的是用来进行特征选择和特征提取。在特征提取中,要找到 k 个新的维度的集合,这些维度是原来 k 个维度的组合,这个方法可以是监督的,如线性判别式分析(Linear Discriminant Analysis,LDA);也可以是非监督的,如主成分分析算法(Principal Components Analysis,PCA)。

3) 子集选择

对于 n 个属性,有 2^n 个可能的子集。通过穷举搜索找出属性的最佳子集可能是不现实的,特别是当 n 和数据类的数目较大时。通常使用压缩搜索空间的启发式算法,这些方法基本上是典型的贪心算法。在搜索特征空间时,总是做看上去是最佳的选择,其策略是局部最优选择,期望由此求出全局最优解。在实践中,这种贪心方法是有效的,并可以逼近最优解。

4) 降维的本质

从一个维度空间映射到另一个维度空间,即学习一个映射函数 $f:x \rightarrow y$(x 是原始数据点的向量表达,y 是数据点映射后的低维向量表达。)f 可能是显式的或隐式的、线性的或非线性的。

2. 特征提取方法

特征提取方法主要有以下两种。

1) 主成分分析

将样本投影到某一维上。其坐标的选择方式为:首先找到第一个坐标,使数据集在该坐标的方差最大(也就是在这个数据维度上能更好地区分不同类型的数据);然后找到第二个坐标,使该坐标与原来的坐标正交。该过程一直重复,直到新坐标的个数和原来的特征个数相同,这时候就会发现数据的大部分方差都在前面几个坐标上表示出来了,这些新的维度就是主成分。

主成分分析(Principal Component Analysis,PCA)的基本思想是:寻找数据的主轴方向,由主轴构成一个新的坐标系,这里的维数可以比原维数低,然后数据由原坐标系向新坐标系投影,这个投影的过程就是降维的过程。

PCA 算法的过程如下:

(1)将原始数据中的每一个样本都用向量表示,把所有样本组合起来构成样本矩阵。通常对样本矩阵进行中心化处理,得到中心化样本矩阵。

(2)求中心化后的样本矩阵的协方差。

(3)求协方差矩阵的特征值和特征向量。

(4)将求出的特征值按从大到小的顺序排列,并将其对应的特征向量按照此顺序组合成一个映射矩阵,根据指定的 PCA 保留的特征个数取出映射矩阵的前 n 行或者前 n 列作为最终的映射矩阵。

(5)用映射矩阵对数据进行映射,达到数据降维的目的。

2) 线性判别式分析

线性判别式分析(Linear discriminant analysis,LDA)也称为费希尔(Fisher)线性判别,是模式识别中的经典算法。它是一种监督学习的降维技术,其数据集的每个样本是有类别输出的。

该算法的思想是:投影后,类内距离最小,类间距离最大。

线性判别是将高维的模式样本投影到最佳鉴别向量空间,以达到抽取分类信息和压缩特征空间维数的效果,投影后保证模式样本在新的子空间有最大的类间距离和最小的类内距离。LDA 是一种有效的特征提取方法。使用此方法能够使投影后模式样本的类间散布矩阵最大,同时类内散布矩阵最小。

LDA 与 PCA 的共同点如下:

(1) 都属于线性方法。
(2) 在降维时都采用矩阵分解的方法。
(3) 都假设数据符合高斯分布。

两者的不同点如下：
(1) LDA 是有监督的。
(2) LDA 不能保证投影到的坐标是正交的（根据类别的标注，关注分类能力）。
(3) LDA 降维直接与类别的个数有关，与数据本身的维度无关（原始数据是 n 维的，有 c 个类别，降维后一般是 $c-1$ 维）。
(4) LDA 既可以用于降维，也可用于分类。
(5) LDA 可以选择分类性能最好的投影方向。

3.2 模型评估

3.2.1 模型误差

1. 训练误差和测试误差

机器学习的目的是使学习到的模型不仅对已知数据有很好的预测能力，而且对未知数据也有很好的预测能力。不同的学习方法会训练出不同的模型，不同的模型可能会对未知数据做出不同的预测。所以，如何评价模型好坏，并选择出好的模型是重点。通常会使用错误率、误差等对模型进行评价。

错误率指的是分类错误的样本占总体样本的比例。误差指的是样本的实际结果与预测输出的差别。误差根据训练的样本集可以分为3类：训练误差、测试误差和泛化误差。例如，对于分类学习算法，一般将样本集分为训练集和测试集，其中，训练集用于算法模型的学习或训练，而测试集通常用于评估训练好的模型对于数据的预测性能。它们的先后顺序是：先将算法在训练集上训练得到一个模型，然后在测试集上评估模型的性能。

由于测试学习算法是否成功的标准在于算法对于训练中未见过的数据的预测执行能力，因此一般将分类模型的误差分为训练误差（training error）和泛化误差（generalization error）。训练误差也叫经验误差，是指模型在训练集上的错分样本比率，即在训练集上训练完成后，在训练集上进行预测得到的错误率。同样，测试误差就是模型在测试集上的错分率。泛化误差是指模型在未知记录上的期望误差，也就是对在训练集中从未出现过的数据进行预测的错分样本比率。在划分样本集时，如果划分的训练集与测试集的数据没有交集，此时测试误差基本等同于泛化误差。实际在训练和测试模型的时候，往往不能事先拿到新样本的特征，也就是不能控制泛化误差，所以只能努力使训练误差最小化。

2. 过拟合与欠拟合

过拟合（overfitting）与欠拟合（underfitting）是统计学中的现象。过拟合是由于在统计模型中使用的参数过多而导致模型对观测数据（训练数据）过度拟合，以至于用该模型预测其他测试样本输出的时候与实际输出或者期望值相差很大的现象。欠拟合则刚好相反,是由于统计模型使用的参数过少,以至于得到的模型难以拟合观测数据(训练数据)的现象。

从直观上理解,欠拟合就是模型拟合不够,在训练集上表现效果差,没有充分利用数据,预测的准确度低,具体体现在没有学习到数据的特征,还有待继续学习。而过拟合则是模型过度拟合,在训练集上表现好,但是在测试集上效果差。也就是说,在已知的数据集合中非常好,但学习进行得太彻底,以至于把数据的一些局部特征或者噪声带来的特征都学习了。但是,在添加一些新的数据进来后训练效果就会差很多,所以在进行测试时泛化误差也不佳。造成过拟合的原因是考虑的影响因素太多,大大超出自变量的维度。统计模型的3类评估结果如图3-2所示。

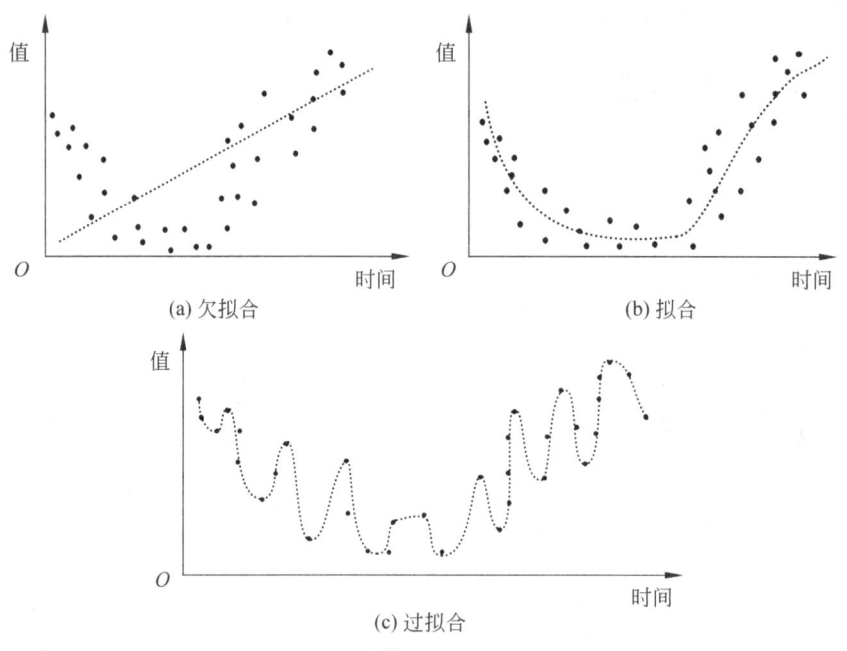

图 3-2　统计模型的 3 类评估结果

3. 偏差和方差

偏差(bias)是模型在样本上的输出与真实值之间的误差,它反映模型的精确度。

方差(variance)是模型每一次输出结果与模型输出期望之间的误差,它反映模型的稳定性。

如图 3-3 所示,偏差指的是模型的输出值与红色中心的距离,而方差指的是模型的每一个输出结果与期望的距离。

以射箭为例说明这两个概念。低偏差指的是瞄准的点与红色中心的距离很近,而高偏差指的是瞄准的点与红色中心的距离很远。低方差是指当瞄准一个点后,射出的箭击中靶子的位置与瞄准的点的距离比较近;高方差是指当瞄准一个点后,射出的箭击中靶子的位置与瞄准的点的距离比较远。

- 低偏差低方差是追求的效果,此时预测值非常接近靶心,且比较集中。

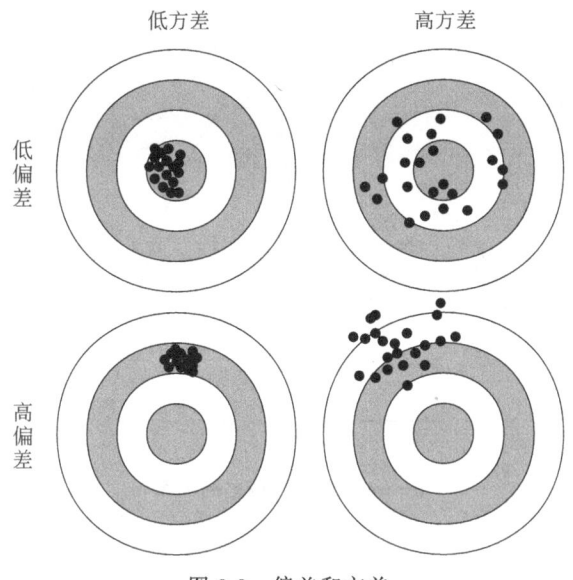

图 3-3 偏差和方差

- 低偏差高方差时,预测值基本落在真实值周围,但值很分散,方差较大。这说明模型的稳定性不够好。
- 高偏差低方差时,预测值与真实值有较大距离,但值很集中,方差小。这说明模型的稳定性较好,但预测准确率不高。
- 高偏差高方差是最不希望看到的结果,此时模型不仅预测不准确,而且不稳定,每次预测的值都差别比较大。

偏差和方差是统计学的概念,首先要明确,方差是多个模型间的比较,而非对一个模型而言的。对于单独的一个模型,偏差可以是单个数据集中的,也可以是多个数据集中的。方差和偏差的变化一般是和模型的复杂程度成正比的,当一味地追求模型精确匹配时,则可能会导致同一组数据训练出不同的模型,模型之间的差异非常大,称为方差,不过偏差就很小了。

图 3-4 中的圆点和三角点表示一个数据集中采样得到的不同的子数据集,有两个 N 次曲线拟合这两个点集,则可以得到两条曲线。两条曲线的差异很大,但是它们本是由同一个数据集生成的,这是由于模型复杂造成方差过大。模型越复杂,偏差就越小;而模型越简单,偏差就越大。方差和偏差是按图 3-5 所示的方式变化的。

方差和偏差两条变化曲线交叉的点对应的模型复杂度就是最佳的模型复杂度。用数学公式描述偏差和方差的关系如下:

$$E(L) = \int (y-h(x))^2 p(x)\mathrm{d}x + \int (h(x)-t)^2 p(x,t)\mathrm{d}x\mathrm{d}t \qquad (3\text{-}4)$$

其中,$E(L)$ 是损失函数,$h(x)$ 表示真实值的平均,等号右边第一部分是与 y(模型的估计函数)有关的,这部分表示选择不同的估计函数(模型)带来的差异;而第二部分是与 y 无关的,这部分可以认为是模型的固有噪声。式(3-4)等号右边的第一部分可以化成下面的形式:

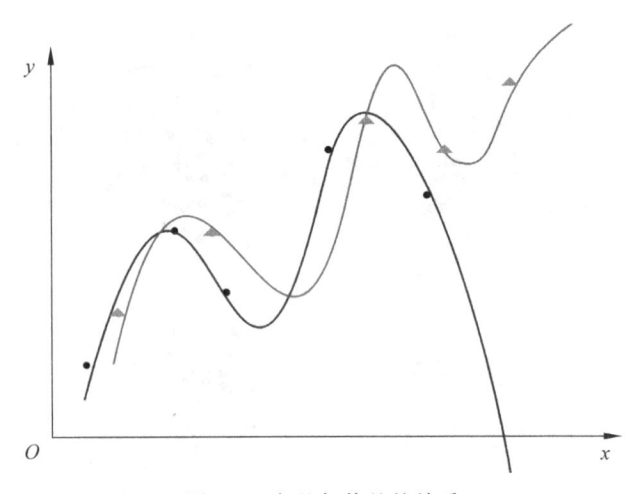

图 3-4 方差与偏差的关系

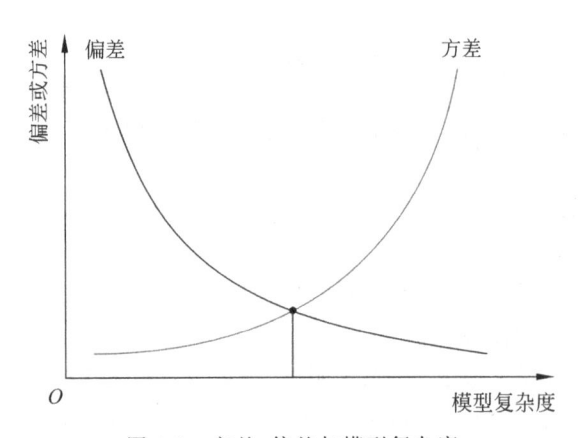

图 3-5 方差、偏差与模型复杂度

$$E_D(y(x;D)-h(x)) = (E_D(y(x;D)-h(x)))^2 + E_D((y(x;D)-E_D(y(x;D)))^2) \tag{3-5}$$

其中,D 是数据集,E_D 是在训练集 D 上对测试样本 x 的期望预测。在式(3-5)等号右边的部分中,加号前面的部分表示偏差,后面的部分表示方差。

3.2.2 模型评估方法

在建模过程中,存在偏差过大导致模型欠拟合以及方差过大导致模型过拟合这两种情况。为了解决这两个问题,需要一整套评估方法及评价指标,其中,评估方法用于评估模型的泛化能力,而评价指标则用于评价单个模型的性能。

在模型评估中,经常要将数据集划分为训练集和测试集。数据集划分通常要保证两个条件:

(1)训练集和测试集的分布要与样本真实分布一致,即训练集和测试集都要保证是从样本真实分布中独立同分布采样而得的。

(2) 训练集和测试集要互斥,即两个子集没有交集。

基于划分方式的不同,评估方法可以分为留出法、交叉验证法及自助法。

(1) 留出法(hold-out)是直接将数据集划分为两个互斥的子集,其中一个子集作为训练集,另一个子集作为测试集。另外需要注意的是,在划分的时候要尽可能保证数据分布的一致性,避免因数据划分过程引入额外的偏差而对最终结果产生影响。而当数据明显分为有限类时,可以采用分层抽样方式选择测试数据,以保证数据分布比例的平衡。

(2) 交叉验证法(cross validation)先将数据集 D 划分为 k 个大小相似的互斥子集,可以分层划分,这样可以保证数据分布尽可能保持一致。每次用 $k-1$ 个子集作为训练集,剩下一个子集作为测试集,依次可以进行 k 次训练和测试,最后获得的是这 k 次的均值,又称为 k 折交叉验证。训练集中的样本数量必须足够多,一般应大于 50%。

(3) 自助法(bootstraping)是有放回的采样或重复采样的评估方法。在含有 m 个样本的数据集中,每次随机挑选一个样本,将其作为训练样本,再将此样本放回数据集中,这样有放回地抽样 m 次,生成一个与原数据集大小相同的新数据集,这个新数据集就是训练集。这样,有些样本可能在训练集中出现多次,每个样本被选中的概率是 $1/m$,因此未被选中的概率就是 $1-1/m$,一个样本在训练集中不出现的概率就是 m 次都未被选中的概率,即 $(1-1/m)^m$。当 m 趋于无穷大时,这一概率就趋近 $e^{-1} \approx 0.368$,所以留在训练集中的样本大概占原数据集的 63.2%。将未出现在训练集中的数据作为测试集。

3.2.3 模型评价指标

机器学习模型需要一些评价指标以判断它的好坏。了解各种评价指标,在实际应用中选择正确的评价指标,是十分重要的。以下对于常见的分类模型和聚类模型的评价指标进行介绍。

1. 分类模型的评价指标

1) 错误率与精度

最常用的两种评价指标既适用于分类模型,也适用于聚类模型。对于样例集 $D = \{(x_1, y_1), (x_2, y_2), \cdots, (x_m, y_m)\}$,分类的错误率定义为

$$E(f;D) = 1/m \sum_{i=1}^{m} //(f(x_i \neq y_i)) \tag{3-6}$$

精度的定义为

$$acc(f;D) = 1/m \sum_{i=1}^{m} //(f(x_i = y_i)) = 1 - E(f;D) \tag{3-7}$$

在式(3-6)和式(3-7)中,"//(*)"是指示函数,括号中的内容"*"若符合则记为 1,否则记为 0。

更一般地,对于数据分布 D 和概率密度函数 $p(\cdot)$,错误率和精度可以分别描述为

$$E(f;D) = \int_{x \sim D} \|(f(x)! = y) \cdot p(x) \mathrm{d}x \tag{3-8}$$

$$acc(f;D) = \int_{x \sim D} \|(f(x) = y) \cdot p(x) \mathrm{d}x = 1 - E(f;D) \tag{3-9}$$

在式(3-8)和式(3-9)中,"‖(﹡)"是指示函数,括号中的内容"﹡"若符合则记为 1,否则记为 0。

2) 混淆矩阵

混淆矩阵如表 3-1 所示。

表 3-1 混淆矩阵

实际	预测	
	正	负
正	TP	FN
负	FP	TN

在表 3-1 中:
- TP(True Positives,真正):表示实际属于某一类,预测也属于该类的样本数。
- TN(True Negatives,真负):表示实际属于某一类,而预测不属于该类的样本数。
- FP(False Positives,假正):表示实际不属于某一类,而预测属于该类的样本数。
- FN(False Negatives,假负):表示实际不属于某一类,预测也不属于该类的样本数。

根据混淆矩阵,有以下 7 个评价指标:

(1) 正确率:

$$\text{Accuracy} = \frac{\text{TP} + \text{TN}}{\text{TP} + \text{TN} + \text{FP} + \text{FN}} \tag{3-10}$$

(2) 错误率:

$$\text{Error Rate} = 1 - \text{Accuracy} \tag{3-11}$$

(3) 查准率:

$$\text{Precision} = \frac{\text{TP}}{\text{TP} + \text{FP}} \tag{3-12}$$

(4) 召回率:

$$\text{Recall} = \frac{\text{TP}}{\text{TP} + \text{FN}} \tag{3-13}$$

(5) F 值。查准率越高越好,召回率越高越好。在实际情况中,不会有分类器仅仅以查准率或者召回率作为单一的度量标准,而是使用这两者的调和平均,于是就有了 F 值(F-score)。

$$F_1 = \frac{2 \times \text{Precision} \times \text{Recall}}{\text{Precision} + \text{Recall}} \tag{3-14}$$

(6) 敏感度:

$$\text{Sensitivity} = \frac{\text{TP}}{\text{TP} + \text{FN}} \tag{3-15}$$

(7) 准确度:

$$\text{Specificity} = \frac{\text{TN}}{\text{TN} + \text{FP}} \tag{3-16}$$

3) ROC 曲线与 AUC

ROC 全称是 Receiver Operating Characteristic(受试者工作特征)。ROC 曲线下的面积简称 AUC(Area Under the Curve)。AUC 用于衡量二分类问题机器学习算法的性能。分类阈值是判断样本为正例的阈值(threshold)。例如,当预测概率 $P(y=1|x) \geqslant$ threshold(常取 threshold=0.5)或预测分数 Score≥threshold(常取 threshold=0)时,则判定样本为正例。

在 ROC 曲线和 AUC 中,使用以下两个评价指标:

(1) 真正例率(True Positive Rate,TPR):所有正例中,有多少被正确地判定为正。

(2) 假正例率(False Positive Rate,FPR):所有负例中,有多少被错误地判定为正。

$$\text{TPR} = \frac{\text{TP}}{\text{TP} + \text{FN}} \tag{3-17}$$

$$\text{FPR} = \frac{\text{FP}}{\text{TN} + \text{FP}} \tag{3-18}$$

在 ROC 曲线中,以 FPR 为横坐标,以 TPR 为纵坐标。ROC 曲线的绘制步骤如下:

(1) 假设已经得出一系列样本被划分为正类的概率,即 Score 值,将它们按照大小排序。

(2) 从高到低依次将每个 Score 值作为阈值,当测试样本属于正例的概率大于或等于这个阈值时,认为它为正例,否则为负例。举例来说,对于某个样本,其 Score 值为 0.6,那么 Score 值大于或等于 0.6 的样本都被认为是正例,而其他样本则都被认为是负例。

(3) 根据每次选取的不同的阈值,得到一组 FPR 和 TPR。以 FPR 值为横坐标,以 TPR 值为纵坐标,即确定 ROC 曲线上的一点。

(4) 根据(3)中的每个坐标点画出 ROC 曲线。

ROC 曲线如图 3-6 所示。

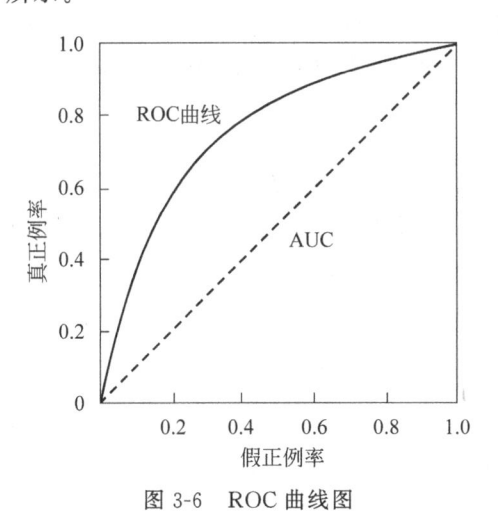

图 3-6 ROC 曲线图

利用 ROC 曲线很容易看出任意阈值对学习器的泛化性能的影响,有助于选择最佳的阈值。ROC 曲线越靠近左上角,模型的查全率就越高。最靠近左上角的 ROC 曲线上的点是分类错误最少的最好的阈值,其假正例和假负例总数最少。可以比较不同的学习器的性能,将各个学习器的 ROC 曲线绘制到同一坐标中,直观地鉴别优劣,靠近左上角的 ROC 曲线代表的学习器准确性最高。ROC 曲线距离左上角越近,证明学习器效果越好。如果算法 1 的 ROC 曲线完全包含算法 2 的 ROC 曲线,则可以断定算法 1 的性能优于算法 2。

AUC 被定义为 ROC 曲线与横坐标轴之间的面积。如果两条 ROC 曲线没有相交,可以根据哪条 ROC 曲线最靠近左上角判定哪条 ROC 曲线代表的学习器性能最好。但是,在实际任务中,情况往往很复杂,如果两条 ROC 曲线发生了交叉,则很难简单地断言谁优谁劣。在很多实际应用中,往往希望把学习器性能分出高低。为此又引入了 AUC 的概念。AUC 是衡量二分类模型优劣的一种评价指标,表示预测的正例排在负例前面的概率。学习器的 AUC 值越高,其区分正例和负例的能力就越好。

2. 聚类模型的评价指标

聚类是一种无监督学习算法,训练样本的标记未知,按照某个标准或数据的内在性质及规律,将样本划分为若干不相交的子集。聚类性能度量也称有效性指标,分为两种:一是外部指标,即聚类完成后将聚类结果与某个参考模型进行比较时使用的指标;二是内部指标,即直接考察聚类结果而不利用任何参考模型时使用的指标。

1) 外部指标

外部指标将聚类结果得到的类标签和已知类标签进行比较,此评价的前提是数据集样本的类标签已知。常用的评价指标如下。

(1) 混淆矩阵。

如果能够得到类标签,那么聚类结果也可以像分类那样使用混淆矩阵的一些指标——查准率、回召率和 F 值作为评价指标。

(2) 均一性、完整性以及 V-度量。

若一个簇中只包含一个类别的样本,则满足均一性(homogeneity)。其实也可以认为均一性就是正确率。它用每个簇中正确分类的样本数占该簇总样本数的比例之和表示:

$$p = \frac{1}{k}\sum_{i=1}^{k}\frac{N(C_i = K_i)}{N(K_i)} \tag{3-19}$$

其中,k 是簇的个数,C_i 是第 i 个簇中的样本的类别,K_i 是第 i 个簇的类别,N 表示总样本数,$N(K_i)$ 是第 i 个簇中的样本个数。

若同类别样本被归类到相同簇中,则满足完整性(completeness)。它用每个簇中正确分类的样本数占该类的总样本数比例之和表示:

$$r = \frac{1}{k}\sum_{i=1}^{k}\frac{N(C_i = K_i)}{N(C_i)} \tag{3-20}$$

单独考虑均一性或完整性都是片面的,因此引入两个指标的加权平均,称为 V-度量(V-measure)。

$$V_\beta = \frac{(1+\beta^2)pr}{\beta^2 p + r} \tag{3-21}$$

其中,β 为加权参数,p 和 r 分别为均一性和完整性。设置 $\beta > 1$ 则更注重完整性,否则更注重均一性。

(3) 杰卡德相似系数。

杰卡德相似系数(Jaccard similarity coefficient)为集合的交集与并集的比值,取值为$[0,1]$,值越大,相似度越高。两个集合A和B的交集中的元素在A、B的并集中所占的比例称为这两个集合的杰卡德相似系数,用符号$J(A,B)$表示。

$$J(A,B)=\frac{|A \cap B|}{|A \cup B|} \tag{3-22}$$

与杰卡德相似系数相反的概念是杰卡德距离(Jaccard distance)。杰卡德距离等于两个集合中的不同元素占所有元素的比例,用于衡量两个集合的区分度,可以用式(3-23)表示:

$$J_\delta=1-J(A,B)=\frac{J(A \cup B)-|A \cap B|}{|A \cup B|} \tag{3-23}$$

杰卡德距离用于描述集合之间的不相似度,距离越大,相似度越低。

(4) 兰德指数与调整兰德指数。

兰德指数(Rand Index,RI)计算样本预测值与真实值之间的相似度,RI取值范围是$[0,1]$,值越大,意味着聚类结果与真实情况越吻合。

$$\mathrm{RI}=\frac{\mathrm{TP}+\mathrm{TN}}{\mathrm{TP}+\mathrm{FP}+\mathrm{TN}+\mathrm{FN}}=\frac{a+b}{C_m^2} \tag{3-24}$$

其中,C表示实际类别信息,K表示聚类结果,a表示在C与K中是同一类别的元素对数,b表示在C与K中是不同类别的元素对数,由于每个样本对仅能出现在一个集合中,因此$\mathrm{TP}+\mathrm{FP}+\mathrm{TN}+\mathrm{FN}=C_m^2=m(m-1)/2$表示数据集中可以组成的样本对数。对于随机结果,RI并不能保证接近0,因此具有更高区分度的调整兰德指数(Adjusted Rand Index,ARI)被提出,其取值范围是$[-1,1]$,值越大,表示聚类结果和真实情况越吻合。

$$\mathrm{ARI}=\frac{\mathrm{RI}-E(\mathrm{RI})}{\max(\mathrm{RI})-E(\mathrm{RI})} \tag{3-25}$$

其中,$E(\mathrm{RI})$表示期望值。

2) 内部指标

内部指标不需要数据集样本的类标签,直接根据聚类结果中簇内的相似度和簇间的分离度进行聚类质量的评估。常用的内部指标有以下3个。

(1) Dunn指数。

Dunn指数(Dunn Index,DI)是两个簇的簇间最短距离除以任意簇中的最大距离,DI越大,说明聚类效果越好。DI对环状分布的数据评价效果不好,而对离散点的聚类评价效果很好。C_i、C_j表示两个簇,x_i、x_j表示对应簇中的两个样本,$\mathrm{dist}(x_i,x_j)$表示这两个样本之间的距离,k表示类别数。

$$\begin{aligned} d_{\min}(C_i,C_j) &= \min_{x_i \in C_j, x_j \in C_j} \mathrm{dist}(x_i,x_j) \\ \mathrm{diam}(C) &= \max_{1 \leqslant i<j \leqslant |C|} \mathrm{dist}(x_i,x_j) \\ \mathrm{DI} &= \min_{1 \leqslant i \leqslant k}\left(\min_{i \neq j}\left(\frac{d_{\min}(C_i,C_j)}{\max_{1 \leqslant l \leqslant k} \mathrm{diam}(C_l)}\right)\right) \end{aligned} \tag{3-26}$$

(2) 距离。

两个向量的相似程度可以用它们之间的距离表示。距离近,则相似程度高;距离远,则相似程度低。用距离度量数据时,需先做均一化处理。常用的距离有如下 3 种,其中,x_i、y_i 表示两个样本点,n 表示样本数,p 表示维数。

① 闵可夫斯基(Minkowski)距离:

$$\text{dist}(X,Y) = \left(\sum_{i=1}^{n} |x_i - y_i|^p\right)^{\frac{1}{p}} \tag{3-27}$$

② 当 $p=1$ 时为曼哈顿(Manhattan)距离:

$$\text{M\_dist}(X,Y) = \sum_{i=1}^{n} |x_i - y_i| \tag{3-28}$$

③ 当 $p=2$ 时为欧几里得(Euclidean)距离:

$$\text{E\_dist}(X,Y) = \sqrt{\sum_{i=1}^{n} (x_i - y_i)^2} \tag{3-29}$$

(3) 轮廓系数。

将簇 C 中的样本 i 到同簇中的其他样本的平均距离记为 a_i。a_i 越小,表示样本越应该被聚类到该簇。簇 C 中的所有样本的 a_i 的均值被称为簇 C 的簇内不相似度(compactness)。

将簇 C 中的样本 i 到另一个簇 C_j 中的所有样本的平均距离记为 b_{ij}。b_{ij} 越大,表示样本 i 越不属于簇 C_j。簇 C 中的所有样本的 b_{ij} 的均值被称为簇 C 与簇 C_j 的簇间不相似度(separation)。

轮廓系数(silhouette coefficient):s_i 值为 $[-1,1]$,越接近 1,表示样本 i 聚类越合理;越接近 -1,表示样本 i 越应该被分类到其他簇中;越接近 0,表示样本 i 越应该在簇的边界上。所有样本的 s_i 的均值被称为聚类结果的轮廓系数。

$$s(i) = \frac{b(i) - a(i)}{\max\{a(i), b(i)\}} \tag{3-30}$$

其中,$a(i)$ 是簇内不相似度,即样本 i 到同簇内其他点不相似程度的平均值,它体现了凝聚度;$b(i)$ 是簇间不相似度,即样本 i 到其他簇的平均不相似程度的最小值,它体现了分离度。

式(3-30)也可以写为

$$s(i) = \begin{cases} 1 - \dfrac{a(i)}{b(i)}, & a(i) < b(i) \\ 0, & a(i) = b(i) \\ \dfrac{b(i)}{a(i)} - 1, & a(i) > b(i) \end{cases} \tag{3-31}$$

3. 回归模型的评价

在回归学习任务中,对于给定样例集 $D = \{(x_1, y_1), (x_2, y_2), \cdots, (x_m, y_m)\}$,也有一些评估指标,下面分别进行介绍。

(1) 平均绝对误差。

计算每一个样本的预测值和真实值的差的绝对值,然后求和,再取平均值。平均绝对误差(Mean Absolute Error,MAE)的公式如下:

$$\mathrm{MAE} = \frac{1}{m}\sum_{i=1}^{m}(|y_i - f(x_i)|) \tag{3-32}$$

其中,y_i 为真实值,$f(x_i)$ 为算法的预测值。

(2) 均方误差。

计算每一个样本的预测值与真实值的差的平方,然后求和,再取平均值,均方误差(Mean Squared Error,MSE)的公式如下:

$$\mathrm{MSE} = \frac{1}{m}\sum_{i=1}^{m}(|y_i - f(x_i)|)^2 \tag{3-33}$$

(3) 均方根误差。

均方根误差(Root Mean Squared Error,RMSE)代表的是预测值与真实值的差的标准差。和 MAE 相比,RMSE 对大误差样本有更大的惩罚。不过 RMSE 有一个缺点,就是对离群点敏感,这样会导致 RMSE 结果非常大。RMSE 的公式如下:

$$\mathrm{RMSE} = \sqrt{\frac{1}{m}\sum_{i=0}^{m}(f(x_i) - y_i)^2} \tag{3-34}$$

(4) 平均绝对值误差。

平均绝对值误差(Mean Absolute Percentage Error,MAPE;或 Mean Absolute Percentage Deviation,MAPD)在统计领域是评价预测准确性的指标。MAPE 的公式如下:

$$\mathrm{MAPE} = \frac{100}{n}\sum_{i=1}^{n}\left|\frac{y_i - f_i}{y_i}\right| \tag{3-35}$$

MAPE 表示预测效果,其取值越小越好。如果 MAPE=10,表明预测平均偏离真实值 10%。相比于 MSE 和 RMSE,MAPE 不易受个别离群点影响,鲁棒性更强。

(5) 可决系数。

可决系数(R^2)是多元回归中的回归平方和占总平方和的比例,它是度量多元回归方程拟合程度的一个统计量,反映了因变量 y 变差的部分被估计的回归方程所解释的比例。R^2 的值一般为 0~1。R^2 越接近 1,表明回归平方和占总平方和的比例越大,回归线与各观测点越接近,越能够用 x 的变化解释 y 值变差的部分,回归方程的拟合程度就越好,模型的效果越好;反之,R^2 越接近 0,说明的模型效果越差。当然 R^2 也可能为负值,此时说明模型的效果非常的差。

残差平方和的公式如下:

$$\mathrm{SS}_{\mathrm{res}} = \sum(y_i - f_i)^2 \tag{3-36}$$

总平均值的公式如下:

$$\mathrm{SS}_{\mathrm{tot}} = \sum(y_i - \bar{y})^2 \tag{3-37}$$

其中 $\bar{y}$ 为 y 的平均值。

R^2 的公式如下：

$$R^2 = 1 - \frac{SS_{res}}{SS_{tot}} = 1 - \frac{\sum (y_i - f_i)^2}{\sum (y_i - \bar{y})^2} \tag{3-38}$$

小结

本章主要介绍特征工程包含的基本问题，包括数据预处理、特征构建、特征选择、特征提取的基本概念及处理方法，模型的误差、评估方法和评价指标。

第 4 章 基于大数据分析的恶意软件检测技术

4.1 恶意软件检测技术的发展

恶意软件严重损害网络和计算机。早期恶意软件检测技术往往依赖于签名数据库(Signature Database,SD),通过 SD 对文件进行比较和检查,如果特征签名匹配,则可疑文件将被识别为恶意文件。随着网络的发展,越来越多的变种恶意软件和未知恶意软件不断出现,而单纯通过特征匹配的方式识别恶意软件早已无法有效应对这种攻击方式。恶意软件检测技术作为对抗技术也随着信息科学技术的发展而不断发展,特别是大数据技术出现以后,通过机器学习和数据挖掘的方法在恶意软件自身特征的基础上构建检测模型,通过训练集训练检测模型,在分析、检测变种和未知恶意软件方面,大大提高了检测的准确度,缩短了检测时间。

4.1.1 恶意软件

恶意软件(malware)是指未经授权在系统中安装、运行,以达到不正当目的的恶意代码。这个术语涵盖的范围非常广泛,从最简单的计算机蠕虫和木马程序,到最复杂的计算机病毒等,都包括在内。恶意软件不仅会影响受感染的计算机或设备,还会影响与受感染设备通信的其他设备。

2017 年 5 月 12 日,一款名为 WannaCry(永恒之蓝)的勒索软件席卷全球,这款恶意软件利用了 Windows 操作系统在 445 端口的漏洞,对受感染用户的多种文件进行加密,使用户无法正常打开文件,受感染的用户被要求支付价值数百万美元的比特币。WannaCry 在全球大爆发造成多个国家的大量用户受到感染,影响波及政府、电信、教育、电力、医疗等多个领域,造成的损失达 80 亿美元。国内多所高校的校园网也遭受了攻击,大量实验数据和科研论文等被锁定加密;部分企业的应用系统和数据库文件被加密后无法正常工作,产生的影响非常大。

据安全厂商 McAfee 的统计报告显示,2014 年全球范围内由恶意软件造成的经济损失达 5000 亿美元,约占全球 GDP 总量的 0.7%,2017 年全球范围内由恶意软件造成的经济损失达 6000 亿美元,约占全球 GDP 总量的 0.8%,这已经超过了很多国家的 GDP 总和。

恶意软件破坏计算机系统,窃取个人隐私,造成了巨大的经济损失。

还有一些恶意软件以更加隐秘的方式在系统中存在,这些恶意软件可以规避检测,只有在准确满足相应条件时才会有明显活动,有些恶意软件会消耗系统计算资源,有些恶意软件会侵犯用户隐私。虽然可能无法阻止恶意软件的运行,但可以及时获取信息并保持合理的安全措施,以降低其产生破坏的可能性。

4.1.2 恶意软件的特征

恶意软件一般具有下述特征:

(1) 强制安装。指未明确提示用户或者未经计算机用户的许可,在用户计算机或者其他终端上安装软件的行为。

(2) 难以卸载。指未提供通用的卸载方式,或在不受其他软件影响、人为破坏的情况下,卸载后仍然有活动程序的行为。

(3) 浏览器劫持。指未经用户许可,修改用户浏览器或其他相关设置,迫使用户访问特定网站或者导致用户无法正常上网的行为。

(4) 广告弹出。指未明确提示用户或未经用户许可,利用安装在用户计算机或其他终端上的软件弹出广告的行为。

(5) 恶意收集用户信息。指未明确提示用户或未经用户许可,恶意收集用户信息的行为。

(6) 恶意卸载。指未明确提示用户、未经用户许可或者误导、欺骗用户卸载其他软件的行为。

(7) 恶意捆绑。指在软件中捆绑已被认定为恶意软件的行为,或者其他侵害用户软件安装、使用和卸载的知情权、选择权的恶意行为。

可以说,凡是具有上述一种或者多种特征的软件,都可以叫做恶意软件。

4.1.3 传统的恶意软件检测技术

恶意软件检测技术可以检测软件程序是否包含恶意行为。恶意软件检测技术主要分为基于特征码匹配技术、静态检测技术、动态检测技术、动静结合的混合分析技术以及基于机器学习的方法等。前4类技术属于传统的检测技术。

1. 基于特征码匹配技术

目前各大安全厂商的反病毒产品主要采用基于特征码匹配技术。特征码是可执行程序中用作标识的唯一代码片段,通常以字节序列或者指令序列的形式表示。通过反编译工具反编译可执行文件,信息安全专家人工测试和分析反编译得到的代码,以选取和确定唯一的特征码,并将特征码存储在特征码数据库中。基于特征码匹配的恶意软件检测在扫描文件时将对特征码数据库进行扫描和模式匹配,查找当前文件是否在特征码数据库中有相同或者相似的特征码。若有,则判定当前文件为恶意软件;反之,则判定为良性。

2. 静态检测技术

静态检测指在不运行软件的情况下,直接分析软件自身以及元数据信息,以判断软件是否为恶意软件,如通过逆向工程抽取可执行文件的汇编指令、函数调用等,具有快速高效、不受环境和特定执行过程限制以及代码覆盖率高等优点。大部分商业软件和恶意软件目前都是以二进制代码的形式发布的,因此二进制代码分析成为静态特征提取的基础。常用的反病毒检测和分类系统通过反向工程将被分析文件反编译为二进制代码,在二进制代码的基础上提取静态特征。根据提取得到的特征构建特征向量,并选择合理的分类学习算法对待分析文件进行分类和检测。根据二进制代码提取的静态特征能够反映待分析程序的代码内容信息以及基本的逻辑结构,其中代码内容信息包括指令、基本块、函数、模块等,逻辑结构则有控制流、数据流等。典型的静态检测应用技术有启发式扫描技术,它通过检测程序中是否存在可疑功能,如使用非正常指令、存在花指令和解密循环代码、调用未导出的 API 等,判断该程序是否为恶意代码。

3. 动态检测技术

动态检测是指在沙盒或虚拟机中运行程序,并监控软件的运行,收集相关信息,获取运行时行为特征,如监控文件读写、网络连接、产生的网络流量等信息。动态检测可以更为细致地分析恶意软件的行为,但计算资源和时间消耗较大,代码覆盖率低。而且,动态检测容易受到运行环境的影响,不同的运行环境可能收集到不同的信息。

静态检测和动态检测有各自的优点和缺点。与动态检测相比,静态检测方法更简单、易实施,同时也能够遍历全部代码路径,因此可以对程序功能进行更加准确和完整的分析。但是,恶意代码的制作者会采用一些底层的变异技术(例如混淆、打包等)将恶意软件伪装起来,静态检测有着一定的性能瓶颈。反之,动态检测能够应对底层混淆技术,并且适用于检测恶意软件变种和新型恶意软件。然而,动态检测方法需要耗费较多的计算资源,同时有限的代码覆盖率限制了动态检测的能力。

4. 动静结合的混合分析技术

混合分析是结合动态检测和静态检测的方法,该方法同时具有动静两者的优点。例如,将已打包的恶意软件通过诸如 PolyUnpack 的动态分析器,将恶意软件实例的运行时与其静态代码模型相比较,以提取打包恶意软件实例的隐藏代码体,一旦隐藏代码体被揭开,静态分析器就可以继续分析此恶意软件。为弥补传统检测方法的不足,国内外的一些研究者提出将机器学习算法应用到恶意软件检测中,通过提取恶意软件的静态特征和动态特征并构建分类器进行分类。

传统的检测方法通过匹配判断文件是否存在已知的恶意软件的特征代码,具有检测快速、准确率高等特点。但是,此方法需要维护病毒特征数据库,无法检测未知的恶意代码。随着恶意软件技术的发展,高级的恶意软件多使用变形技术隐藏关键的代码以躲避查杀,而且同一种类的恶意软件衍生出很多变种,其形态也发生了较大的变化。因此,很难提取出一段有效的特征代码。可以通过基于机器学习的检测方法,将分析得到的良性软件与恶意软件中具有统计差异的特征输入机器学习算法中进行训练,以实现对恶意样本的有效检测与分类。

4.1.4 基于机器学习的恶意软件检测技术

21 世纪初,随着恶意代码的爆发式增长,对恶意代码检测的研究逐渐兴起。2001 年,

Schultz等创新性地提出使用数据挖掘技术对恶意代码进行检测,构建了一个可以自动化挖掘恶意代码的框架,通过提取恶意代码DLL、字符串、十六进制序列等特征,并使用朴素贝叶斯模型进行分类,最终达到了97.76%的检测准确率,与当时基于特征码的杀毒引擎相比,将恶意代码检测准确率提高了一倍以上。2004年,Abou-Assaleh等使用恶意样本二进制字符N-Gram特征、三折交叉验证的情况下,在100余个样本的小样本集上达到了98%的准确率。2007年,Michael等使用系统状态变化情况对恶意代码行为进行检测,在4000余个样本的数据集上达到了91%的检测率,超过了多个主流杀毒引擎的检测准确率。随着恶意代码种类的增多,面向恶意代码的恶意性检测已不能满足安全分析需求,对恶意代码的恶意行为和目的进行分类成为研究的重点,根据分类使用特征的不同,主要分为静态分析和动态分析两方面。

1. 基于机器学习的恶意代码静态分析技术

在静态分析方面,2010年,Park等提出利用恶意代码静态结构图中的最大公共子图进行结构化分类,是结构化检测的开创性研究,在300个样本、6个家族中得到了平均80%的多分类准确率。2013年,Santos等在Schultz等提出的方法的基础上对恶意代码操作码序列进行深入研究,提取了恶意代码多维N-Gram特征,并使用KNN及线性SVM方法对恶意代码进行检测,在17 000个恶意代码的数据集上达到了95.90%的准确率。2016年,Grini等利用大规模计算机集群对500多个家族、100多万个样本进行了分类实验,取得89%的准确率,这也是目前已知的最大规模的恶意代码分类实验。静态分析方法的优势在于执行速度快、方案简明高效,但其弊端在于难以应对逐渐复杂的恶意代码对抗技术,经过加壳与混淆的恶意代码形态会发生变化,使得特征提取的准确性大大下降。

2. 基于机器学习的恶意代码动态分析技术

随着虚拟化技术的不断发展,逐渐有研究者开始对恶意样本进行动态分析。动态分析方法使用自动化执行样本的方式让恶意代码充分执行,通过系统钩子及执行前后环境对比观测其恶意行为,这解决了加壳和混淆情况下分析困难的问题。2008年,Rieck等利用动态行为特征,使用SVM方法达到了88%的恶意代码分类准确率,但这时的沙箱技术仍处于初级阶段,还不能完整还原软件执行的动态信息。随着开源沙箱技术的广泛应用,2014年,Zahra等利用Cuckoo沙箱获取恶意代码的动态API调用序列,并使用N-Gram方法建模对恶意样本进行分类,在800个恶意软件的小样本上取得了94%的F_1值。Chan Woo Kim等在2018年提出使用NLP的方法对API序列进行建模,它利用了TF-IDF、词袋模型、N-Gram模型3种方式提取特征,并使用线性SVM方法进行拟合,最终达到了95%的准确率,但整体特征提取时间过长,并且传统模型难以对长序列进行有效建模,N-Gram方法难以发现长程依赖,对于序列的局部相关性难以进行有效的挖掘,因而仍有改进的空间。

3. 基于神经网络的恶意代码检测技术

随着深度神经网络技术的发展,恶意代码图像化和恶意代码序列化两种方案在静态分析和动态分析的基础上提出了新的研究方向。

基于恶意代码图像化的方案首先成为研究热点。2008年，Conti等首次提出恶意样本图像化的想法。2011年，Nataraj等提出了完整的恶意样本图像化分类方案，公开了Malimg数据集并使用GIST特征达到了98%的准确率。2013年，Kancherla等提出使用灰度特征和纹理特征并使用SVM算法在36 000个样本上取得了95%的准确率。2014年，韩晓光等也在恶意代码图像纹理聚类和深层次标注上有了国内的创新性研究进展。2015年，在微软公司举办的恶意代码分类大赛中，冠军团队提出使用代码图像化特征对恶意样本进行分类，在比赛中以较大优势夺冠，该团队采用的关键特征就是Nataraj等提出的恶意代码图像化特征，这些基于图像化特征的研究有效地弥补了以前静态分析方式难以解决样本加壳、混淆的弊端。随着深度神经网络技术的发展，对恶意代码图像化后的图像进行深度学习使得检测的准确率大幅提高。2016年，任卓君等提出了一种像素归一化的方法，在恶意代码灰度图的基础上，提出利用像素归一化后的位图表示恶意代码，图像降维之后可以显著降低恶意代码预处理和分类时的开销，这是一种十分有效的恶意代码图像化改进方案。2018年，Edmar Rezende等提出使用迁移学习方法，将Resnet应用到恶意代码样本上，整体准确率达到了98%以上，取得了比Nataraj提出的使用图像原始特征的方法更好的结果。尽管这种方法没有说明在对不同大小的恶意样本进行转换后将有何影响，但是这种端到端的学习方法省去了传统恶意代码检测中大量的特征工程工作。基于神经网络技术的恶意代码图像化的方案在学术界和工业界都得到了广泛的应用。

在恶意代码图像化检测方案发展的同时，在恶意代码动态序列建模方面，神经网络相关技术也出现了很多优秀的研究成果。2017年，赵炳麟等提出利用卷积神经网络对恶意代码API调用图进行处理，以关键节点邻域构建感知野，降低子图同构问题的算法复杂度，将图结构数据转换为卷积神经网络能够处理的结构。最终在恶意代码同源性分析上的准确率达到了93%，但是其提出的卷积神经网络结构比较简单，且使用的软件数量只有800个Windows 32位恶意代码。毛蔚轩等在2017年通过在恶意代码数据流依赖网络中分析进程访问行为相似度与异常度，引入恶意代码检测估计风险，并提出一种通过最小化估计风险实现主动学习的恶意代码检测方法。该方法在训练样本仅为总体样本数量1%的情况下，也可以达到5.55%的错误率水平，比传统方法降低了36.5%。但在这种方法中，主动学习步长的选取在一定程度上影响恶意代码检测效果，暂时还不能自适应地调整步长。

4.2 大数据分析技术在恶意软件检测中的应用

随着大数据技术的兴起，国内外的研究者将大数据技术应用到恶意软件检测领域。通过对恶意软件进行特征提取，从而训练预测模型，对恶意软件进行预测。这种检测方法使用机器学习和数据挖掘的方法在恶意软件自身特征上构建检测模型。近年来，基于数据挖掘的恶意软件检测方法研究受到越来越多的国内外学者关注。一般来说，基于数据挖掘的恶意软件检测方法可以用于两方面：特征提取和学习模型（分类或聚类）。在特征提取中，API调用、二进制字符串和程序执行行为等各类特征通过静态分析或动态分析方法进行提取,以捕获恶意软件样本的特性。在学习模型中,在特征分析的基础上,运用分类或聚类等智能算法自动化地将文件样本分类或聚类为不同的类别。根据特征表示和提取算法的不同,选择不同的数据挖掘算法。

4.2.1 分类算法在恶意软件检测中的应用

基于分类算法的恶意软件检测技术主要包含两个步骤:

(1)根据输入数据集建立用于恶意软件的分类模型并进行训练学习,输入数据是文件样本数据集合,包括训练数据集和测试数据集。将已知的恶意软件和正常文件的文件样本数据作为训练数据集,将待检测的未知文件样本数据作为检测数据集。

(2)根据分类算法的原理,通过训练数据集训练恶意软件分类检测模型,通过测试数据集检测恶意软件,建立具有良好泛化能力的恶意软件分类检测模型是提高恶意软件检测率的重要方式。

恶意软件分类检测模型训练流程如图 4-1 所示。其步骤如下:

(1)建立训练数据集,其中包括已知的恶意软件和正常文件的文件样本数据。

(2)提取样本文件特征,构建样本文件特征数据库。

(3)采用一定的分类算法,根据已知的恶意软件和正常文件样本数据训练恶意软件分类检测模型。

(4)通过专家经验对恶意软件分类检测模型进行修正调整,提高恶意软件的检测准确率。

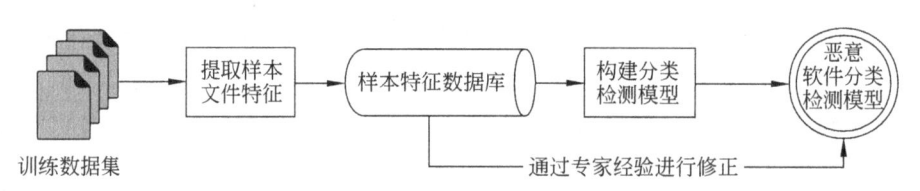

图 4-1 恶意软件分类模型训练流程

恶意软件分类检测模型建立后,就可以对待检测样本文件进行特征提取,形成文件样本检测数据集,然后基于恶意软件分类检测模型判断其是否为恶意软件,其流程如图 4-2 所示。

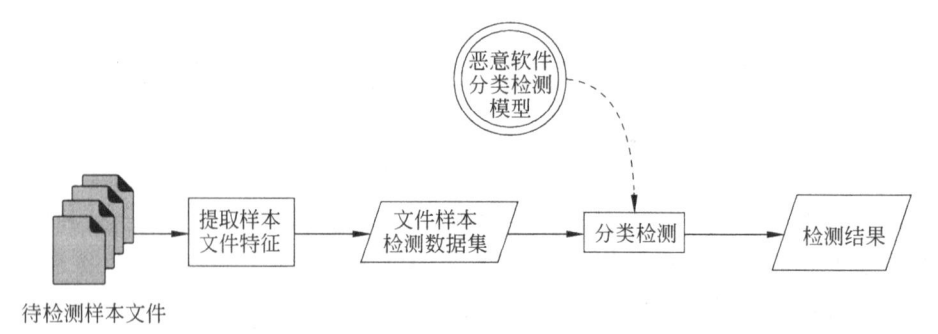

图 4-2 恶意软件分类模型检测流程

在恶意软件分类检测中主要应用决策树算法和随机森林算法。

1. 决策树算法

决策树(decision tree)是一种描述对实例进行分类的树状结构。决策树由节点(node)和有向边(directed edge)组成,节点有两种类型:内部节点(internal node)和叶节点(leaf node)。内部节点表示一个特征或者属性,叶节点表示一个类。决策树是用于分类和预测的主要技术,在医学、生产制造、金融分析、天文学、遥感影像分类、分子生物学、机器学习和知识发现等领域得到了广泛应用。

决策树是一种机器学习的方法,是一种基本的分类和回归方法。决策树的生成算法有 ID3、C4.5 和 CART 等。在决策树的树状结构中,每个内部节点表示在一个属性上的判断,每个分支代表一个判断结果的输出,每个叶节点代表一种分类结果。决策树学习通常包括 3 个步骤:特征选择、决策树的生成和决策树的剪枝。决策树学习的思想主要来源于 Quinlan 在 1986 年提出的 ID3 算法和在 1993 年提出的 C4.5 算法,以及由 Breiman 等在 1984 年提出的 CART 算法。决策树可以把分类的过程表示成一棵树,每次通过选择一个特征 p_i 进行分叉。每一次分叉应选择哪个特征对样本进行划分,以最快、最准确地对样本分类呢?不同的决策树算法有着不同的特征选择方案,ID3 用信息增益,C4.5 用信息增益率,CART 用 Gini 指数。

决策树是一种监督学习的分类方法。监督学习利用样本集中每个样本给出的一组属性和已知的分类结果,通过学习这些样本得到一棵决策树,它能够对新的数据给出正确的分类。决策树作为一种数据分析挖掘的方法,应用领域比较广泛,例如,金融行业可以用决策树进行贷款风险评估,保险行业可以用决策树进行险种推广预测,医疗行业可以用决策树生成辅助诊断处置模型等。本书重点讲解决策树算法在恶意软件分类检测上的应用。图 4-3 是决策树的示意图,其中圆和方框分别表示内部节点和叶节点。

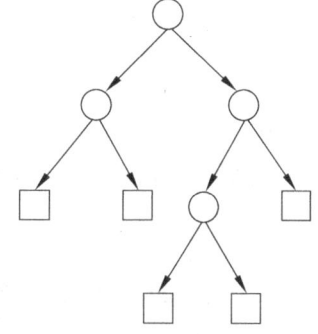

图 4-3 决策树的示意图

下面介绍决策树的基本思想。

在决策树学习中,假设给定训练数据集 $D = \{(\boldsymbol{x}_1, y_1), (\boldsymbol{x}_2, y_2), \cdots, (\boldsymbol{x}_N, y_N)\}$。其中 $\boldsymbol{x}_1 = (x_i^{(1)}, x_i^{(2)}, \cdots, x_i^{(n)})^{\mathrm{T}}$ 为输入实例(特征向量),n 为特征个数,$y_i \in \{1, 2, \cdots, K\}$ 为类标记,$i = 1, 2, \cdots, N$ 为样本容量。学习的目标是根据给定的训练数据集构建一个决策模型,使它能够对实例进行正确的分类。

决策树学习的本质是从训练数据集归纳出一组分类规则。与训练数据集不相矛盾的决策树(即能对训练数据进行正确分类的决策树)可能有多个,也可能一个也没有。需要的是一个与训练数据集矛盾较小的决策树,同时要求它具有良好的泛化能力。泛化能力(generalization ability)是指一个机器学习算法对于没有见过的样本的识别能力。从另一个角度看,决策树是由训练数据集估计条件概率模型。基于特征空间划分的类的条件概率模型有无穷多个。选择的条件概率模型应该不仅对训练数据有很好的拟合,而且对未知数据有很好的预测。

特征选择的目标是选取对训练数据具有分类能力的特征,这样可以提高决策树学习的效率。如果选择利用一个特征进行分类的结果与随机分类的结果没有很大差异,则称这个特征是没有分类能力的。从经验上看,扔掉这样的特征对决策树学习的精度影响不大。通常特征选择的准则是信息增益或信息增益率。ID3算法采用的是信息增益,C4.5采用的是信息增益率。

1948年,美国信息学家香农(Shannon)定义了信息熵。在信息论与概率论中,熵(entropy)是表示随机变量不确定性的度量。设 X 是一个取有限个值的离散随机变量,其概率分布为

$$P(X=x_i)=p_i, i=1,2,\cdots,n$$

信息熵为

$$\text{Info}(X) = -\sum_{i=1}^{n} p_i \log_2 p_i \tag{4-1}$$

信息增益是指按照特征 A 对训练数据集 D 的信息增益 $\text{Gain}(D,A)$,定义为集合 D 的经验熵 $\text{Info}(D)$ 与特征 A 在给定条件下 D 的经验条件熵 $\text{Info}(D|A)$ 之差,其中,经验熵表示的是 D 中各种类别出现的熵之和。其计算公式如下:

$$\text{Gain}(D,A) = \text{Info}(D) - \text{Info}(D|A) \tag{4-2}$$

属性分裂信息度量表示属性的内在信息,即特征 A 的值的熵。其计算公式如下:

$$H(A) = -\sum_{i=1}^{n} p_i \log_2 p_i \tag{4-3}$$

为了弥补以信息增益作为划分训练数据集的特征存在倾向于选择取值较多的特征的问题,还要计算信息增益率,公式如下:

$$\text{IGR}(A) = \frac{\text{Gain}(D,A)}{H(A)} \tag{4-4}$$

在分类问题中,假设有 K 个类,样本点属于第 k 类的概率为 p_k,则概率分布的 Gini 指数定义为

$$\text{Gini}(p) = \sum_{k=1}^{K} p_k(1-p_k) = 1 - \sum_{k=1}^{K} p_k^2 \tag{4-5}$$

对于二分类问题,只有两类。设一类的概率为 p,则另一类的概率为 $1-p$,Gini 指数为

$$\text{Gini}(p) = p(1-p) + (1-p)p = 2p(1-p) \tag{4-6}$$

对于给定的样本集合 D,Gini 指数为

$$\text{Gini}(p) = 1 - \sum_{k=1}^{K} \frac{|C_k|^2}{|D|} \tag{4-7}$$

这里,C_k 是 D 中属于第 k 类的样本子集,K 是类的个数。如果样本集合 D 根据特征 A 是否取值某一可能值 a 被分割成 D_1 和 D_2 两部分,即

$$D_1 = \{(x,y) \in D \mid A(x) = a\}, \quad D_2 = D - D_1 \tag{4-8}$$

则在特征 A 的条件下,D 的 Gini 指数定义为

$$\text{Gini}(D,A) = \frac{|D_1|}{|D|}\text{Gini}(D_1) + \frac{|D_2|}{|D|}\text{Gini}(D_2) \tag{4-9}$$

前面提到,决策树学习过程分为3步:特征选择、决策树的生成和剪枝。下面以 ID3 算法和 C4.5 算法为例进行讲解。

1) ID3 算法

ID3 算法是最经典的决策树算法。ID3 算法起源于概念学习系统(Concept Learning System,CLS),以信息熵的下降速度为选取测试属性的标准,即在每个节点选取尚未被用来划分的具有最高信息增益的属性作为划分标准,然后继续这个过程,直到生成的决策树能完美分类训练样本,算法的核心是信息熵。

1976—1986 年,Quinlan 给出 ID3 算法原型并进行了总结,确定了决策树学习的理论,这可以看作决策树算法的起点。ID3 算法理论清晰,使用简单,学习能力较强,且构造的决策树平均深度较小,分类速度较快,特别适合处理大规模的学习问题,目前已得到广泛应用。

下面介绍 ID3 算法的基本思想。ID3 算法的核心是在决策树各个节点上应用信息增益准则选择特征,递归地构建决策树。具体方法是:首先从根节点开始,对节点计算所有可能的特征的信息增益,选择信息增益最大的特征作为节点的特征,由该特征的不同取值建立子节点。然后对子节点递归地调用以上方法,构建决策树,直到所有特征的信息增益均很小或没有特征可以选择为止。最后得到一棵决策树。

ID3 算法的具体描述如下:

算法输入:训练数据集 D,特征集 A,阈值 ε。

算法输出:决策树 T。

具体过程:

① 若 D 中所有实例属于同一类 C_k,则 T 为单节点树,并将类 C_k 作为该节点的类标记,返回 T。

② 若 $A=\varnothing$,则 T 为单节点树,并将 D 中实例数最大的类 C_k 作为该节点的类标记,返回 T。

③ 否则,计算 A 中各特征对 D 的信息增益,选择信息增益最大的特征 A_g。

④ 若 A_g 的信息增益小于阈值 ε,则置 T 为单节点树,并将 D 中实例数最大的类 C_k 作为该节点的类标记,返回 T。

⑤ 否则,对 A_g 的每一可能值 a_i,依 $A_g=a_i$ 将 D 分割为若干非空子集 D_i,将 D_i 中实例数最大的类作为标记,构建子节点,由节点及其子节点构成树 T,返回 T。

⑥ 对第 i 个子节点,以 D_i 为训练数据集,以 $A-\{A_g\}$ 为特征集,递归地调用步骤①~⑤,得到子树 T_i,返回 T。

对模型进行表示。设训练数据集为 D,那么存在如下规定:

$|D|$:训练数据集样本容量。

K:训练数据集中类的数量。

C_k:第 k 个类的数据集($k=1,2,\cdots,K$)。

$|C_k|$:C_k 的样本个数,$\sum_{k=1}^{K}|C_k|=|D|$。

A：训练数据集中所有的特征，取值为$\{a_1, a_2, \cdots, a_n\}$，根据特征 A 的取值将 D 划分为 n 个子集。

$|D_i|$：D_i 的样本个数，$\sum_{i=1}^{n}|D_i|=|D|$。

D_{ik}：子集 D_i 中属于 C_k 的样本集合，即 $D_{ik}=D_i \cap C_k$。

$|D_{ik}|$：D_{ik} 的样本个数。

为了理解决策树算法的执行过程，以贷款申请为例加以说明。表 4-1 是一个由 15 个样本组成的贷款申请训练数据集。数据包括贷款申请人的 4 个特征，对应不同的取值。希望通过给出的训练数据集通过学习构建贷款申请的决策树，用来对未来的贷款申请进行分类，根据贷款申请人的特征判断是否批准其申请。

表 4-1 贷款申请决策树训练数据集

ID	年 龄	有 工 作	有自己的房子	信贷情况	类 别
1	青年	否	否	一般	否
2	青年	否	否	好	否
3	青年	是	否	好	是
4	青年	是	是	一般	是
5	青年	否	否	一般	否
6	中年	否	否	一般	否
7	中年	否	否	好	否
8	中年	是	是	好	是
9	中年	否	是	非常好	是
10	中年	否	是	非常好	是
11	老年	否	是	非常好	是
12	老年	否	是	好	是
13	老年	是	否	好	是
14	老年	是	否	非常好	是
15	老年	否	否	一般	否

(1) 计算经验熵的公式如下：

$$\text{Info}(D) = \sum_{k=1}^{K} \frac{|C_k|}{|D|} \log_2 \frac{|C_k|}{|D|} \tag{4-10}$$

类别 $C_2=\{是, 否\}$ 首先计算经验熵：

$$\text{Info}(D) = -\frac{9}{15}\log_2\frac{9}{15} - \frac{6}{15}\log_2\frac{6}{15} = 0.971 \tag{4-11}$$

(2) 计算各个特征 A 对数据集 D 的经验条件熵：

$$\text{Info}(D \mid A) = \sum_{i=1}^{n} \frac{|D_i|}{|D|} H(D_i) = -\sum_{i=1}^{n} \frac{|D_i|}{|D|} \sum_{k=1}^{K} \frac{D_{ik}}{|D_i|} \log_2 \frac{|D_{ik}|}{|D_i|} \tag{4-12}$$

$A=\{A_1,A_2,A_3,A_4\}$表示年龄、有工作、有自己的房子和信贷情况 4 个特征。

$$\mathrm{Info}(D\mid A_1)=\frac{5}{15}\mathrm{Info}(D_1)+\frac{5}{15}\mathrm{Info}(D_2)+\frac{5}{15}\mathrm{Info}(D_2)$$

$$=\frac{5}{15}\left[-\frac{2}{5}\log_2\frac{2}{5}-\frac{3}{5}\log_2\frac{3}{5}\right]+\frac{5}{15}\left[-\frac{3}{5}\log_2\frac{3}{5}-\frac{2}{5}\log_2\frac{2}{5}\right]+$$

$$\frac{5}{15}\left[-\frac{4}{5}\log_2\frac{4}{5}-\frac{1}{5}\log_2\frac{1}{5}\right]=0.888$$

$$\mathrm{Info}(D\mid A_2)=\frac{5}{15}\mathrm{Info}(D_1)+\frac{5}{15}\mathrm{Info}(D_2)+\frac{5}{15}\mathrm{Info}(D_2)$$

$$=\frac{5}{15}\times 0+\frac{10}{15}\left[-\frac{4}{10}\log_2\frac{4}{10}-\frac{6}{10}\log_2\frac{6}{10}\right]=0.647$$

$$\mathrm{Info}(D\mid A_3)=\frac{6}{15}\mathrm{Info}(D_1)+\frac{9}{15}\mathrm{Info}(D_2)$$

$$=\frac{6}{15}\times 0+\frac{9}{15}\left[-\frac{3}{9}\log_2\frac{3}{9}-\frac{6}{9}\log_2\frac{6}{9}\right]=0.551$$

同理计算得

$$\mathrm{Info}(D\mid A_4)=0.608$$

（3）计算信息增益的公式如下：

$$g(D,A)=\mathrm{Info}(D)-\mathrm{Info}(D\mid A) \quad (4\text{-}13)$$

根据式(4-13)计算信息增益：

$$g(D,A_1)=\mathrm{Info}(D)-\mathrm{Info}(D\mid A_1)=0.971-0.888=0.083$$
$$g(D,A_2)=\mathrm{Info}(D)-\mathrm{Info}(D\mid A_2)=0.971-0.647=0.324$$
$$g(D,A_3)=\mathrm{Info}(D)-\mathrm{Info}(D\mid A_3)=0.971-0.551=0.42$$
$$g(D,A_4)=\mathrm{Info}(D)-\mathrm{Info}(D\mid A_4)=0.971-0.608=0.363$$

特征 A_3 的信息增益最大，所以选择 A_3 作为最优特征，作为决策树的第一个内部节点，得到决策树的分支，如图 4-4 所示。

（4）无房的数据集中还有 3 个特征：年龄、有工作和信贷情况，类似地重复步骤（1）～（3）即可得到一棵完整的决策树。具体计算过程如下：

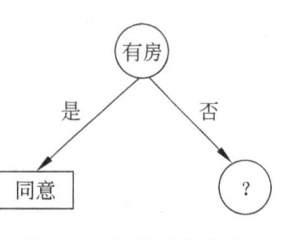

图 4-4 决策树的分支

对于剩下的 $A=\{A_1,A_2,A_4\}$ 计算经验熵：

$$\mathrm{Info}(D_1)=\frac{6}{9}\log_2\frac{6}{9}-\frac{3}{9}\log_2\frac{3}{9}=0.918$$

分别计算 A_1、A_2、A_4 的经验条件熵：

$$\mathrm{Info}(D_1\mid A_1)=\frac{4}{9}\left[-\frac{1}{4}\log_2\frac{1}{4}-\frac{3}{4}\log_2\frac{3}{4}\right]+\frac{2}{9}\times 0+$$

$$\frac{3}{9}\left[-\frac{2}{3}\log_2\frac{2}{3}-\frac{1}{3}\log_2\frac{1}{3}\right]=0.667$$

$$\mathrm{Info}(D_1\mid A_2)=\frac{6}{9}\times 0+\frac{3}{9}\times 0=0$$

$$\text{Info}(D_1 \mid A_4) = \frac{4}{9} \times 0 + \frac{4}{9}\left[-\frac{2}{4}\log_2\frac{2}{4} - \frac{2}{4}\log_2\frac{2}{4}\right] + \frac{1}{9} \times 0$$
$$= 0.444$$

分别计算信息增益：
$$g(D, A_1) = \text{Info}(D) - \text{Info}(D_1 \mid A_1) = 0.918 - 0.667 = 0.251$$
$$g(D, A_2) = \text{Info}(D) - \text{Info}(D_1 \mid A_2) = 0.918 - 0 = 0.918$$
$$g(D, A_4) = \text{Info}(D) - \text{Info}(D_1 \mid A_4) = 0.918 - 0.444 = 0.474$$

由此可得，A_2为最优特征，且不存在节点不纯的情况，就完成了如图 4-5 所示的贷款审批决策树。

下面介绍连续型属性的离散化处理。

连续属性的可取值数目不再有限，因此不能直接根据连续属性可取值对节点进行划分（这是因为，如果在该属性上所有的可取值是不一样的，则使得划分后纯度达到最大，不利于决策树的泛化）。此时可以使用连续属性离散化技术，最常用的是二分法。

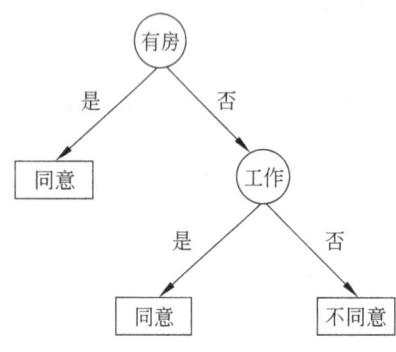

图 4-5 贷款审批决策树

当属性类型为离散型时，无须对数据进行离散化处理。例如，天气的可取值为晴天、阴天、下雨。当属性类型为连续型时，则需要对数据进行离散化处理，例如湿度值。C4.5 算法针对连续型属性就需要进行离散化处理。离散化处理的核心思想是：将属性 A 的 N 个属性值按照升序排列；通过二分法将属性 A 的所有属性值分成两部分（共有 $N-1$ 种划分方法，二分的阈值为相邻两个属性值的中间值）；计算每种划分方法对应的信息增益，选取信息增益最大的划分方法的阈值作为属性 A 二分的阈值。详细流程如下。

给定训练集 D 和连续属性 a，假定 a 在 D 上出现了 n 个不同的取值，先把这些值从小到大排序，记为 $\{a^1, a^2, \cdots, a^n\}$。基于划分点 t 可将 D 分为子集 D_t^- 和 D_t^+，其中 D_t^- 包含那些在属性 a 上取值不大于 t 的样本，D_t^+ 则包含那些在属性 a 上取值大于 t 的样本。显然，对相邻的属性值 a^i 与 a^{i+1} 来说，t 在区间 $[a^i, a^{i+1})$ 中任意值处产生的划分结果相同。因此，对连续属性 a，可以考察包含 $n-1$ 个元素的候选划分点集合：

$$T_a = \left\{\frac{a^i + a^{i+1}}{2} \mid 1 \leqslant i \leqslant n-1\right\}$$

即把区间 $[a^i, a^{i+1})$ 的中位点 $\frac{a^i + a^{i+1}}{2}$ 作为候选划分点。然后，就可以像前面处理离散属性值那样考虑这些划分点，选择最优的划分点进行样本集合的划分，使用的公式如下：

$$\text{Gain}(D, a) = \max_{t \in T_a} \text{Gain}(D, a, t) = \max_{t \in T_a}\left\{\text{Info}(D) - \sum_{\lambda \in \{-, +\}} \frac{|D_t^\lambda|}{|D|}\text{Info}(D_t^\lambda)\right\}$$

为理解二分法离散化的过程，以判断西瓜是否是好瓜为例加以说明。在给定的西瓜数据集中总共包含 17 个样本值，对于其中的密度属性通过二分法进行离散化，如表 4-2

所示。

表 4-2 西瓜数据集

编号	色泽	根蒂	敲声	纹理	脐部	触感	密度	含糖率	好瓜
1	青绿	卷缩	浊响	清晰	凹陷	硬滑	0.697	0.460	是
2	乌黑	卷缩	沉闷	清晰	凹陷	硬滑	0.774	0.376	是
3	乌黑	卷缩	浊响	清晰	凹陷	硬滑	0.634	0.264	是
4	青绿	卷缩	沉闷	清晰	凹陷	硬滑	0.608	0.318	是
5	浅白	卷缩	浊响	清晰	凹陷	硬滑	0.556	0.215	是
6	青绿	稍卷	浊响	清晰	稍凹	软黏	0.403	0.237	是
7	乌黑	稍卷	浊响	稍糊	稍凹	软黏	0.481	0.149	是
8	乌黑	稍卷	浊响	清晰	稍凹	硬滑	0.437	0.211	是
9	乌黑	稍卷	沉闷	稍糊	稍凹	硬滑	0.666	0.091	否
10	青绿	硬挺	清脆	清晰	平坦	软黏	0.243	0.267	否
11	浅白	硬挺	清脆	模糊	平坦	硬滑	0.245	0.057	否
12	浅白	卷缩	浊响	模糊	平坦	软黏	0.343	0.099	否
13	青绿	稍卷	浊响	稍糊	凹陷	硬滑	0.639	0.161	否
14	浅白	稍卷	沉闷	稍糊	凹陷	硬滑	0.657	0.198	否
15	乌黑	稍卷	浊响	清晰	稍凹	软黏	0.360	0.370	否
16	浅白	卷缩	浊响	模糊	平坦	硬滑	0.593	0.042	否
17	青绿	卷缩	沉闷	稍糊	稍凹	硬滑	0.719	0.103	否

(1) 将密度属性值从小到大排序,得到:0.243,0.245,0.343,0.360,0.403,0.437, 0.481,0.556,0.593,0.608,0.634,0.639,0.657,0.666,0.679,0.719,0.774。

(2) 计算类别信息熵:

$$\text{Info}(D) = -\frac{8}{17}\log_2\frac{8}{17} - \frac{9}{17}\log_2\frac{9}{17} = 0.998$$

(3) 计算 16 个二分点的信息增益:

当 $t=0.244$ 时,

$$D_t^- = \{0.243\}$$
$$D_t^+ = \{0.245, 0.403, 0.343, 0.360, \cdots, 0.657, 0.639, 0.679\}$$

$$\text{Info}(D_t^-) = -0 \times \log_2 0 - \frac{1}{1}\log_2\frac{1}{1} = 0$$

$$\text{Info}(D_t^+) = -\frac{8}{16}\log_2\frac{8}{16} - \frac{8}{16}\log_2\frac{8}{16} = 1$$

$$\text{Gain}(D, a, t) = 0.998 - \left(\frac{1}{17} \times 0 + \frac{16}{17} \times 1\right) = 0.057$$

当 $t=0.294$ 时，

$$D_t^- = \{0.243, 0.245\}$$

$$D_t^+ = \{0.403, 0.343, 0.360, \cdots, 0.657, 0.639, 0.679\}$$

$$\mathrm{Info}(D_t^-) = -0 \times \log_2 0 - \frac{2}{2}\log_2\frac{2}{2} = 0$$

$$\mathrm{Info}(D_t^+) = -\frac{8}{15}\log_2\frac{8}{15} - \frac{7}{15}\log_2\frac{7}{15} = 0.997$$

$$\mathrm{Gain}(D,a,t) = 0.998 - \left(\frac{2}{17} \times 0 + \frac{15}{17} \times 0.997\right) = 0.118$$

同理依次计算后面 14 个二分点，比较结果得到：当 $t=0.38$ 时，$\mathrm{Gain}(D,a,t)$ 最大，为 0.263，因此选择该点作为划分点，将密度划分为两类，从而对连续值实现了离散化。

2) C4.5 算法

C4.5 算法是一种基于信息熵的决策分类算法，是在机器学习和数据挖掘的分类问题中用于生成决策树的一种经典算法。C4.5 算法是 Quinlan 在 ID3 算法的基础上提出的，它克服了传统决策树算法 ID3 基于信息增益倾向于选择拥有多个属性值的属性作为分裂属性的不足，同时具有可处理数据范围包含连续性数值、数据的自适用性较强、可处理不完整数据、属性选择的标准较精确以及建树完成后可以进行剪枝操作等优点，从而避免了决策树的不完整性，是生成决策树最常用、最经典的算法。

C4.5 算法的核心思想是：根据信息熵原理，选择样本集中信息增益率最大的属性作为分类属性，并根据该属性的不同取值构造决策树的分支，再对子集进行递归构造，直到完成决策树的构造。

C4.5 算法的具体描述如下：

算法输入：训练数据集 D，特征集 A，阈值 ε。

算法输出：决策树 T。

具体过程：

① 若 D 中所有实例属于同一类 C_k，则 T 为单节点树，并将类 C_k 作为该节点的类标记，返回 T。

② 若 $A=\varnothing$，则 T 为单节点树，并将 D 中实例数最大的类 C_k 作为该节点的类标记，返回 T。

③ 计算 A 中各个特征对 D 的信息增益率，选择信息增益率最大的特征 A_g。

④ 如果 A_g 的信息增益率小于阈值 ε，则 T 为单节点树，并将 D 中实例数最大的类 C_k 作为该节点的类标记，返回 T。

⑤ 否则，对 A_g 的每一个可能值 a_i，依 $A_g=a_i$ 将 D 分割为若干非空子集 D_i，将 D_i 中实例数最大的类作为类标记，构建子节点，由节点及其子节点构成树 T，返回 T。

⑥ 对节点 i，以 D_i 为训练数据集，以 $A-\{A_g\}$ 为特征集，递归调用步骤①~⑤，得到子树 T_i，返回 T_i。

为便于理解 C4.5 算法的实现过程，下面以根据天气情况判断是否可以户外打球为例加以说明。通过天气、温度、湿度、风力4个属性预测天气情况与户外打球活动之间的关系。训练数据集 D 有 4 个属性,特征集 $A=\{$天气,温度,湿度,风力$\}$。类别标签有两个,类别集合 $C=\{$进行,取消$\}$,如表 4-3 所示。

表 4-3 户外打球决策树训练数据集

天　气	温　度	湿　度	风　力	活　动
晴	炎热	高	弱	取消
晴	炎热	高	强	取消
阴	炎热	高	弱	进行
雨	适中	高	弱	进行
雨	寒冷	正常	弱	进行
雨	寒冷	正常	强	取消
阴	寒冷	正常	强	进行
晴	适中	高	弱	取消
晴	寒冷	正常	弱	进行
雨	适中	正常	弱	进行
晴	适中	正常	强	进行
阴	适中	高	强	进行
阴	炎热	正常	弱	进行
雨	适中	高	强	取消

(1) 计算类别信息熵。类别信息熵表示的是所有样本中各种类别出现的不确定性之和。计算 $C=\{$进行,取消$\}$ 的类别信息熵:

$$\mathrm{Info}(D)=-\frac{9}{14}\log_2\frac{9}{14}-\frac{5}{14}\log_2\frac{5}{14}=0.94$$

(2) 计算每个属性的信息熵。每个属性的信息熵表示的是在某个属性的条件下各种类别出现的不确定性之和。属性的信息熵越大,表示这个属性中拥有的样本类别越不纯。4 个属性的信息熵计算如下:

$$\mathrm{Info}(天气)=\frac{5}{14}\left(-\frac{2}{5}\log_2\frac{2}{5}-\frac{3}{5}\log_2\frac{3}{5}\right)+\frac{4}{14}\left(-\frac{4}{4}\log_2\frac{4}{4}\right)+$$
$$\frac{5}{14}\left(-\frac{3}{5}\log_2\frac{3}{5}-\frac{2}{5}\log_2\frac{2}{5}\right)=0.694$$

$$\mathrm{Info}(温度)=\frac{4}{14}\left(-\frac{2}{4}\log_2\frac{2}{4}-\frac{2}{4}\log_2\frac{2}{4}\right)+\frac{6}{14}\left(-\frac{4}{6}\log_2\frac{4}{6}-\frac{2}{6}\log_2\frac{2}{6}\right)+$$
$$\frac{4}{14}\left(-\frac{3}{4}\log_2\frac{3}{4}-\frac{1}{4}\log_2\frac{1}{4}\right)=0.911$$

$$\mathrm{Info}(湿度)=\frac{7}{14}\left(-\frac{3}{7}\log_2\frac{3}{7}-\frac{4}{7}\log_2\frac{4}{7}\right)+\frac{7}{14}\left(-\frac{6}{7}\log_2\frac{6}{7}-\frac{1}{7}\log_2\frac{1}{7}\right)$$

$$= 0.789$$
$$\text{Info}(风力) = \frac{6}{14}\left(-\frac{3}{6}\log_2\frac{3}{6} - \frac{3}{6}\log_2\frac{3}{6}\right) + \frac{8}{14}\left(-\frac{6}{8}\log_2\frac{6}{8} - \frac{2}{8}\log_2\frac{2}{8}\right)$$
$$= 0.892$$

(3) 计算信息增益。信息增益为类别信息熵与属性信息熵之差，它表示的是信息不确定性减少的程度。一个属性的信息增益越大，用这个属性进行样本划分后样本的不确定性越小，当然，选择该属性就可以更快、更好地完成分类目标。

4 个属性的信息增益计算如下：

$$\text{Gain}(天气) = \text{Info}(D) - \text{Info}(天气) = 0.940 - 0.694 = 0.246$$
$$\text{Gain}(温度) = \text{Info}(D) - \text{Info}(温度) = 0.940 - 0.911 = 0.029$$
$$\text{Gain}(湿度) = \text{Info}(D) - \text{Info}(湿度) = 0.940 - 0.789 = 0.150$$
$$\text{Gain}(风速) = \text{Info}(D) - \text{Info}(风力) = 0.940 - 0.892 = 0.048$$

假设存在这样的情况，每个属性中每种类别都只有一个样本，这样的属性的信息熵就等于 0，根据信息增益就无法选择出有效的分类特征。所以，C4.5 算法使用信息增益率对 ID3 进行改进。

(4) 计算属性分裂信息度量。用属性分裂信息度量表示某种属性进行分裂时分支的数量信息和尺寸信息，将这些信息称为属性的内在信息（intrisic information）。信息增益率反映了这样的规律：属性的重要性随着内在信息的增大而减小。也就是说，如果某个属性的不确定性越大，就越不倾向于选取它，这样就避免了单纯使用信息增益的缺点。

4 个属性的分裂信息度量计算如下：

$$H(天气) = -\frac{5}{14}\log_2\frac{5}{14} - \frac{5}{14}\log_2\frac{5}{14} - \frac{4}{14}\log_2\frac{4}{14} = 1.577 \quad (天气有 3 个取值)$$
$$H(温度) = -\frac{4}{14}\log_2\frac{4}{14} - \frac{6}{14}\log_2\frac{6}{14} - \frac{4}{14}\log_2\frac{4}{14} = 1.556 \quad (温度有 3 个取值)$$
$$H(湿度) = -\frac{7}{14}\log_2\frac{7}{14} - \frac{7}{14}\log_2\frac{7}{14} = 1.0 \quad (湿度有 2 个取值)$$
$$H(风力) = -\frac{6}{14}\log_2\frac{6}{14} - \frac{8}{14}\log_2\frac{8}{14} = 0.985 \quad (天气有 2 个取值)$$

(5) 计算信息增益率。公式如下：

$$\text{IGR}(A) = \frac{\text{Gain}(D,A)}{H(A)}$$

4 个属性的信息增益率计算如下：

$$\text{IGR}(天气) = \frac{\text{Gain}(D,天气)}{H(天气)} = \frac{0.246}{1.577} = 0.155$$
$$\text{IGR}(温度) = \frac{\text{Gain}(D,温度)}{H(温度)} = \frac{0.029}{1.556} = 0.0186$$
$$\text{IGR}(湿度) = \frac{\text{Gain}(D,湿度)}{H(湿度)} = \frac{0.151}{1.0} = 0.151$$
$$\text{IGR}(风力) = \frac{\text{Gain}(D,风力)}{H(风力)} = \frac{0.048}{0.985} = 0.048$$

天气的信息增益率最高,选择天气为分裂属性。在分裂之后,在天气是"阴"的条件下,类别是纯的,所以把它定义为叶节点,选择不纯的节点继续分裂。

(6) 对不纯的节点,重复步骤(1)~(5),构造如图 4-6 所示的决策树。

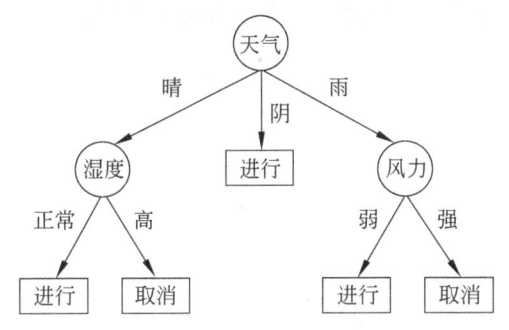

图 4-6 户外打球决策树

3) 决策树剪枝

递归地构建决策树,直到不能继续分裂下去为止,这样的决策树对于训练数据集可能拟合得较好,也可能产生过拟合现象,原因是过多地考虑对训练数据集的划分精确度,从而构建出复杂的决策树。缓解过拟合的方法是剪枝。

剪枝是通过极小化决策树整体的损失函数或代价函数实现的。剪枝的过程也是构建新的模型,因此,可以将剪枝看作模型选择的一种方法。剪枝主要分为两种:预剪枝和后剪枝。其中,预剪枝是在构造决策树过程中进行剪枝,而后剪枝是在构造决策树完成后进行剪枝。预剪枝的优点在于具有较高的执行效率,但可能会有过度修剪的问题;后剪枝虽然效率低,但对于解决决策树的过拟合问题有正面作用,可避免产生减少样本数的叶节点,增强决策树对噪声的容忍程度。

决策树后剪枝主要采用最小成本复杂修剪方法。这种方法同时考虑分类错误率以及决策树规模(即节点个数),先以排列组合的方式列出修剪后的决策树,再计算这些决策树的复杂度,并找出复杂度最小的决策树。

给定一棵决策树的复杂系数 α 和未修剪的子决策树节点 t,复杂系数 α 代表的是决策树节点个数的影响,则一棵决策树的复杂度为分类错误率与决策树规模的函数:

$$R_\alpha(t) = R(t) + \alpha \times N_{\text{leaf}}$$

其中,$R_\alpha(t)$ 是该决策树节点 t 造成的分类错误率与决策树规模的线性组合;N_{leaf} 表示叶节点的个数;$R(t)$ 为节点 t 的加权平均分类错误率,也就是该节点的分类错误率与该节点样本数占训练样本总数比例的乘积。每一个叶节点的分类错误率为节点中无法被正确分类的数据个数占该叶节点全部数据个数的比率。若有一个节点产生分支,在给定复杂系数 α 下,若分支后的复杂度大于分支前的复杂度,则对该节点进行修剪。

最小成本复杂修剪机制主要有两个步骤:第一步,计算出各个子决策树的复杂系数 α,并找出最小的 α 以进行树的修剪;第二步,通过验证的方式,输入测试数据集样本,并从中找出具有最小复杂度的子决策树。

为便于理解决策树剪枝的过程,下面以员工表现评价为例加以说明。对如表 4-4 所示的数据集,利用 Gini 指数构造决策树。该数据集共有 10 个样本,11 个叶节点,可根据类别数据的笔数决定该叶节点的判断类型。以 ID=10 的节点为例,有 2 个数据的类别为优秀,1 个数据的类别为普通,所以该节点的预测结果应判为优秀。图 4-7 为未修剪的决策树,在给定 $\alpha=0.01$ 的条件下,检验节点 8 是否需要修剪。

表 4-4 员工信息数据集

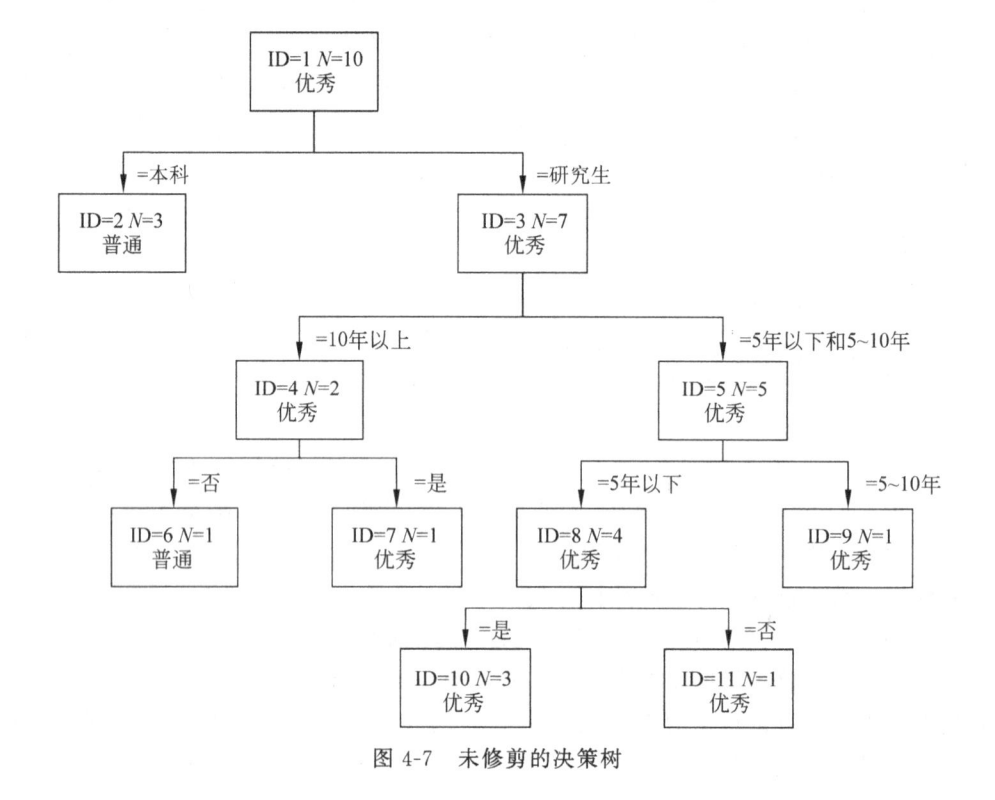

员 工 号	工作年数	教育程度	是否有相关经验	员 工 表 现
001	5 年以下	研究生	是	优秀
002	10 年以上	研究生	否	普通
003	5 年以下	研究生	是	优秀
004	5 年以下	本科	是	普通
005	5 年以下	研究生	否	优秀
006	10 年以上	研究生	是	优秀
007	5~10 年	本科	否	普通
008	5~10 年	研究生	是	优秀
009	5~10 年	本科	否	普通
010	5 年以下	研究生	是	普通

图 4-7 未修剪的决策树

若删除节点 10 与节点 11,则节点 8 的加权平均分类错误率如下:

$$R(8) = \frac{1}{4} \times \frac{4}{10} = 0.1$$

然而,若不删除节点 10 与节点 11,则叶节点个数 $N_{leaf}=2$,计算相应的 $R_a(8)$:

$$R_a(8) = \left(\frac{1}{3} \times \frac{3}{10} + 0\right) + 0.01 \times 2 = 0.12$$

因为 $R_a(8) > R(8)$,所以应修剪节点 8。

同样,在给定 $\alpha=0.01$ 的条件下,以节点 5 为例:

$$R(5) = \frac{1}{5} \times \frac{5}{10} = 0.1$$

$$R_a(5) = \left(\frac{1}{4} \times \frac{4}{10} + 0\right) + 0.01 \times 2 = 0.12$$

因为 $R_a(5) > R(5)$,所以应修剪节点 5。

再以节点 3 为例:

$$R(3) = \frac{3}{7} \times \frac{7}{10} = 0.3$$

$$R_a(3) = \left(\frac{1}{2} \times \frac{2}{10} + \frac{1}{5} \times \frac{5}{10}\right) + 0.01 \times 2 = 0.22$$

因为 $R_a(5) < R(5)$,所以不修剪节点 3。

修剪后的决策树如图 4-8 所示。

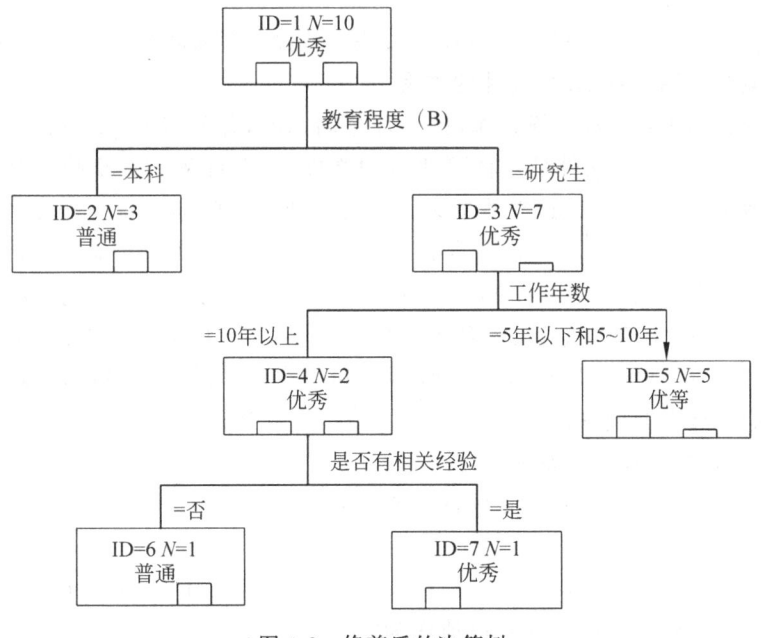

图 4-8 修剪后的决策树

4) 规则提取

完成决策树的构造及修剪后,即可利用决策树提取数据中隐含的信息。IF-THEN

规则即从根节点至叶节点的可能路径,沿着可能路径可串联起作为分支变量的属性,形成一个具有因果关系的分类模型,用以分类数据。例如,利用图 4-6 所示的决策树可以提取如表 4-5 所示的规则。

表 4-5 户外打球决策树规则

IF	THEN	IF	THEN
若天气是阴	活动进行	若天气是雨且风力弱	活动进行
若天气是晴且湿度正常	活动进行	若天气是雨且风力强	活动取消
若天气是晴且湿度高	活动取消		

5) 决策树分类预测模型评估

分类预测模型对训练数据集进行预测而得出的准确率并不能很好地反映该模型未来的性能。为了有效判断一个分类预测模型的性能表现,需要一组没有参与模型建立的数据集,并在该数据集上评价该模型的准确率。

有关模型评价指标的内容参见 3.2.3 节。

6) 决策树在恶意软件检测中的应用

恶意软件已经成为常见的网络攻击方式,一般包括病毒、蠕虫、傀儡程序、木马、后门程序,以及可能导致计算机使用者信息外泄的广告、间谍程序等。由于恶意软件对用户的主机系统具有破坏性,因此及时查杀恶意软件对用户来说是十分必要的。然而,当今的某些恶意软件采用了加密技术和变种技术,使得检测算法的漏检率较高,而且以往的检测方法缺乏综合检测能力。基于机器学习算法对恶意软件进行检测具有一定优势。下面介绍一种基于决策树检测恶意 DLL 文件的方案。

库文件分为两种:一种是静态库,另一种是动态库,即 DLL(Dynamic Link Library,动态链接库)文件。DLL 文件是一种可执行的文件,它允许程序共享执行特殊任务必需的代码和其他资源。恶意 DLL 文件是恶意代码再加上一些具有特殊功能的代码形成的 DLL 文件,这种文件往往用于实现恶意病毒软件的功能。在 Windows 系统中,可执行文件(.exe 文件和.dll 文件)主要以 PE(Portable Executable,可移植可执行)文件格式存在。PE 文件中有大量的关于可执行文件的静态信息。恶意 DLL 文件与合法 DLL 文件在 PE 文件结构中往往有一些字段值不同,因此可以利用这些不同的字段值检测恶意 DLL 文件。通过对训练样本的数据挖掘,例如导入 API 函数、PE 头部信息、代码反汇编信息等等进行海量数据挖掘,找到海量 PE 文件特征。

基于决策树分类模型检测恶意软件的流程如图 4-9 所示。

(1) 特征提取。

根据大量文本分析,恶意 DLL 文件和正常软件的 PE 文件中的多个字段取值有明显的不同,可以通过分析,提取这些字段值作为特征:

① DLL 文件的数字签名。数字签名是微软公司为了保护系统文件而采取的一种技术。在验证 DLL 文件的数字签名时遵循 3 个原则:一是所有拥有合法数字签名的文件都不会对系统产生危害,也就是说,通过数字签名验证的 DLL 文件一定是合法的文件,因

```
         ┌─────────┐
         │ DLL文件 │
         └────┬────┘
              ↓
         ┌─────────┐
         │ 特征提取 │
         └────┬────┘
              ↓
         ┌──────────────┐
         │ 准备训练数据集 │
         └──────┬───────┘
                ↓
         ┌─────────┐
         │ 模型构建 │
         └────┬────┘
              ↓
         ┌─────────┐
         │ 检测判断 │
         └─────────┘
```

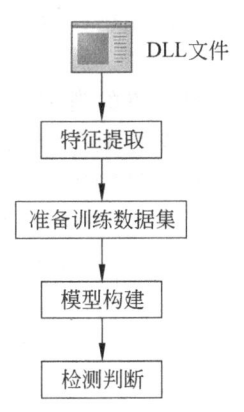

图 4-9　基于决策树分类模型检测恶意软件的流程

为使用数字签名的文件哪怕只改动了一字节都不能通过数字签名验证；二是病毒木马等恶意 DLL 文件没有合法的数字签名；三是并不是所有没有数字签名的文件都是有害的。

② DLL 文件的文件属性。DLL 文件一般都有文件属性信息。这些信息包括公司名 (company name)、产品名 (product name)、版权、描述、版本号等。这些信息都存在于 VERSIONINFO 中。

③ 特性 (Characteristic)。PE 文件头中的一个属性，该属性用来描述一个 PE 文件是一个可执行文件还是一个 DLL 文件。

④ 校验和 (CheckSum)。PE 文件的 CRC 校验和，几乎所有微软公司的合法 DLL 文件都有自己的校验和。一些 DLL 文件不提供校验和，因此该字段的值可能为 0。

⑤ 可选头中的 4 个参数。这 4 个参数位于 PE 文件可选头中，分别为 Baseofcode、SectionAlignment、FileAlignment、SizeofStackCommit。微软公司的 DLL 文件的这 4 个参数的值是固定的，对应的十六进制值分别为 0X1000、0X1000、0X200、0X1000。

⑥ 资源 (Recourse)。DLL 文件的资源，例如对话框、菜单、图标等。DLL 文件通常都包含资源。

⑦ 节名 (Section name)。PE 文件的节名可以根据需要自定义。微软公司的 DLL 文件有自己预定义的节名。一些通过生成恶意 DLL 文件的软件产生的恶意 DLL 文件和利用软件进行免杀处理后的恶意 DLL 文件通常会在 PE 文件的节名上添加标志性的名称。

(2) 准备训练数据集。

决策树分类预测模型的生成是以训练数据集为基础的，构建决策树要用到的训练数据集的来源有两种：一是长期数据的积累；二是专家构建的训练数据集。目前最常用的恶意软件数据集是 EMBER，它是网络安全公司 Endgame 发布的大型开源数据集，是一个包含了 100 多万种良性和恶意 PE 文件 (Windows 可执行文件) 的集合。此外，一些大学、研究机构也发布过一些公开数据集，可以作为训练数据集。

(3) 模型构建。

选取最有效的特征后，即可建立特征模型。利用特征模型对训练样本数据进行数据特征化变换，生成对应的特征向量。基于决策树分类预测算法构建决策树模型时，可以利用信息增益率选择分裂属性的次序创建决策树。为了选择分裂属性的最佳次序,先计算所有分裂属性的信息增益率,选择信息增益率最大的节点作为根节点,对其余属性依照上面的步骤进一步进行划分。如果划分到最终的类别或没有属性可以划分,则此时的节点为叶节点。最后,为了提高泛化能力,避免过拟合,常采用剪枝的方法从已生成的决策树上删除一些子树或节点,得到最终的决策树模型。

利用决策树模型对实例进行分类时,必须根据已有的知识采用 IF-THEN 算法结构对未知的对象进行分类。在分类过程中,应使未知对象的属性与已知的知识之间的误差达到最小。由于利用决策树进行对象分类时必须根据已有的知识作为分类的条件,所以采用恶意软件特征库中已知的特征码作为决策树的分类条件。

恶意软件特征码偏离函数定义如下:

$$f(x) = \left| 1 - \frac{恶意软件特征码的属性值}{已知恶意特征码的属性值} \right| \tag{4-14}$$

当 $f(x) \approx 0$ 时,说明恶意软件特征码的属性值十分接近已知恶意特征码的属性值,这时恶意软件就被识别出来了。

当 $f(x) > 0$ 时,该值越大,则表示该恶意软件的属性值越偏离已知恶意软件的属性值,这时恶意软件就没有被识别出来。

判断恶意软件特征码的属性值匹配是否成功后的操作如下:

① 当 $f(x) \approx 0$ 时,决策树的判断结果值为 Y,则恶意软件特征码匹配成功,此时由当前节点到达左子节点。

② 当 $f(x) > 0$ 时,决策树的判断结果值为 N,则恶意软件特征码匹配不成功,此时由当前节点到达右子节点。

通过特征码的匹配算法可以检测出恶意软件中的大部分病毒和蠕虫。

恶意软件特征码的属性值匹配判断方法如图 4-10 所示。

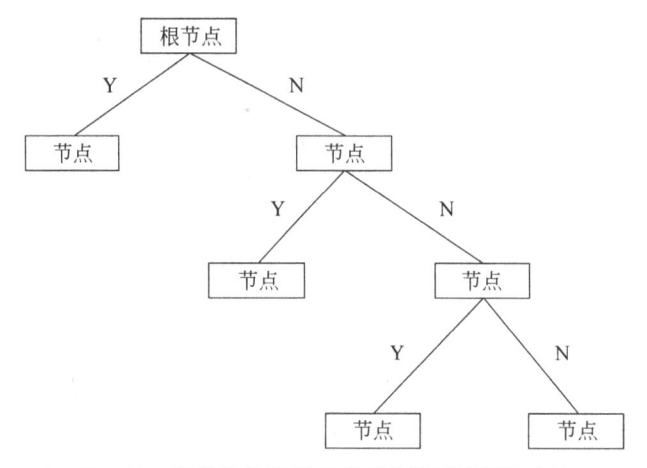

图 4-10 恶意软件特征码的属性值匹配判断方法

(4) 检测判断。

采用测试数据对模型进行检验,根据漏报率和误报率两个指标衡量模型的检测效率。

基于大量测试数据的检验结果显示,基于决策树的分类检测模型有较高的检测效率。

2. 随机森林算法

随机森林(random forest)是利用多棵分类树对样本进行训练和预测的一种分类器。20世纪80年代,Breiman等发明了分类树算法,通过反复对二分数据进行分类或回归,使计算量大大降低。2001年,Breiman把分类树组合成随机森林,即在变量(列)的使用和数据(行)的使用上进行随机化,生成很多分类树,再汇总分类树的结果。随机森林算法在计算量没有显著提高的前提下提高了预测精度。随机森林算法对多元共线性不敏感,结果对缺失数据和非平衡的数据比较稳健,可以很好地预测多达几千个解释变量的作用,被认为是当前最好的算法之一。

随机森林,顾名思义,是用随机的方式建立一个由很多决策树组成的森林,这些决策树两两之间都是没有关联的。在得到随机森林之后,当有一个新的输入样本进入的时候,就让随机森林中的每一棵决策树分别判断这个样本应该属于哪一类,然后以选择最多的类作为预测结果。

随机森林的基本思想是:首先通过自助法(bootstrap)重采样技术从原始训练样本集S中有放回地重复随机抽取N个样本,生成新的训练样本集,称为自助样本集。然后根据自助样本集生成N棵分类树,组成随机森林,新数据的分类结果按分类树投票结果确定。其实质是对分类树算法的一种改进,将多棵分类树的分类结果合并在一起,每棵分类树的建立依赖于一个独立抽取的样本,随机森林中的每棵分类树具有相同的分布,分类误差取决于每棵分类树的分类能力和分类树之间的相关性。特征选择时,采用随机的方法分裂每一个节点,然后比较不同情况下产生的误差。能够检测到的内在估计误差、分类能力和相关性决定了选择特征的数目。一棵分类树的分类能力可能很差,但在随机产生大量的分类树后,对于一个测试样本,可以在对所有分类树的分类结果进行统计后选择最可能的分类。

随机森林算法的具体描述如下:

算法输入:训练数据集S。

算法输出:随机森林T。

具体过程:

① 训练数据集为S,样本数量为N,对于每棵分类树而言,随机且有放回地从训练数据集中抽取$n(n\leqslant N)$个训练样本,形成训练数据集的子集,作为新的训练数据集。

② 如果每个样本的特征维度为M,指定一个常数$m<<M$,随机地从M个特征中选取m个特征,每次对分类树进行分裂时,从这m个特征中选择最优的特征。

③ 每棵分类树都尽最大可能地生长,并且没有剪枝过程。

④ 将生成的多棵分类树组成随机森林,用随机森林分类器对新的数据进行判别与分类,分类结果按分类树的投票结果确定,得票多的类即为分类结果。

下面介绍随机森林算法在恶意软件检测中的应用。

虽然恶意代码的规模不断增大,但是大多数是在传播过程中为了逃过查杀或者是黑客通过关键模块重用、自动化工具等手段产生的变种,恶意代码之间有很大的内连性和相似性。采用随机森林算法,能够突破数据规模大的障碍。此外,利用庞大的训练数据集对恶意代码进行分类,能够判断某个恶意代码是已知种类还是新种类,从而可采取相应的安全措施。随机森林算法对于很多种分类的数据集可以产生高准确度的分类器,减少泛化和误差,且学习过程很快。随机森林算法结合了机器学习中的自助法和随机子空间方法,该算法的随机性体现在样本的随机性与特征的随机性上,前者有利于保证每棵分类树的数据的多样性,后者有利于样本分裂的多样性。

以常见的 Web 服务器入侵脚本工具 WebShell 为例,WebShell 中的 Web 是指 Web 服务器上的服务,Shell 是指用脚本语言编写的脚本程序。WebShell 原本是网站管理员用于网站管理的工具,简单来说就是服务器后门。然而,现在 WebShell 更多地被黑客用于获取对 Web 服务器进行操作的权限。如果网站被植入了 WebShell 脚本,就意味着网站存在漏洞,而且攻击者已经利用漏洞获得了服务器的控制权限。因此,检测 WebShell 对于及时掌握网络安全态势具有极其重要的意义。现有的基于机器学习算法的 WebShell 检测模型大多从单一层面提取特征,无法覆盖各种类型 WebShell 的全部特征,具有种类偏向性明显、无差别的检测效果差、泛化能力弱等问题。针对这些问题,下面介绍一种基于随机森林算法进行 WebShell 检测的方法。

本方案通过将页面文本层的特征和 PHP 编译结果层的特征相结合,建立组合的 WebShell 特征集,同时通过特征选择方法解决特征维度过大导致的特征冗余、模型过拟合问题。在分类器上,利用组合分类器算法——随机森林算法进行模型训练和分类,利用随机森林算法强大的泛化能力提升模型检测准确率。基于随机森林的检测模型如图 4-11 所示。

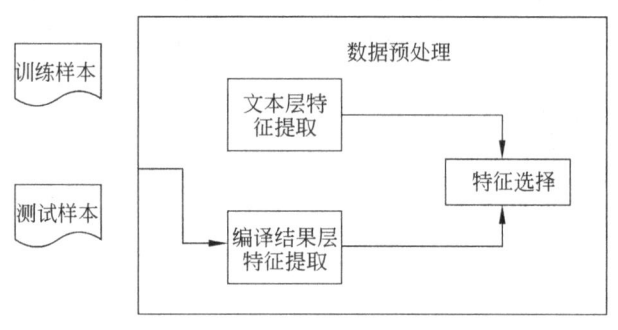

图 4-11 基于随机森林的检测模型

1) 特征提取

在 WebShell 静态文本特征方面,可以参考 WebShell 检测工具 NeoP 提出的检测特征,包括:

- 信息熵(Entropy)。通过使用 ASCII 码表衡量文件的不确定性。
- 最长字符串长度(Longest Word)。最长的字符串也许潜在地被加密或被混淆。
- 重合指数(Index of Coincidence)。低重合指数预示文件代码潜在地被加密或被混淆。

- 特征码匹配(Signature)。在文件中搜索已知的恶意代码字符串片段。
- 文件压缩比(Compression)。经过加密或混淆的文件,其压缩比会变大。

除了静态文本特征,还可以进行 WebShell 编译结果层的特征提取。基于 PHP 编写的 WebShell 在经过脚本编译后生成中间语言 opcode。可以针对 opcode 本文进行词频统计,形成编译后的特征向量。

2) 特征选择

应用上面的特征提取方法可以得到结合代码文本层和编译结果层的特征集,但是其维度可能非常高,会为后续模型训练带来巨大的计算压力,所以处理阶段采用特征选择方法,以降低特征维度,降低后期模型训练复杂度,节省数据存储空间。特征选择主要有过滤式和封装式两种框架,也有嵌入式和混合式方法。Fisher 线性判别是基于距离度量的过滤式特征选择方法之一,比基于互信息度量的特征选择方法计算量小、准确率高、可操作性强、节省运算时间,对高维数据在维数约简与分类性能上有很好的效果。通过 Fisher 线性判别对提取的特征按适当的比例进行选择,从而构成新的特征集,用于之后的模型训练。

3) 模型训练

完成对样本的特征选择后,即可将特征矩阵作为输入,将标注结果作为预期输出,训练分类器。在分类器上,可以选择随机森林算法对样本特征数据进行学习。步骤如下:

(1) 按照 Bagging 算法随机从训练样本数据集中有放回地抽取 K 个训练样本,用于构建 K 棵决策树。

(2) 设样本有 n 个特征,从每个训练样本的特征集中随机抽取 $m(m \leqslant n)$ 个特征作为每棵决策树的新的特征集。

(3) 利用随机抽取获得的训练样本集和特征集进行 CART 决策树模型的构建,CART 决策树根据 Gini 指数选择划分属性,进行节点分裂。每棵树最大限度地生长,不做任何剪枝,形成随机森林。

(4) 数据预测时,利用所有的决策树进行预测,最后以投票的方式决定模型最终的预测结果。

4) 模型测试和评估

选取开源项目的数据集作为实验数据,用于测试模型的检测能力,基于混淆矩阵,从准确率、召回率和误报率这 3 个指标对基于随机森林的 WebShell 检测方法进行评估。

4.2.2 聚类分析算法在恶意软件检测中的应用

恶意软件往往呈现家族特性,即一个恶意软件家族中包含的恶意软件的传播方式、攻击方式和功能往往相同或者相似。聚类(cluster)是将数据划分成有意义或有用的组(簇)的机器学习方法,它把数据按照相似性归纳成若干类别,同一类中的数据有很大的相似性,而不同类中的数据有很大的相异性。聚类分析的主要作用是恶意软件归类,可以把具有共性的恶意软件归入同一类,同时把差异较大的恶意软件区分开来。k 均值聚类算法、层次聚类算法等常用的聚类分析算法已经应用到恶意软件归类上。

1. 层次聚类算法

层次聚类(hierarchical clustering)是聚类算法的一种,通过计算不同类别数据点间的相似度创建一棵有层次的嵌套聚类树。数据集的划分可采用自底向上的聚合策略,也可以采用自顶向下的分拆策略。层次聚类算法的优势在于,可以通过绘制树状图(dendrogram),以可视化的方式解释聚类结果。层次聚类可以分为分裂(divisive)层次聚类和凝聚(agglomerative)层次聚类。分裂层次聚类采用的是自顶而下的思想,先将所有的样本都看作同一个簇,然后通过迭代将簇划分为更小的簇,直到每个簇中只有一个样本为止;凝聚层次聚类采用的是自底向上的思想,先将每一个样本都看成一个不同的簇,重复地将最近的一对簇进行合并,直到最后所有的样本都属于同一个簇为止,其典型的代表算法是 AGNES(AGglomerative NESting,凝聚嵌套)算法。AGNES 算法最初将每个对象作为一个簇,然后这些簇根据某些准则被一步步地合并,两个簇间的相似度由这两个簇中距离最近的数据点对的相似度确定。聚类的合并过程反复进行,直到所有的对象最终满足簇数目时为止。

如何度量两个簇之间的距离呢?4 个广泛采用的簇间距离度量方法如下:

(1) 最小距离:
$$d_{\min}(C_i, C_j) = \min_{p \in C_i, p' \in C_j} |p - p'|$$

(2) 最大距离:
$$d_{\max}(C_i, C_j) = \max_{p \in C_i, p' \in C_j} |p - p'|$$

(3) 均值距离:
$$d_{\text{mean}}(C_i, C_j) = |m_i - m_j|$$

(4) 平均距离:
$$d_{\text{avg}}(C_i, C_j) = \frac{1}{n_i n_j} \sum_{p \in C_i, p' \in C_j} |p - p'|$$

其中,$|p - p'|$ 是两个对象或点 p 和 p' 间的距离,m_i 是簇 C_i 的均值,n_i 是簇 C_i 中对象数目。

以凝聚层次聚类为例,给定要聚类的 N 的对象以及 $N \times N$ 的距离矩阵(或者是相似性矩阵),层次聚类算法的基本步骤如下:

算法输入:样本集 $D = \{x_1, x_2, \cdots, x_n\}$,聚类簇数 k。

算法输出:k 个簇,$C = \{C_1, C_2, \cdots, C_k\}$。

具体过程:

① 将每个对象归为一个簇,共得到 N 个簇,每个簇仅包含一个对象。簇之间的距离就是其包含的对象之间的距离,这里使用欧几里得距离,即
$$\text{dist}(X, Y) = \sqrt{\sum_{i=1}^{n} (x_i - y_i)^2}$$

② 找到最接近的两个簇并合并成一个簇,于是总的簇数少了一个。

③ 重新计算新的簇与所有旧簇之间的距离。

④ 重复步骤②和③,直到最后合并成一个簇为止(此簇包含了 N 个对象)。

以对 6 个样本点进行聚类为例,假设有 6 个样本点{A,B,C,D,E,F}。

(1) 假设每个样本点都为一个簇,如图 4-12 所示,初始化对应的距离矩阵。

(2) 计算 B 和 C 的簇间距离最近,合并 B 和 C 为一个簇,如图 4-13 所示。现在还有 5 个簇,分别为 A、BC、D、E、F,对合并后的聚类簇的距离矩阵进行更新。

图 4-12 层次聚类步骤(1)

图 4-13 层次聚类步骤(2)

(3) 若 BC 和 D 的相似度最高,合并 BC 和 D 为一个簇,如图 4-14 所示。现在还有 4 个簇类,分别为 A、BCD、E、F,对合并后的聚类簇的距离矩阵进行更新。

(4) 若 E 和 F 的相似度最高,合并 E 和 F 为一个簇,如图 4-15 所示。现在还有 3 个簇,分别为 A、BCD、EF,对合并后的聚类簇的距离矩阵进行更新。

图 4-14 层次聚类步骤(3)

图 4-15 层次聚类步骤(4)

(5) BCD 和 EF 的相似度最高,合并这两个簇,如图 4-16 所示。现在还有两个簇,分别为 A、BCDEF。

(6) 最后合并 A 和 BCDEF 为一个簇,层次聚类算法结束,如图 4-17 所示。

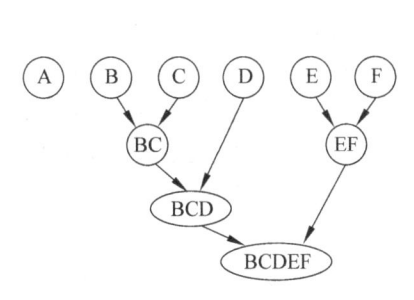

图 4-16 层次聚类步骤(5)

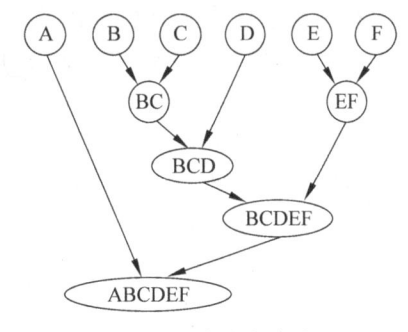

图 4-17 层次聚类步骤(6)

2. 层次聚类算法在恶意软件检测中的应用

木马是常见的恶意软件之一,它与计算机病毒不同,通常并不会对计算机软硬件造成损害,但是它往往潜伏于计算机系统中,收集用户的隐私信息、机密文件等。木马在计算机内执行的操作具有很高的隐秘性、欺骗性,因而不容易被用户察觉,但是木马往往会给用户带来巨大的经济损失和隐私泄露风险。

针对木马的检测跟其他恶意软件检测类似。基于特征码的检测方法准确度高,但是无法应对新型的木马;而基于网络行为分析的方法,主要是利用深度包检测技术,通过提取应用层负载的特征值实现对木马的检测。本节介绍一种基于层次聚类算法实现对木马通信行为检测的模型,该模型不受加密、混淆等手段的影响,可以有效描述木马的网络通信行为,从而判断一个待检测对象是否是木马。

基于层次聚类算法的木马检测的主要步骤如下。

1) 特征提取

木马通信特征提取是基于通信会话进行的,通信会话一般由通信双方(源地址和目的地址)之间的信息交互的全部数据组成。这里,可以从网络层和传输层两个层面提取木马的通信特征:

(1) IP 数据包的流入流出对比(I/O-packets)。正常应用的流入数据包通常远大于流出数据包;而木马则相反,它需要传输信息到黑客控制端,因此木马的流入数据包通常小于流出数据包。

(2) IP 字节数的流入流出对比(I/O-bytes)。正常应用的流入字节数也远大于流出字节数;而木马相反,因为木马的流入数据往往是一些命令信息,一般只会有几十字节或几百字节。

(3) 通信会话时间与主连接持续时间对比(V-duration)。木马的通信会话时间与主连接持续时间几乎相同,而正常应用的通信会话时间则通常长于主连接会话时间。

(4) 主连接上的数据包间隔均值(M-interval)。在正常应用中,数据包间隔多集中在 5s 以下,10s 以上的数据包间隔很少;而在木马通信流量中,数据包间隔较长,5s 以下的通常只有 20% 左右,而 10s 以上的则占到近 60%,因为黑客需要较长的时间分析木马传回来的文件信息。

2) 模型构建

在分析木马通信特征的基础上,采用层次聚类的方法对木马和正常应用的通信行为进行建模,然后采取概率比较的方法对模型中的簇进行标记。

首先,对正常应用和木马的通信会话进行标记,形成集合 $I=\{I_1, I_2, \cdots, I_n\}$,每个会话实例用一组属性向量来描述,$I_i = \{I_{ij} | 1 \leqslant j \leqslant m\}$,其中 m 为属性的个数,I_{ij} 为第 i 个会话实例中的第 j 个属性值。集合 $C=\{C_1, C_2, \cdots, C_k\}$ 为模型中簇的集合,其中 k 为模型中簇的个数。对通信会话 I_i 的检测就是判断 I_i 属于 C 中的哪一个簇。

层次聚类算法的具体过程如下:

(1) 基于贝叶斯信息判别式(Bayesian Information Criterion, BIC)确定合适的聚类数目 k。

(2) $j=n$,$C_i = \{N_i, SA_i, SA_i^2, NB_i\}$,其中,$N_i$ 为类 C_i 中的样本量,SA_i 为数值型变量值的总和,SA_i^2 为数值型变量值的平方和,NB_i 为分类型变量各类别的样本量。

(3) 如果 $j=k$,则输出 $C=\{C_1, C_2, \cdots, C_k\}$。

(4) 计算任意两个簇之间的距离,并取其中距离最小的一对。设这样的两个簇为 C_e 和 C_f,则它们的距离为 $d(C_e, C_f)$。

(5) 将 C_e 和 C_f 合并成一个新类,$C_{(e,f)} = \{N_e + N_f, SA_e + SA_f, SA_e^2 + SA_f^2,$

$NB_e+NB_f\}$。

(6) 去掉 C_e 和 C_f，$j=j-1$。

(7) 重复步骤(3)~(6)。

其中，$d(C_e,C_f)$ 的计算使用对数似然值(log-likehood)距离计算方法。最后，可以获得聚类分析的结果：$C=\{C_1,C_2,\cdots,C_k\}$。

3) 模型评估

这里，可以采取准确率和误报率两个指标对模型的检测效果进行评估。

- 准确率表示在测试数据中正确检测出木马通信会话实例的个数所占的百分比
- 误报率表示被模型错误标记为木马会话而实际为正常会话的实例所占的百分比。

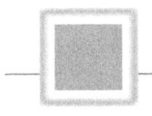

小结

随着网络信息技术的发展，恶意软件的数量和种类也不断增加，其表现形式更加多样化，传播速度不断加快。为了更快速、准确地检测恶意软件，必须在结合传统的检测方法的同时，加强基于大数据分析的恶意软件检测技术。本章重点介绍了几种大数据分析技术在恶意软件检测中的应用，包括分类算法和聚类算法。其中，分类算法介绍了决策树算法和随机森林算法，聚类算法则介绍了层次聚类算法。

第5章 基于大数据分析的入侵检测技术

5.1 入侵检测技术

早期计算机面对网络攻击一般只有用防火墙抵御攻击。随着网络安全技术的发展，诞生了入侵检测技术。入侵检测技术是对防火墙技术发展的合理补充，它充分扩展了在网络空间领域内对于人员和系统的全面控制能力。近年来，全球范围内影响网络空间安全的黑客入侵事件数量急剧增加，网络空间变得越来越不安全，使得入侵检测技术日益凸显其重要性。历经 30 余年的发展，入侵检测技术已经从最初的一种有价值的研究想法和单纯的理论模型发展成为具有种类繁多的实际原型和软硬件产品的实用网络空间安全技术。

本章首先简要介绍入侵检测技术的发展、未来展望、系统组成和入侵检测的方法，然后介绍大数据分析技术在入侵检测中的应用。

5.1.1 入侵检测技术概述

入侵就是指可能会对计算机系统或者计算机网络系统的安全造成威胁的一系列连续的恶意行为，包括对未经授权的信息访问、对重要信息数据的篡改以及拒绝服务攻击等。入侵检测是指对入侵行为进行诊断、识别并做出响应的过程。实施入侵检测的系统称为入侵检测系统(Intrusion Detection System,IDS)。

1. 入侵检测系统的发展

入侵检测技术历经了由理论概念提出到进行技术研究再到实用产品开发的发展历程，包含概念诞生、模型发展、百家争鸣、继续演进 4 个具体的发展阶段。

1) 概念诞生阶段

1980 年，James P.Anderson 为一个保密客户写了一份名为《计算机安全威胁监控与监视》的技术报告，第一次详细阐述了入侵检测的概念。该报告提出了一种针对计算机系统所面临的风险和威胁进行分类的方法，并将威胁分为外部渗透、内部渗透和不法行为 3 种，还提出了利用审计跟踪数据监视入侵活动的思想，这份报告被公认为入侵检测概念的诞生标志。

入侵检测的研究历史最早可追溯到 20 世纪 80 年代,但是因为当时互联网还处于起步阶段,使用者数量较少,因此入侵检测概念的诞生并没有引起很大的关注。随着互联网技术飞速发展,黑客攻击事件频发,个人隐私数据价值提升,用户数据增长,品牌的价值观念受到重视,使得人们对于入侵检测技术的重视有很大提高,入侵检测技术也得到了迅速发展。

2) 模型发展阶段

1984—1986 年,乔治敦大学的 Denning 和 SRI 公司计算机科学实验室的 Neumann 设计了一个实时入侵检测系统模型,将其命名为入侵检测专家系统(Intrusion Detection Expert System,IDES)。该系统模型独立于特定的系统平台、应用环境、系统弱点以及入侵类型,为构建入侵检测系统提供了一个通用框架。它是第一个在应用软件中运用了统计和基于规则两种技术的系统模型。1987 年,Denning 在前期工作的基础之上,发表论文《一种入侵检测模型》,文中提出了入侵检测的基本模型,并介绍了几种可用于入侵检测的统计分析模型。该论文被认为是入侵检测领域研究工作的开端,该论文中提出的模型是入侵检测研究领域的里程碑。此后大量的入侵检测系统模型开始出现,很多都是基于 Denning 的统计量分析理论。

3) 百家争鸣阶段

1990 年,加州大学戴维斯分校的 Heberlein 发表论文《一种网络安全监控器》,该论文设计的网络安全监控器第一次将网络数据包作为入侵检测的信息源,它利用捕获的 TCP/IP 信息将数据分组,监控异构网络环境中的异常活动。该系统将网络数据流作为入侵检测分析的数据来源,可以在不将审计数据转换成统一格式的情况下检测异常主机,具有很好的通用性。该成果第一次构建了基于网络的入侵检测技术,为入侵检测技术的发展史开辟了新的篇章。此外,随着 Porras 和 Kemmerer 基于状态转换分析的入侵检测技术的提出和完善,根据已知攻击模型进行入侵检测的方法成为该领域研究的另一热点。

4) 继续演进阶段

1990 年以后,集成了实用入侵检测技术的商用入侵检测产品逐步出现,并形成了更多的入侵检测技术。早期的入侵检测技术仅执行网络攻击监测或者提供有限的数据分析功能。随着技术的发展,出现了许多新型的入侵检测技术,有的增加了应用层数据分析的能力,有的能够配合防火墙进行联动,从而和防火墙功能互补,有效地阻断攻击事件,形成了入侵防御的功能。

2. 入侵检测技术的未来展望

入侵检测技术的未来会朝以下几个方向发展:

(1) 大规模分布式入侵检测系统以及异构系统之间的协作和数据共享。结合分布式技术和网络技术,基于分布式的多层次入侵检测系统可以很好地解决这个问题,分布式网络环境下的入侵检测将成为未来研究的热点。

(2) 入侵检测系统的自身保护。目前入侵检测面临自身安全性的挑战,一旦系统中的入侵检测部分被入侵者控制,整个系统的安全防线将面临崩溃的危险。对于如何防止入侵者对入侵检测系统功能的削弱乃至破坏的研究将在很长时间内持续下去。

(3) 入侵检测智能化。信息安全受到前所未有的挑战,单一的安全技术很难保证系统的真正安全。与神经网络、机器学习、深度学习等人工智能算法结合,使得入侵检测方法能够通过学习训练进而识别出新型未知攻击,同时降低误报率,将成为入侵检测技术未来的发展趋势之一。

(4) 建立入侵检测系统评价体系。设计通用的入侵检测测试、评估方法和平台,实现对多种入侵检测系统的检测,已成为当前入侵检测系统的另一重要研究与发展领域。评价入侵检测系统可从检测范围、系统资源占用、自身的可靠性等方面进行,评价指标有:能否保证自身的安全、运行与维护系统的开销、报警准确率、负载能力以及可支持的网络类型、支持的入侵特征数、是否支持 IP 碎片重组、是否支持 TCP 流重组等。

3. 入侵检测系统的组成

从系统组成上看,入侵检测系统一般包括 3 个模块:数据采集模块、入侵检测模块、响应模块。

数据采集模块根据入侵检测类型的不同采集不同类型的数据,例如网络的数据包、操作系统的系统调用日志或者应用日志。数据采集模块往往伴随着对采集到的信息进行预处理的过程,包括对信息进行简单的过滤,输出格式化的信息。前者有助于消除冗余数据,提升系统的性能;后者可提升系统的互操作性。经过预处理后的信息一般先存放到日志数据库中,再提交给入侵检测模块进行下一步的操作。

入侵检测模块由分析引擎和检测策略两部分组成。分析引擎内部具备检测算法功能,率先接收数据采集模块发送过来的数据。检测算法内部包含了从最简单的字符串匹配算法到复杂的专家系统甚至神经网络等一系列算法,用于对数据进行分析。因此,分析引擎是入侵检测系统的核心,分析引擎将会最终判定一个行为是异常的还是正常的。检测策略包含了如何诊断入侵的配置信息、入侵的签名(也就是入侵的行为特征)、各种阈值。入侵检测模块综合分析引擎和检测策略的判断,在对行为进行入侵判断后将判断的结果直接发给响应模块。

响应模块根据响应策略中预先定义的规则进行对应的响应处理。一般来说,可能的响应行为不仅包括发出报警通知管理员,而且可以对恶意行为自动地采取反击措施。这样,一方面可自动地重新配置目标系统,阻断入侵者;另一方面可以重新配置检测策略和数据采集策略,例如,可针对正在进行的特定行为采集更多的信息,对行为的性质进行更准确的判断。

5.1.2 入侵检测的方法

对于目前已有入侵检测的分类有多种方法,比较通用一种分类方法是基于检测原则的不同,将入侵检测系统划分为异常检测型入侵检测系统和误用检测型入侵检测系统。另一种入侵检测的分类方式是根据检测输入数据来源的不同,将入侵检测系统分为基于主机的入侵检测系统和基于网络的入侵检测系统。

1. 异常检测型入侵检测系统

异常检测也称为基于行为的入侵检测,以系统、网络、用户或进程的正常行为建立轮廓模型(即正常行为模式),将与正常行为偏离较大的行为解释成入侵。在异常检测方法中,通常建立一个关于系统正常活动的状态模型,在进行入侵检测时,将用户当前的活动情况与这个正常模型进行对比,如果检测到两者的差异超过可以容忍的程度,则将这个行为标识为入侵行为。采用异常检测方法的入侵检测技术不需要对每种入侵行为进行定义,就可以用于检测未知的入侵行为,不需要维护庞大的网络攻击特征库。但是,利用该方法检测到新型的入侵行为时,可能无法准确判定该入侵行为是何种类型。相对于误用检测方法,该方法检测结果的漏报率低,但误报率高,其难点在于如何不把正常的活动误认为入侵以及忽略真正的入侵行为。

异常检测方法具有检测未知攻击的能力,但是由于新攻击方法总是不断出现,因此异常检测技术一直较受重视,产生了大量的异常检测技术。下面对其中的主要技术进行介绍和分析。

1) 基于统计分析的检测方法

统计分析是异常检测的主要方法之一。该方法依据系统中特征变量的历史数据建立统计模型,并运用该模型对特征变量未来的取值进行预测和偏离检测。系统中的特征变量有用户登录失败次数、CPU 和 I/O 利用率、文件访问数及访问出错率、网络连接数、击键频率、事件的时间间隔等。

统计分析方法包括以下模型:

(1) 均值与标准差模型是以单个特征变量为检测对象,假定特征变量满足正态分布,根据该特征变量的历史数据统计出分布参数(均值、标准差),并依此设定信任区间。在检测过程中,若特征变量的取值超出信任区间,则认为发生异常。

(2) 多元模型是以多个特征变量为检测对象,分析多个特征变量间的相关性,是均值与标准差模型的扩展,不仅能检测到单个特征变量值的偏离,还能检测到特征变量间关系的偏离。

(3) 马尔可夫过程模型将每种类型的事件定义为系统的一个状态,用状态转换矩阵表示状态的变化,若对应于发生的事件的状态转移概率较小,则该事件可能为异常事件。

(4) 时间序列模型将事件计数与资源消耗根据时间排成序列,如果某一新事件在相应时间发生的概率较低,则该事件可能为入侵。

以统计分析方法形成系统或用户的行为轮廓实现简单,且在度量选择得较好(即系统或用户行为的变化会在相应的度量上产生显著的变化)时能够可靠地检测出入侵。该方法的缺点是:需要以系统或用户一段时间内的行为特征作为检测对象,因此检测的时效性差,一般在将特定的行为判定为入侵时,可能已经发生了入侵事件,已经造成了经济财产的损失;度量的阈值难以确定;忽略了事件间的时序关系。

2) 基于数据挖掘的检测方法

数据挖掘是一种利用分析工具在大量数据中提取隐含在其中且潜在有用的信息和知识的方法。入侵检测过程也是基于采集的大量数据信息,如主机系统日志、审计记录和网络数据包等,对数据信息进行分析,从而发现入侵或异常的过程。因此,可利用数据挖掘技术,从大量数据中提取尽可能多的、隐藏的安全信息,抽象出有利于比较和判断的特征模型(如基于异常检测的正常行为轮廓)。

数据挖掘方法有多种,运用到入侵检测中的主要有关联分析、序列分析和聚类分析3种。其中,关联分析方法主要分析事件记录中数据项间隐含的关联关系,形成关联规则;序列分析方法主要分析事件记录间的相关性,形成事件记录的序列模式;聚类分析方法识别事件记录的内在特性,将事件记录分组以构成相似类,并导出事件记录的分布规律。在建立上述关联规则、序列模式和相似类后,即可依此检测入侵或异常行为。

基于数据挖掘的检测方法建立在对采集的大量信息进行分析的基础之上,只能进行事后分析,即只有入侵事件发生后才能检测到入侵行为的存在。

3) 其他检测方法

其他异常检测方法有基于规则的方法、人工免疫法、基于机器学习的检测方法和基于神经网络的检测方法等。

异常检测的优点为:不需获取攻击特征,能检测未知攻击或已知攻击的变种,且能适应用户或系统等行为的变化。但异常检测具有如下缺点:一般根据经验知识选取或不断调整阈值以满足系统要求,阈值难以设定;异常不一定由攻击引起,系统易将用户或系统的特殊行为(如出错处理等)判定为入侵,同时系统的检测准确性受阈值的影响,在阈值选取不合适时,会产生较多的检测错误,造成检测错误率高;攻击者可逐渐修改用户或系统行为的轮廓模型,因而检测系统易被攻击者训练;无法识别攻击的类型,因而难以采取适当的措施阻止攻击的继续。

2. 误用检测型入侵检测系统

误用检测也称为特征检测、基于知识或基于签名的入侵检测。它将已知的入侵活动用一种模式表示,形成网络攻击特征库,或称为网络攻击规则库。该方法对输入的待分析数据源进行适当处理,提取其特征,并将这些特征与网络攻击特征库中的特征进行比较,如果发现匹配的特征,则指示发生了一次入侵行为。根据入侵检测数据来源的不同,网络攻击特征的含义也随之不同。采用误用检测方法的入侵检测技术的误报率低、漏报率高,能够准确地识别已知的攻击,并可以详细地报告入侵攻击类型。但是,该方法对新的入侵方法无能为力,需要不断地将新的入侵模式加入到网络攻击特征库中,才能提高其识别新网络攻击的能力。

常用的误用检测技术主要有以下3种。

1) 基于专家系统的检测方法

基于专家系统的检测方法是常用的入侵检测方法,通过将有关入侵的知识转化为IF-THEN结构的规则,IF…为构成入侵的条件,THEN…为发现入侵后采取的解决措施。基于专家系统的检测方法优点在于分离了系统的推理控制过程和问题的最终解答,即用户不需要理解或干预专家系统内部的推理过程,只需把专家系统看作一个黑盒。

在将专家系统应用于入侵检测时,存在下列问题:缺乏处理序列数据的能力,即无法处理数据的前后相关性;检出攻击的性能很大程度上取决于设计者的知识;只能检测已知的攻击模式;无法处理和判断不确定性;规则库难以维护,更改规则时要考虑对规则库中其他规则的影响。

2) 基于状态转移分析的检测方法

基于状态转移分析的检测方法运用状态转换图表示和检测已知的攻击模式,即运用系统状态和状态转移表达式描述已知的攻击模式,以有限状态机模型表示入侵过程。入侵过程由一系列导致系统从初始状态转移到入侵状态的行为组成,其中,初始状态为入侵发生前的系统状态,入侵状态表示入侵完成后系统所处的状态。

用于误用检测的状态转移分析引擎包括一组状态转移图,各自代表一种入侵或渗透模式。每当有新行为发生时,状态转移分析引擎检查所有的状态转移图,查看是否会导致系统的状态转移。如果新行为否定了当前状态的断言,状态转移分析引擎将状态转移图回溯到断言仍然成立时的状态;如果新行为使系统状态转移到了入侵状态,状态转移信息就被发送到决策引擎,由决策引擎根据预定义的策略采取相应措施。

以状态转移分析方法表示的入侵检测过程只与系统状态的变化有关,而与入侵的过程无关。状态转移分析方法能检测到协同攻击和慢攻击;能在攻击行为尚未到达入侵状态时检测到该攻击行为,从而及时采取相应措施阻止攻击行为。状态转换图给出了保证攻击成功的特征行为的最小子集,能检测到具有相同入侵模式的不同表现形式。状态转移分析方法中状态对应的断言和特征行为需要手工编码,如果将其应用到复杂的入侵场景时会存在问题。

3) 其他检测方法

其他的误用检测方法有基于有色 Petri 网的误用检测及基于键盘监控的误用检测等。

误用检测的优点为:攻击检测的准确率高;能够识别攻击的类型。误用检测的缺点为:只能检测已知攻击;滞后于新出现的攻击,对于新的攻击,仅在其包含到攻击特征库中后才能检测到;攻击特征库的维护较为困难,新攻击出现后需由专家根据专业知识抽取攻击特征,不断更新攻击特征库;攻击者可通过修改攻击行为,使其与攻击特征库中的特征不相符,从而绕过检测。

误用检测和异常检测各有优缺点,具有一定的互补性。很多研究试图将这两种技术结合起来,从而发挥两者的优点,提高检测效率,并且最大限度地减少错误率。

3. 基于主机的入侵检测系统

基于主机的入侵检测系统简称主机入侵检测系统,它通过对主机系统状态、事件日志和审计记录进行监控以发现入侵。基于主机的入侵检测系统保护的一般是它所在的系统。它利用的系统信息主要如下:

(1) 用户行为,如登录时间、击键频率、击键错误率、输入命令等。

(2) 系统状态,如 CPU 使用率、内存使用率、I/O 及硬盘使用率等。

(3) 进程行为,如系统调用、CPU 使用、I/O 操作等。

(4) 网络事件,在网络栈处理通信数据之后应用层程序处理之前对通信数据进行解释。

基于主机的入侵检测系统的优点为:能检测内部授权人员的误用以及成功避开传统的系统保护方法而渗透到网络内部的入侵活动;具有操作系统及运行环境的信息,检测准确性较高;在检测到入侵后可与操作系统协同阻止入侵的继续,响应及时。

基于主机的入侵检测系统的缺点为：与操作系统平台相关，可移植性差；需要在每个被检测主机上安装入侵检测系统，因此成本较高；难以检测针对网络的攻击，如消耗网络资源的 DoS 攻击、端口扫描等。

4. 基于网络的入侵检测系统

基于网络的入侵检测系统简称网络入侵检测系统，它监视网络段中的所有通信数据包，识别可疑的或包含攻击特征的活动。在广播网络中，可以将网卡设置为混杂模式，监控整个网络而不暴露自己的存在。基于网络的入侵检测系统能够利用网络数据中的许多特征，例如单个包的 TCP/IP 头、包的内容以及多个包的组合。

基于网络的入侵检测系统的优点为：对用户透明，隐蔽性好，使用简便，不容易遭受来自网络的攻击；与被检测的系统平台无关；仅需较少的探测器；往往用独立的计算机完成检测工作，不会给运行关键业务的主机带来额外负载；攻击者不易转移证据。

基于网络的入侵检测系统的缺点为：无法检测到网络内部的合法用户滥用系统；无法分析传输的加密报文；在交换式网络中不能保证实用性；易被攻击者绕过；系统对所有的网络报文进行分析，增加了相关主机的负担，且易受 DoS 攻击；入侵响应的延迟较大。

5.2 大数据分析技术在入侵检测中的应用

大数据分析技术一直是入侵检测技术中重要的数据分析方法，从入侵检测技术诞生之日起，大数据分析技术便已经开始在其研究和应用中发挥重要作用了。早在 1987 年，Denning 在提出入侵检测的基本模型时，就已经将大数据分析中的方法应用到入侵检测中了。

虽然入侵检测技术已经过多年的发展，但是仍然存在较严重的误报和漏报等不可忽视的问题，学术界和产业界也在寻求不同的技术方法提高入侵检测的质量。大数据是一个交叉研究领域，它采用统计学、数学、机器学习等方法，可以发现大型数据集中信息的未知模式和关系。近年来，大数据分析技术更加完善，这也恰好可以为降低传统入侵检测技术的误报和漏报问题提供解决途径，越来越多的先进技术将被应用到入侵检测的研究和实用系统中。在入侵检测技术中，常用的大数据分析算法有朴素贝叶斯算法、逻辑回归算法等。

5.2.1 朴素贝叶斯算法

1. 朴素贝叶斯算法概述

1) 分类问题

人们对于分类问题其实并不陌生。例如，当看到一个陌生人时，会下意识判断他（她）是男是女，其实这就是一种分类操作。从数学角度来说，分类问题可做如下定义：已知集合 $C=\{y_1,y_2,\cdots,y_n\}$ 和 $I=\{x_1,x_2,\cdots,x_m\}$，确定映射规则 $y=f(x)$，使得对任意 $x_i \in I$ 有且仅有一个 $y_i \in C$ 使得 $y_i=f(x_i)$ 成立（不考虑模糊数学里的模糊集情况）。其中，C 称为类别集合，其中每一个元素是一个类别；而 I 称为项集合，其中每一个元素是一个待分类项；f 称为分类器。分类算法的任务就是构造分类器 f。

这里要着重强调，对于分类问题，往往采用经验性方法构造映射规则，即一般情况下的分类问题缺少足够的信息构造100%正确的映射规则，因而要通过对经验数据进行学习，从而实现一定概率意义上正确的分类，这样训练出的分类器并不是一定能将每个待分类项准确映射到相应的类上。分类器的质量与分类器构造方法、待分类数据的特性以及训练样本数量等诸多因素有关。例如，医生对病人进行诊断就是一个典型的分类过程，任何一个医生都无法直接看到病人的病情，只能通过观察病人表现出的症状和各种化验检测数据来推断病情，这时医生就好比一个分类器，而这个医生诊断的准确率与他当初受到的教育（构造方法）、病人的症状是否明显（待分类数据的特征）以及医生的经验多少（训练样本数量）都有密切关系。

2) 贝叶斯分类算法简介

贝叶斯分类算法是一类算法的总称，这类算法均以贝叶斯定理为基础。在介绍贝叶斯分类算法前，首先介绍两个概念：经典概率和主观概率。经典概率是代表事件发生的客观概率，是客观存在的。而主观概率则是个人的主观估计，随个人的主观认识变化而变化。以抛硬币为例，经典概率表示抛硬币时硬币正面/反面朝上的概率，是客观存在的；而主观概率是个人相信硬币正面/反面朝上的概率。还有常见的一个例子，如果一台个人计算机频繁发生死机和重启的现象，那么一个安全工程师通常会认为这台计算机被感染病毒的概率是90%，这里的90%是安全工程师凭借自己的网络安全经验和计算机当前的现状综合判断得到的概率。贝叶斯概率就是主观概率，对它的估计取决于先验知识的正确以及后验知识的丰富和准确。贝叶斯概率常常随着个人掌握的信息不同而发生较大变化。例如，在一场足球赛中足球王国巴西队将迎战欧洲劲旅西班牙队，比赛前不同人对球赛胜负的预测都是不同的。假设通常人们会预测比赛胜负的比例为 1∶1（两队实力都很强）；如果知道巴西队的主力前锋球员在比赛前的训练中负伤，无缘比赛，那么比赛的胜负比例可能会调整为 1∶2；更进一步，如果知道西班牙队的主教练受到感冒影响无法率队，由助理教练代为指挥球队，那么比赛的胜负比例可能会调整为 2∶3，这里所有的预测都是主观的，是基于后验知识的一种判断，取决于对双方各种比赛信息的掌握。

3) 相关基础知识

假设事件 A 发生的概率记为 $P(A)$，通常事件 A 在事件 B 发生的条件下的概率 $P(A|B)$ 与事件 B 在事件 A 发生的条件下的概率 $P(B|A)$ 是不一样的。

然而这两者没有确定的关系，贝叶斯定理就是对这种关系的陈述。贝叶斯定理认为，一个事件会不会发生取决于该事件在先验分布中已经发生过的次数。设 $P(A)$ 为已知事件 A 发生的概率，可以称之为先验概率（prior probability），例如假设手机中病毒的概率为 10%。而 $P(B|A)$ 是在考虑事件 A 之后对事件 B 发生的概率的估计，称为条件概率，条件概率是后验概率（posterior probability），例如手机中毒后导致手机中的金融账户产生财产损失的概率为 80%。这里条件概率的计算公式为

$$P(B|A) = \frac{P(A|B)P(B)}{P(A)} \tag{5-1}$$

推导过程如下：

$$P(A\mid B)=\frac{P(A\cap B)}{P(B)}$$

$$P(B\mid A)=\frac{P(A\cap B)}{P(A)} \tag{5-2}$$

$$P(A\cap B)=P(A\mid B)P(B)=P(B\mid A)P(A) \tag{5-3}$$

其中,$P(A\mid B)/P(A)$ 称为可能性(likelihood)函数,这是一个调整因子。那么贝叶斯公式可以理解为

$$后验概率 = 先验概率 \times 可能性函数$$

首先,通过经验预估一个先验概率。然后通过实验数据进行不断的调整。如果 $P(A\mid B)/P(A)>1$,那么意味着先验概率被增强,事件 B 发生的概率变大;如果 $P(A\mid B)/P(A)=1$,那么说明事件 A 和事件 B 是相互独立的,彼此没有影响;如果 $P(A\mid B)/P(A)<1$,那么意味着先验概率被削弱,事件 B 发生的概率变小。

如果 A、B 为两个独立的随机事件,那么

$$P(A\mid B)=P(A),P(B\mid A)=P(B),P(AB)=P(A)P(B)$$

如果事件 B 是由 n 个互不相容的事件 $B_1,B_2,\cdots,B_n$ 个事件组成($B_1,B_2,\cdots,B_n$ 是 B 的一个完备事件组),那么 $P(B_i)>0,i=1,2,\cdots,n$,且 $B=\bigcup_{i=1}^{n}B_i$。而事件 $A\subset B$,那么 $P(A)=P(A\cap B_1)+P(A\cap B_2)+\cdots+P(A\cap B_n)$,其中,$P(A\cap B_i)=P(A\mid B_i)P(B_i)$。那么事件 A 的发生概率为

$$P(A)=\sum_{i=1}^{n}P(B_i)P(A\mid B_i) \tag{5-4}$$

这个公式称为全概率公式。全概率公式的意义在于将事件 A 划分为比较简单的事件 AB_i(即 $A\cap B_i$),然后通过加法公式和乘法公式计算出 A 的概率,事件 A 的发生有各种各样的原因,即 B_i,如果 A 是由某个原因引起的,那么全部原因 $B_i(i=1,2,\cdots,n)$ 引起 A 发生的概率的总和就是全概率公式。全概率公式可以看作从原因推出结果的公式,即每个原因都对结果有一定的作用。结果的发生与各种原因都有关系。

若 $P(B_i)>0,i=1,2,\cdots,n,P(A)>0$,那么在事件 A 发生的条件下,事件 B 发生的概率为

$$P(B_i\mid A)=\frac{P(B_i\cap A)}{P(A)}=\frac{P(B_i\mid A)P(A)}{P(A)}=\frac{P(B_i)P(A\mid B_i)}{P(A)}$$

$$=\frac{P(B_i)P(A\mid B_i)}{\sum_{i=1}^{n}P(B_i)P(A\mid B_i)} \tag{5-5}$$

这个公式就是著名的贝叶斯公式,该公式揭示了在事件 A 已经发生的条件下,可以用它来寻找导致 A 发生的各种原因的 B_i 的概率。

4)贝叶斯判定准则

假设 $\Omega=\{C_1,C_2,\cdots,C_k\}$ 是 k 个不同类别的集合。现有样本集 $S=\{S_1,S_2,\cdots,S_m\}$,每个样本都是一个 n 维的特征向量 $\boldsymbol{X}=[X_1,X_2,\cdots,X_n]$,$P(\boldsymbol{X}\mid C_i)$ 是特征向量 $\boldsymbol{X}$ 在类别 C_i 状态下的条件概率,$P(C_i)$ 是类别 C_i 的先验概率。根据贝叶斯公式,后验概率

$P(C_i|\boldsymbol{X})$ 的计算公式为

$$P(C_i \mid \boldsymbol{X}) = \frac{P(\boldsymbol{X} \mid C_i)P(C_i)}{P(\boldsymbol{X})} \tag{5-6}$$

其中，$P(\boldsymbol{X}) = \sum_{i=1}^{k} P(C_i)P(\boldsymbol{X} \mid C_i)$。

基于贝叶斯公式，可以计算出后验概率最大的 $P(C_i|\boldsymbol{X})$，作为样本 $S_j(1 \leqslant j \leqslant n)$ 的分类，这就是贝叶斯判定准则，它的形式化描述如下：

如果对于任意的 $i \neq j$，都有 $P(C_i|\boldsymbol{X}) > P(C_j|\boldsymbol{X})$ 成立，那么特征向量 $\boldsymbol{X}$ 对应的样本 S_j 被判断为类别 C_i。

5）极大后验假设

根据贝叶斯公式，可以得到一种计算后验概率的方法：在一定假设的条件下，根据先验概率和统计样本数据得到后验概率。

令 $P(c)$ 是假设 c 的先验概率，它表示 c 是正确假设的概率，$P(\boldsymbol{X})$ 表示的是训练样本 $\boldsymbol{X}$ 的先验概率，$P(\boldsymbol{X}|c)$ 表示在假设 c 正确的条件下，样本 $\boldsymbol{X}$ 发生或出现的概率，根据贝叶斯公式可得，后验概率的计算公式为

$$P(c \mid \boldsymbol{X}) = \frac{P(\boldsymbol{X} \mid c)P(c)}{P(\boldsymbol{X})} \tag{5-7}$$

设 C 为类别集合，对于给定的未知样本 $\boldsymbol{X}$，通过计算找到可能性最大的假设 $c \in C$，具有最大可能性的假设或类别被称为极大后验假设（maximum a posteriori），记作 c_{map}：

$$c_{\text{map}} = \arg \max P(c \mid \boldsymbol{X}) = \arg \max \frac{P(\boldsymbol{X} \mid c)P(c)}{P(\boldsymbol{X})}, \quad c \in C \tag{5-8}$$

由于 $P(\boldsymbol{X})$ 与假设 c 无关，上式可以变为

$$c_{\text{map}} = \arg \max P(\boldsymbol{X} \mid c)P(c), \quad c \in C \tag{5-9}$$

6）朴素贝叶斯分类模型

朴素贝叶斯分类（naive Bayesian classification）是一种十分简单的分类算法。其本质思想是：对于给出的待分类项，求解在此项出现的条件下将其归属于每个类别的概率，概率最大的值对应的类别就是待分类项属于的类别。举个例子，正在使用的计算机突然出现了蓝屏，导致蓝屏的原因可能是计算机感染病毒，也可能是操作系统出现故障，但通常第一反应是计算机感染病毒了，因为计算机中毒导致蓝屏的现象比较常见。在没有其他可用信息的情况下，人们往往会选择条件概率最大的类别，这就是朴素贝叶斯分类的思想基础。

朴素贝叶斯分类是基于贝叶斯定理与特征条件独立假设的分类方法。对于给定的训练数据集，首先基于特征条件独立假设学习输入输出的联合概率分布；然后基于此模型，对给定的输入 x，利用贝叶斯定理求出后验概率最大的输出 y。朴素贝叶斯算法用于学习具有属于特定类的某些特征的对象的概率。简言之，它是一个概率分类器，之所以称它为"朴素"是因为它假设某个特征的出现与其他特征的出现是独立的。朴素贝叶斯分类器的结构如图 5-1 所示。

假设样本空间有 m 个类别 $\{C_1, C_2, \cdots, C_m\}$，数据集有 n 个属性 $A_1, A_2, \cdots, A_n$，给定

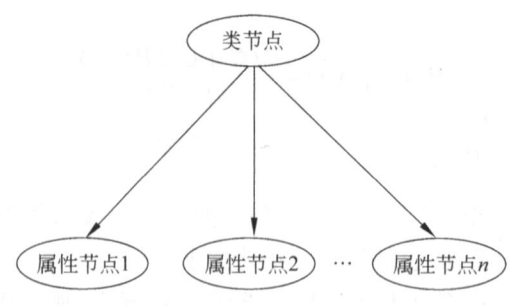

图 5-1 朴素贝叶斯分类器的结构

一个未知的样本 $X=[X_1,X_2,\cdots,X_n]$,其中 x_i 表示第 i 个属性的取值,即 $x_i \in A_i$,则可以用贝叶斯公式计算样本 X 属于类别 $C_k(1 \leqslant k \leqslant n)$ 的概率。根据贝叶斯公式,有

$$P(C_k \mid X) = \frac{P(C_k)P(X \mid C_k)}{P(X)}$$

即,要计算 $P(C_k|X)$ 的值,需要计算 $P(X|C_k)$ 和 $P(C_k)$ 的值。令 $C(X)$ 为 X 所属的类别标签,由贝叶斯判定准则,如果对于任意的 $i \neq j$,都有 $P(C_i|X) > P(C_j|X)$ 成立,则把未知类别的样本 X 分类给 C_i。贝叶斯分类器的计算模型为

$$C(X) = \arg\max P(C_i)P(X \mid C_i) \qquad (5\text{-}10)$$

由朴素贝叶斯分类器的特征条件独立假设,假设各属性 $x_i(i=1,2,\cdots,n)$ 间相互条件独立,那么,

$$P(X \mid C_i) = \prod_{k=1}^{n} P(x_k \mid C_i)$$

于是,式(5-10)就被修改为

$$C(X) = \arg\max P(C_i)\prod_{k=1}^{n} P(x_k \mid C_i) \qquad (5\text{-}11)$$

其中,$P(C_i)$ 是先验概率,可通过 $P(C_i)=d_i/d$ 计算得到,其中 d_i 是属于类别 C_i 的训练样本数,d 是训练样本总数。若属性 A_k 是离散的,则概率可以通过 $P(x_k|C_i)=d_{ik}/d_i$ 计算得出,其中 d_{ik} 是训练样本集合中属于类 C_i,并且属性 A_k 取值为 x_k 的个数,d_i 是属于类 C_i 的训练样本个数。

朴素贝叶斯分类的过程如下:

(1) 设 $x=[a_1,a_2,\cdots,a_n]$ 为一个待分类项,而每个 a_i 为 x 的一个特征属性。

(2) 有类别集合 $C=\{y_1,y_2,\cdots,y_n\}$。

(3) 计算 $P(y_1|x),P(y_2|x),\cdots,P(y_n|x)$。

(4) 如果 $P(y_k|x)=\max\{P(y_1|x),P(y_2|x),\cdots,P(y_n|x)\}$,则 $x \in y_k$。

现在的关键就是如何计算第(3)步中的各个条件概率。可以这么做:

(1) 找到一个已知分类的待分类项集合,这个集合叫作训练样本集。

(2) 统计得到在各类别下各个特征属性的条件概率估计,即

$$P(a_1 \mid y_1),P(a_2 \mid y_1),\cdots,P(a_m \mid y_1)$$
$$P(a_1 \mid y_2),P(a_2 \mid y_2),\cdots,P(a_m \mid y_2)$$

$$\vdots$$
$$P(a_1\mid y_n),P(a_2\mid y_n),\cdots,P(a_m\mid y_n)$$

(3) 如果各个特征属性是条件独立的,则根据贝叶斯定理有如下推导:

$$P(y_i\mid \boldsymbol{x})=\frac{P(\boldsymbol{x}\mid y_i)P(y_i)}{P(\boldsymbol{x})} \tag{5-12}$$

因为分母对于所有类别为常数,因为只要将分子最大化即可。又因为各特征属性是条件独立的,所以

$$P(\boldsymbol{x}\mid y_i)P(y_i)=P(a_1\mid y_i)P(a_2\mid y_i)\cdots P(a_m\mid y_i)P(y_i)$$
$$=P(y_i)\prod_{j=1}^{m}P(a_j\mid y_i) \tag{5-13}$$

朴素贝叶斯算法的流程如图 5-2 所示。

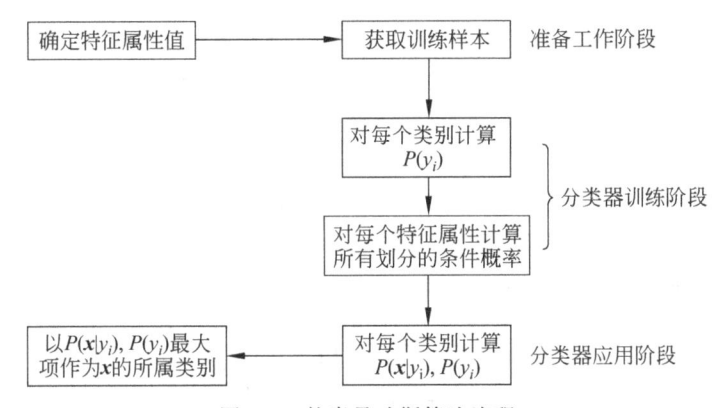

图 5-2 朴素贝叶斯算法流程

可以看到,朴素贝叶斯算法分为 3 个阶段:

(1) 准备工作阶段。这个阶段的主要工作是根据应用朴素贝叶斯分类的具体情况确定特征值,并且需要针对每一个特征进行适当的划分,然后对于其中部分待分类项进行人工分类,形成训练样本集合,从而为下一步的工作做好必要的准备。这个阶段是整个朴素贝叶斯分类过程中唯一需要人工完成的阶段,这个过程的完成质量对于后续阶段以及整个分类过程都有着重要的意义。分类器的质量很大程度上由特征、特征划分及训练样本质量决定。

(2) 分类器训练阶段。这个阶段的主要工作是计算在训练样本中每个类别出现的频率以及利用第一步产生的每个特征对于样本进行划分,计算对于每个类别的条件概率的估计值,并记录计算的结果。这个过程的任务就是生成分类器,输入是特征和训练的样本,输出是分类器。

(3) 分类器应用阶段。这个阶段的任务是使用分类器对待分类项进行分类,其输入是分类器和待分类项,输出是待分类项与类别的映射关系。

朴素贝叶斯算法的具体描述如下:

算法输入:先验概率、条件概率、后验概率、全概率。

算法输出：后验概率。

具体过程：

① 每个数据样本均是由一个 n 维特征向量 $\boldsymbol{X}=[x_1,x_2,\cdots,x_n]$ 描述其 n 个属性 $(A_1,A_2,\cdots,A_n)$ 的具体取值。

② 假设共有 m 个不同类别：$\{C_1,C_2,\cdots,C_n\}$，给定一个未知类别的数据样本 $\boldsymbol{X}$，分类器在已知样本 $\boldsymbol{X}$ 的情况下，预测 $\boldsymbol{X}$ 属于后验概率最大的那个类别。也就是说，朴素贝叶斯分类器将未知类别的样本 $\boldsymbol{X}$ 归属到类别 C_i，当且仅当 $P(C_i|\boldsymbol{X})>P(C_j|\boldsymbol{X})$，其中 $1\leqslant j\leqslant m, j\neq i$。

类别 C_i 就称为最大后验概率的假设，根据贝叶斯定理可知：

$$P(C_i\mid \boldsymbol{X})=\frac{P(\boldsymbol{X}\mid C_i)P(C_i)}{P(\boldsymbol{X})} \tag{5-14}$$

③ 由于 $P(\boldsymbol{X})$ 对于所有的类别均是相同的，所以，要使式(5-14)取得最大值，只需要 $P(\boldsymbol{X}|C_i)P(C_i)$ 取最大值即可。类别的先验概率 $P(C_i)$ 可以通过公式 $P(C_i)=s_i/s$ 进行估算，其中，s_i 为训练样本集合类别 C_i 的个数，s 为整个训练样本集合的大小。

④ 根据给定包含多个属性的数据集，直接计算 $P(\boldsymbol{X}|C_i)$ 的运算量是非常大的。为实现对 $P(\boldsymbol{X}|C_i)$ 的有效估算，朴素贝叶斯分类器通常都是假设各类别是相互独立的，各属性的取值是相互独立的。即

$$P(\boldsymbol{X}\mid C_i)=\prod_{k=1}^{n}P(x_k\mid C_i) \tag{5-15}$$

可以根据训练数据样本估算 $P(X_1|C_i),P(X_2|C_i),\cdots,P(X_n|C_i)$ 的值，具体处理方法说明如下：

- 若 A_k 是名称型属性，就有 $P(X_k|C_i)=s_{ik}/s_i$，这里 s_{ik} 为训练样本中类别为 C_i 且属性 A_k 的取值为 v_k 的样本数，s_i 为训练样本中类别为 C_i 的样本数。
- 若 A_k 是数值型属性，那么假设属性具有高斯分布，概率 $P(X_k|C_i)$ 就用概率密度 $f(X_k|C_i)$ 代替：

$$f(x_k\mid C_i)=g(x_k,\mu_{C_i},\delta_{C_i})=\frac{1}{\sqrt{2\pi}\delta_{C_i}}e^{-\frac{(x-\mu_{C_i})^2}{2\delta_{C_i}^2}} \tag{5-16}$$

其中，$g(x_k,\mu_{C_i},\delta_{C_i})$ 为属性 A_k 的高斯规范密度函数，μ_{C_i}、δ_{C_i} 为训练样本中类别为 C_i 的属性为 A_k 的均值和方差。数值型属性的均值计算公式为

$$x_{\mathrm{mean}}=(x_1+x_2+\cdots+x_n)/n$$

其中 $x_1,x_2,\cdots,x_n$ 表示数值型属性的值，n 表示实例个数。

⑤ 为预测一个样本 $\boldsymbol{X}$ 的类别，可对每个类别 C_i 估算相应的 $P(\boldsymbol{X}|C_i)P(C_i)$，样本 $\boldsymbol{X}$ 归属到类别 C_i，当且仅当 $P(C_i|\boldsymbol{X})>P(C_j|\boldsymbol{X})$，其中 $1\leqslant j\leqslant m, j\neq i$。

也可以求百分比：

$$\mathrm{percent}(C_i)=P(C_i\mid \boldsymbol{X})/\sum P(C_k\mid \boldsymbol{X})$$

百分比最大值对应的类别就是样本 $\boldsymbol{X}$ 的类别。

2. 算法举例

为了进一步加深对于朴素贝叶斯算法的理解,以择偶问题为例加以说明。问题如下:假设存在男女两人,男性向女性求婚,如果给定男性自身属性的值,例如不帅、没房子、没钱、不上进。利用朴素贝叶斯算法来判断女性的最终答案是嫁还是不嫁。这是一个典型的分类问题,如果将其转化为数学问题就是通过比较在给定条件下嫁和不嫁的概率确定分类。表 5-1 是一组男性的数据。

表 5-1 男性的数据

相 貌	是否有房	经济条件	是否上进	女性的决定
帅	无房	没钱	不上进	不嫁
不帅	有房	没钱	上进	不嫁
帅	有房	没钱	上进	嫁
不帅	有房	有钱	上进	嫁
帅	无房	没钱	上进	不嫁
帅	无房	没钱	上进	不嫁
帅	有房	有钱	不上进	嫁
不帅	有房	一般	上进	嫁
帅	有房	一般	上进	嫁
不帅	无房	有钱	上进	嫁
帅	有房	没钱	不上进	不嫁
帅	有房	没钱	不上进	不嫁

通过比较 $P(嫁|不帅、无房、没钱、不上进)$ 与 $P(不嫁|不帅、无房、没钱、不上进)$,就可以得到最后嫁或者不嫁的结论。首先计算前一个概率:

$$P(嫁 | 不帅、无房、没钱、不上进) = \frac{P(不帅、无房、没钱、不上进 | 嫁)P(嫁)}{P(不帅、无房、没钱、不上进)}$$

(5-17)

需要求 $P(嫁|不帅、无房、没钱、不上进)$,这个概率是先前不知道的,但是可以通过朴素贝叶斯公式将其转化为易于求解的 3 个量:$P(不帅、无房、没钱、不上进|嫁)$、$P(不帅、无房、没钱、不上进)$、$P(嫁)$。

$$P(不帅、无房、没钱、不上进 | 嫁)$$
$$= P(不帅 | 嫁)P(无房 | 嫁)P(没钱 | 嫁)P(不上进 | 嫁) \quad (5-18)$$

式(5-18)成立需要特征之间相互独立的前提条件,具体原因如下:

(1) 假如特征之间并不相互独立,那么对于式(5-18)等号右边这些概率的估计是不可以计算的。例如,这个例子有 4 个特征,这 4 个特征的联合概率分布总共是 4 维空间,取值总个数为 $2×2×3×2=24$ 个。在现实生活中,往往会有更多的特征,并且每一个特征的取值也非常多,因此无法通过统计估计各个概率的值,这也是需要假设特征之间相互独立的原因。

(2) 如果不假设特征之间相互独立,那么在统计时就需要涉及整个特征空间。例如,统计 P(不帅、无房、没钱、不上进),就需要在嫁的条件下计算4个特征全满足的人数,但是,因为数据的稀疏性,很容易遇到人数为0的情形,这种情况下算法会出现严重错误。

由于上面的原因,朴素贝叶斯算法对条件概率分布做了条件独立性的假设,这一假设使得朴素贝叶斯算法变得简单,然而要牺牲一定的分类准确性作为代价。根据上面的解释,将式(5-17)拆分成连乘形式,具体如下:

$$P(嫁 \mid 不帅、无房、没钱、不上进)$$
$$= \frac{P(不帅、无房、没钱、不上进 \mid 嫁)P(嫁)}{P(不帅、无房、没钱、不上进)}$$
$$= \frac{P(不帅 \mid 嫁)P(无房 \mid 嫁)P(没钱 \mid 嫁)P(不上进 \mid 嫁)P(嫁)}{P(不帅)P(无房)P(没钱)P(不上进)}$$

下面将分别进行统计计算。在数据量很大的时候,根据中心极限定理,频率等于概率。首先整理训练数据中嫁的样本数:

$$P(嫁) = \frac{6}{12} = \frac{1}{2}$$

$$P(不帅 \mid 嫁) = \frac{3}{6} = \frac{1}{2}$$

$$P(无房 \mid 嫁) = \frac{1}{6}$$

$$P(没钱 \mid 嫁) = \frac{1}{6}$$

$$P(不上进 \mid 嫁) = \frac{1}{6}$$

$$P(不帅) = \frac{4}{12} = \frac{1}{3}$$

$$P(无房) = \frac{4}{12} = \frac{1}{3}$$

$$P(没钱) = \frac{7}{12}$$

$$P(不上进) = \frac{4}{12} = \frac{1}{3}$$

到这里,计算 P(嫁|不帅、无房、没钱、不上进)所需的项全部求出来了,下面将所有相关数据代入计算即可:

$$P(嫁 \mid 不帅、无房、没钱、不上进) = \frac{\frac{1}{2} \times \frac{1}{6} \times \frac{1}{6} \times \frac{1}{6} \times \frac{1}{2}}{\frac{1}{3} \times \frac{1}{3} \times \frac{7}{12} \times \frac{1}{3}}$$

下面根据同样的方法求 P(不嫁|不帅、无房、没钱、不上进)的值,计算过程和上面是

相同的:

$$P(不嫁 \mid 不帅、无房、没钱、不上进)$$
$$= \frac{P(不帅、无房、没钱、不上进 \mid 不嫁)P(不嫁)}{P(不帅、无房、没钱、不上进)}$$
$$= \frac{P(不帅 \mid 不嫁)P(无房 \mid 不嫁)P(没钱 \mid 不嫁)P(不上进 \mid 不嫁)P(不嫁)}{P(不帅)P(无房)P(没钱)P(不上进)}$$

对上面的各个概率分别进行计算,因为这里使用的分母在上面已经计算过了,因此不需要重新计算。

$$P(不嫁) = \frac{6}{12} = \frac{1}{2}$$

$$P(不帅 \mid 不嫁) = \frac{1}{6}$$

$$P(无房 \mid 不嫁) = \frac{3}{6} = \frac{1}{2}$$

$$P(没钱 \mid 不嫁) = \frac{6}{6} = 1$$

$$P(不上进 \mid 不嫁) = \frac{3}{6} = \frac{1}{2}$$

那么:

$$P(不嫁 \mid 不帅、无房、没钱、不上进) = \frac{\frac{1}{6} \times \frac{1}{2} \times 1 \times \frac{1}{2} \times \frac{1}{2}}{\frac{1}{3} \times \frac{1}{3} \times \frac{7}{12} \times \frac{1}{3}}$$

可以看出:

$$P(不嫁 \mid 不帅、无房、没钱、不上进) > P(嫁 \mid 不帅、无房、没钱、不上进)$$

所以,根据朴素贝叶斯算法可以判定:如果一个男性不帅、无房、没钱、不上进,向一个女性求婚,会以很大概率被对方拒绝。

3. 贝叶斯分类方法在入侵检测中的应用

早在 1999 年,Wenke Lee 博士就提出了基于数据挖掘技术的入侵检测模型,如图 5-3 所示。

原始审计数据是从网络或者主机上获取的二进制审计数据。首先把原始审计数据转换为 ASCII 码格式的网络分组信息,再把网络分组信息通过数据预处理生成网络连接记录,最后进行入侵检测模型的构建。数据挖掘技术有多种算法和模型,例如分类算法和关联规则模型、频繁序列模型,可以利用各种算法和模型建立入侵检测模型。分类算法的典型代表就是贝叶斯分类算法。下面介绍一种基于贝叶斯分类算法的入侵检测模型的建立过程。

这种入侵检测分类思想的基本思路是:通过带标记的连接记录数据(训练数据)对分类器进行训练,该训练过程可能需要不断地反复和评估。训练完成后的分类器可以用于检测过程,将当前的连接记录输入分类器,分类器将判断出本次连接所属的类别。

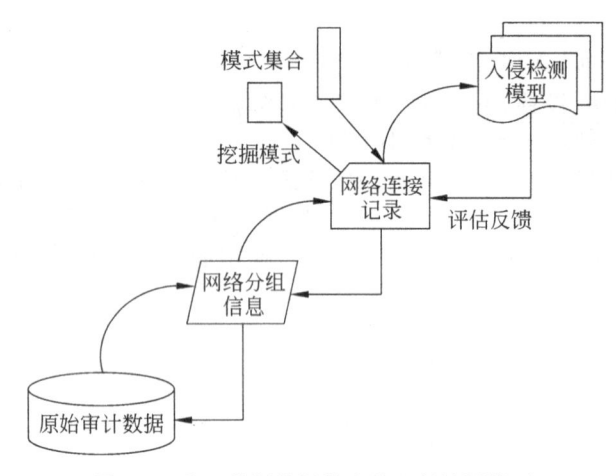

图 5-3　基于数据挖掘技术的入侵检测模型

基于贝叶斯分类算法的入侵检测系统的基本结构如图 5-4 所示,整个系统的工作过程由训练过程和检测过程构成。这种设计可以通过机器学习的特性不断地更新和完善样本集,从而提高攻击匹配率,对未知特征的攻击类型有较高的准确率。

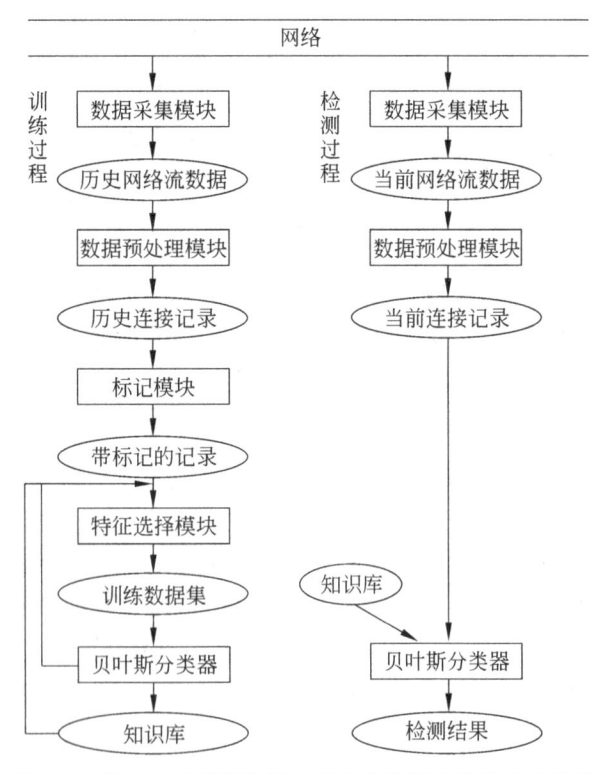

图 5-4　基于贝叶斯分类算法的入侵检测系统的基本结构

在训练过程中,系统使用大量网络连接记录组成的带标记的训练数据集,对贝叶斯分类器进行训练,通过不断循环反馈使得分类器可以分辨或预测哪些行为是正常的,哪些行为是不正常的。在检测过程中,系统利用训练过程中得到的知识库,使用训练好的贝叶斯分类器对当前连接记录进行分类,从而判断出当前行为是正常行为还是异常行为。在训练过程中需要注意,不可以直接使用分类算法进行分析,而要对数据进行预处理,从而将数据转化为连接记录的形式。对于每一个 TCP 连接,把关于该连接的所有数据包整理成一条连接记录。因为 UDP 是面向无连接的数据传输协议,在数据传输的过程中不存在握手建立连接或者拆除连接的过程,所以把每个 UDP 数据包看成一个连接。

标记模块的作用是对训练数据进行标记,从而区分出正常记录和攻击记录,这个过程是通过人工方式完成的。将带有标记的数据输入特征选择模块,由于连接记录可能包含很多特征,而在检测中并不是所有的特征都是和入侵检测相关的项,因此需要对其中的特征进行筛选,删除无关的特征,进一步提高识别的准确度,减少工作量。而且特征往往是具有冗余性的,冗余的特征也是需要删除的。使用训练数据集对贝叶斯分类器进行训练,在训练的过程中,需要根据训练的结果指导特征选择模块进行更进一步的特征选择,不断优化其采用的特征集合,这个步骤是一个循环的过程,直到得到良好的分类结果为止,从而形成稳定的知识库,这个知识库将用于检测过程。

在检测过程中,数据采集模块从网络上采集当前网络流数据,并且通过数据预处理模块将其转换为当前连接记录,这个过程和上面所述的过程是一致的,不再赘述。当前连接记录被送到贝叶斯分类器中,贝叶斯分类器依据相应的知识库对其进行分类检测,从而判断是否有违反安全策略的入侵行为发生。

为了检测基于贝叶斯分类算法的入侵检测模型的有效性,选取 KDD Cup1999 网络数据集形成训练数据集和测试数据集。其中,训练数据集分为 3 组:T1、T2、T3,分别包含 1000、2000、5000 个带标记的数据,测试数据集则包含 1000 个不带标记的数据。通过3 个训练数据集对构建的入侵检测模型进行训练。当训练数据集为 5000 个带标记的数据时,该检测模型的检测准确率达到 94.07%。

5.2.2 逻辑斯谛回归算法

1. 逻辑斯谛回归算法概述

逻辑斯谛回归算法(logistic regression)中的英文单词 regression 翻译成中文就是"回归",但 logistic 实际上与中文"逻辑"的含义相去甚远,该算法意译为对数概率回归算法。事实上,在逻辑斯谛回归出现以前,线性回归已经进入了人类的视野,了解这二者之间的关系对于理解逻辑斯谛回归有很大的帮助。

回归分析是用来研究一个被解释变量与一个或多个解释变量之间关系的一种统计技术。被解释变量有时也被称为因变量;与之相对应,解释变量也被称为自变量。回归分析的意义在于通过大量重复抽样获得的解释变量的已知或设定值估计或者预测被解释变量的总体均值。

例如,通过收集大量父亲与儿子身高的数据进行的科学研究发现,儿子的身高在很大程度上依赖于父亲的身高。因此,就可以把儿子身高看作被解释变量(即图 5-5 中的纵轴),把父亲身高看作解释变量(即图 5-5 中的横轴)。然后通过一条回归线拟合这些数据。当已知一个父亲的身高时,就可以通过回归线表现出来的线性关系大概推测出儿子的身高。

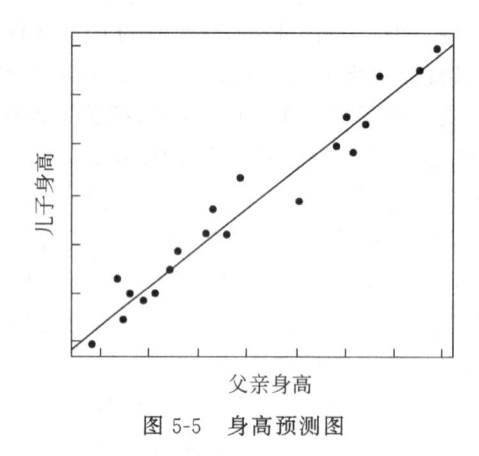

图 5-5 身高预测图

在线性回归中,假设被解释变量 y 与解释变量 $w_1, x_2, \cdots, x_n$ 之间具有线性相关的关系,那么就可以将线性回归模型表示为

$$y = w_0 + w_1 x_1 + w_2 x_2 + \cdots + w_n x_n \qquad (5-19)$$

其中,w_0 表示常数项。在图 5-5 中因为自变量只有一个,所以一元线性回归的公式可以表示为 $y = w_0 + w_1 x$,显然这是多元线性回归模型中最简单的情况。

逻辑斯谛回归分析是统计学习中的经典分类方法。如果要建立回归模型,进而预测不同情况的概率,即

$$P = w_0 + w_1 x_1 + w_2 x_2 + w_3 x_3 \qquad (5-20)$$

将自变量代入上述回归方程,不能保证概率 P 一定为 0~1。此时,使用逻辑斯谛函数将因变量映射至 0~1。逻辑斯谛函数的定义如下:

$$P(x) = \frac{1}{1 + e^{-x}} \qquad (5-21)$$

其函数图如图 5-6 所示。

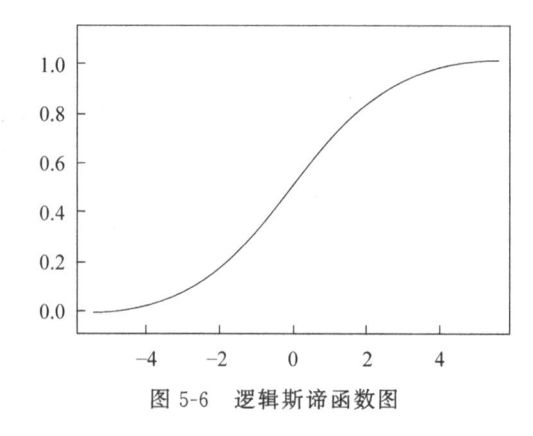

图 5-6 逻辑斯谛函数图

在给定特征向量时,条件概率为根据观测值某事件 y 发生的概率。那么逻辑斯谛回归模型可以表示为

$$P(y=1 \mid \boldsymbol{x}) = \pi(x) = \frac{1}{1+e^{-x}} \tag{5-22}$$

相对应地,在给定条件 x 时,事件 y 不发生的概率为:

$$P(y=0 \mid \boldsymbol{x}) = 1 - \pi(x) = \frac{1}{1+e^{x}} \tag{5-23}$$

依据概率论知识,在进行参数估计时可以采用最大似然法。假设有 m 个观测样本,观测值分别为 $y_1, y_2, \cdots, y_m$。设 $p_i = P(y_i=1 \mid x_i)$ 为给定条件下得到 $y_i = 1$ 的概率,同样,$y_i = 0$ 的概率为 $1 - p_i = P(y_i = 0 \mid x_i)$,所以得到一个观测值的概率为 $P(y_i) = p_i^{y_i}(1-p_i)^{1-y_i}$。

因为各个观测样本是相互独立的,所以它们的联合分布为各变量分布的乘积。计算得到最后的似然函数为

$$L(\boldsymbol{w}) = \prod_{i=1}^{m} [\pi(x_i)]^{y_i} [1-\pi(x_i)]^{1-y_i} \tag{5-24}$$

然后,将求解目标转换为计算似然函数值最大的参数估计值,于是对似然函数取对数:

$$\begin{aligned}
\ln L(\boldsymbol{w}) &= \sum_{i=1}^{m} \{y_i \ln[\pi(x_i)] + (1-y_i)\ln[1-\pi(x_i)]\} \\
&= \sum_{i=1}^{m} \ln[1-\pi(x_i)] + \sum_{i=1}^{m} y^i \ln \frac{\pi(x_i)}{1-\pi(x_i)} \\
&= \sum_{i=1}^{m} \ln[1-\pi(x_i)] + \sum_{i=1}^{m} y^i (w_0 + x_i \boldsymbol{w}) \\
&= \sum_{i=1}^{m} -\ln[1+e^{w_0+x_i \boldsymbol{w}}] + \sum_{i=1}^{m} y^i (w_0 + x_i \boldsymbol{w})
\end{aligned}$$

根据多元函数求极值的方法,为了求出使得 $\ln L(\boldsymbol{w})$ 最大的向量 $\boldsymbol{w} = (w_0, w_1, \cdots, w_n)$,对上述的似然函数求偏导后得到

$$\begin{aligned}
\frac{\partial \ln L(\boldsymbol{w})}{\partial w_k} &= -\sum_{i=1}^{m} \frac{1}{1+e^{w_0+x_i \boldsymbol{w}}} e^{w_0+x_i \boldsymbol{w}} x_{ik} + \sum_{i=1}^{m} y_i x_{ik} \\
&= \sum_{i=1}^{m} x_{ik} [y_i - \pi(x_i)]
\end{aligned}$$

现在要做的就是通过上面已经得到的结论求解使得似然函数值最大的参数向量。在实际中有很多方法可供选择,其中比较常用的是梯度下降法。

2. 算法举例

为便于理解逻辑斯谛回归算法的实现过程,以研究与急性心肌梗死急诊治疗情况有关的因素为例,急性心肌梗死的病例,如表 5-2 所示。其中,x_1 表示救治前是否休克,$x_1 = 1$ 表示救治前已休克,$x_1 = 0$ 表示救治前未休克;x_2 用于指示救治前是否发生心衰,$x_2 = 1$ 表示救治前已发生心衰,$x_2 = 0$ 表示救治前未发生心衰;x_3 用于指示 12 小时内有无治疗措施,$x_2 = 1$ 表示没有,$x_2 = 0$ 表示有。最后 P 给出病患的最终情况:当 $P = 0$ 时,表示患者生存;当 $P = 1$ 时,表示患者死亡。

表 5-2 急性心肌梗死的病例

| \multicolumn{4}{c\|}{$P=0$} | \multicolumn{4}{c}{$P=1$} |

x_1	x_2	x_3	N	x_1	x_2	x_3	N
0	0	0	35	0	0	0	4
0	0	1	34	0	0	1	10
0	1	0	17	0	1	0	4
0	1	1	19	0	1	1	15
1	0	0	17	1	0	0	6
1	0	1	6	1	0	1	9
1	1	0	6	1	1	0	6
1	1	1	6	1	1	1	6

$$P = w_0 + w_1 x_1 + w_2 x_2 + w_3 x_3 \tag{5-25}$$

逻辑斯谛回归函数如下:

$$P(y=0) = \frac{1}{1+e^x}, \quad P(y=1) = \frac{1}{1+e^{-x}}$$

进而有

$$L(\boldsymbol{w}) = \left\{ \left[\frac{e^{w_0}}{1+e^{w_0}}\right]^{35} \left[\frac{1}{1+e^{w_0}}\right]^4 \right\} \left\{ \left[\frac{e^{w_0+w_3}}{1+e^{w_0+w_3}}\right]^{34} \left[\frac{1}{1+e^{w_0+w_3}}\right]^{10} \right\} \cdots$$

$$\left\{ \left[\frac{e^{w_0+w_1+w_2+w_3}}{1+e^{w_0+w_1+w_2+w_3}}\right]^6 \left[\frac{1}{1+e^{w_0+w_1+w_2+w_3}}\right]^6 \right\}$$

$$= \prod_{i=1}^{k} \left\{ \left[\frac{e^{w_0+w_1 x_{1i}+w_2 x_{2i}+w_3 x_{3i}}}{1+e^{w_0+w_1 x_{1i}+w_2 x_{2i}+w_3 x_{3i}}}\right]^{n_{i0}} \left[\frac{1}{1+e^{w_0+w_1 x_{1i}+w_2 x_{2i}+w_3 x_{3i}}}\right]^{n_{i1}} \right\}$$

寻找最适宜的 $\hat{w}_0$、$\hat{w}_1$、$\hat{w}_2$、$\hat{w}_3$ 使得 $L(\boldsymbol{w})$ 达到最大,最终得到的估计模型为

$$P = \frac{1}{1+e^{-(-2.0858+1.1098 x_1+0.7028 x_2+0.9761 x_3)}} \tag{5-26}$$

如果再有一组观察样本,将其代入式(5-26),就可以计算出病患生存的概率。

3. 逻辑斯谛回归算法在入侵检测中的应用

逻辑斯谛回归是一种回归模型,主要应用于解决二分类问题,即输出结果只有两类: $y=\{0,1\}$。其核心是使用逻辑斯谛函数表示给定输入 $\boldsymbol{x}$ 以及参数 $\boldsymbol{\theta}$ 且 $y=1$ 时的概率:

$$h_\theta(\boldsymbol{x}) = \frac{1}{1+e^{-\boldsymbol{\theta}^\mathrm{T} \boldsymbol{x}}} \tag{5-27}$$

在网络入侵检测中,$\boldsymbol{x}$ 表示网络连接的中的特征,$y=1$ 表示连接正常,通过对于标准网络入侵检测训练集的迭代计算,求出合适的 $\boldsymbol{\theta}$,以得到最优化的模型。在检测过程中,输入连接特征 $\boldsymbol{x}$,得到的 $h_\theta(\boldsymbol{x})$ 就是网络正常的概率。研究人员发现,将逻辑斯谛回归应用到入侵检测中,实验证明,入侵检测模型对数据集的处理效果优异。另外,使用逻辑斯谛回归作为入侵检测系统选择最佳子集特征的学习方法,在分类精确度、准确率以及误报

率上都取得了较好的表现。下面通过两个例子对逻辑斯谛回归算法在入侵检测上的应用进行介绍。

1) 基于黑客脚印的入侵检测

将入侵行为和用户的正常操作进行区分在数学上是一个分类问题,判别分析是对个体进行分类的一种统计方法。判别分析的目标是对两个有重叠部分的集合进行区分,通过对样本的学习建立一个判别函数,使样本错分的可能性最小,并能将新的样本根据判别函数分到不同的类别中去。

逻辑斯谛回归分析属于非参数判别方法,对自变量的分布无要求,它一般用来估计因变量 y 取某个值的概率 $P_i = P(y=i)$ 与一组指标变量 $X = (x_1, x_2, \cdots, x_k)$ 之间的函数关系 $P_i = f(X), i = 1, 2, \cdots, q$。事实上,这就等价于一种判别分析。例如,在入侵检测应用中,因变量 y 是一个取值为 1(表示入侵)和 0(表示正常)的二值变量。假设某个个体的两个预期概率分别是 $P_1 = P(y=1) = 0.8, P_2 = P(y=0) = 0.2$,如果分界点定为 0.5,[0, 0.5) 表示无入侵,[0.5, 1] 表示入侵,那么就把这个个体分到后一个区间对应的组里,这样就完成了个体的分类,它是以逻辑斯谛回归模型为判别函数进行判别分析的。

多元逻辑斯谛回归模型在入侵检测中,因变量 y 是一个取值为 1(表示入侵)和 0(表示正常)的二值变量。假设 $x_1, x_2, \cdots, x_k$ 是影响变量 y 的危险因子,那么变量 y 在 k 个 x 变量上的 k 元逻辑斯谛回归模型是

$$P = P(y=1 \mid x_1, x_2, \cdots, x_k) = \frac{e^{a+w_1 x_1 + w_2 x_2 + \cdots + w_k x_k}}{1 + e^{a+w_1 x_1 + w_2 x_2 + \cdots + w_k x_k}} \tag{5-28}$$

该表达式描述了因变量 P 和自变量 $x_1, x_2, \cdots, x_k$ 的一种函数关系,也就是针对自变量 $x_1, x_2, \cdots, x_k$ 的一组取值,因变量都有一个确定的数值 $P(y=1 \mid x_1, x_2, \cdots, x_k)$ 与它对应,而且 P 的取值在 [0,1] 区间内。$a, \beta_1, \beta_2, \cdots, \beta_k$ 等都是待估计的回归系数。它描述了 $y=1$ 的概率 P 和变量 $x_1, x_2, \cdots, x_k$ 之间的关系。因为 y 仅取 1 和 0 两个数值,所以 $y=0$ 的概率是 $P = (y=0) = 1 - P(y=1)$。多元逻辑斯谛回归模型的建立过程实际上是一个参数估计的过程。所谓参数估计,就是根据收集到的变量 $x_1, x_2, \cdots, x_k$ 和变量 y 的样本估计值估计出逻辑斯谛回归模型的回归系数以及回归系数 a、β_1、β_2 估计值的标准误差。

将多元逻辑斯谛回归具体应用到基于黑客脚印的入侵检测方法中,首先要通过对样本的学习得到回归系数值,建立多元逻辑斯谛回归判别函数,即已知 $x_1, x_2, \cdots, x_k, y$,确定 $a, \beta_1, \beta_2, \cdots, \beta_k$;然后在实时环境中进行检测,检测过程实际上就是已知 $a, \beta_1, \beta_2, \cdots, \beta_k$ 和新的样本 $x_1, x_2, \cdots, x_k$ 的选取,求 $y=1$(表示入侵)的概率大小。

多元逻辑斯谛回归判别函数的建立过程是:根据其公式,需要指定一个判别指标,即 $x_1, x_2, \cdots, x_k$ 的选取,也就是鉴别是否是入侵行为的各个指标的选取;然后对回归系数 $a, \beta_1, \beta_2, \cdots, \beta_k$ 进行参数估计,确定其值。

一个判别函数判别样本归类的功能强弱很大程度上取决于指标的选取。指标过多和过少都不一定适合,一方面要根据专业知识和经验筛选指标,另一方面要借助统计分析方法检验指标的性能。

以分析黑客攻击的动作特征为例,黑客获取超级用户权限并下载了黑客工具后,因为

要使用 vi 编辑黑客代码和系统配置文件,使用 at 或 cron 在特定时间重新启动后门、木马程序,使用 gcc、make 编译黑客代码,另外,在 make 中调用 gcc 的数量也是一个重要的指标(意味着某个软件包内 C 语言文件的多少,数量少意味着可能是黑客代码)。因此,需要选用上述 5 个指标的记数值作为判别指标,通过统计在出现远程登录黑客脚印后 gcc、make、vi 出现的次数,是否出现 at/cron 命令(0 或 1,二值变量)以及 make 里面 C 语言文件的数量判断是否出现了入侵。

为了使用多元逻辑斯谛分析进行入侵判别,首先要获得学习样本,以便进行参数估计,建立起多元逻辑斯谛判别公式。可以通过使用互联网上大量的黑客工具模拟入侵攻击并用系统审计日志进行记录获得入侵样本,正常样本可以通过安全操作环境下的审计日志获取。

在网络上搜集了上百种基于 UNIX 系统的黑客工具,在 Solaris 环境下模拟攻击 40 次,并用审计日志 BSM 进行记录,另外提取正常操作环境下的审计日志 40 次。获取原始的审计记录之后,需要从中提取学习样本,从每一次审计记录中对出现远程攻击黑客脚印后的各指标变量分别进行计数,作为一个学习样本。在提取学习样本的过程中,当发现远程攻击黑客脚印后对多少条审计记录进行分析是个需要考虑的问题,过少容易漏掉黑客的操作,过多则影响检测的实时性。通过反复实验发现,当出现黑客脚印后,对其后 1000 条审计记录进行分析,统计各项判别指标的值就能够将黑客的行为比较完整地提取出来。

回归系数的估计方法通常都采用最大似然法,对于多元逻辑斯谛回归分析,由最大似然法得到的参数估计往往不是非偏估计。为了得到非偏估计,需采用多元递归的方法,不断修正最大似然估计值。将 80 个从审计日志中提取的变量 $x_1, x_2, \cdots, x_k$ 和变量 y 的样本观察值代入多元逻辑斯谛回归模型中,即可得到回归系数 $a, \beta_1, \beta_2, \cdots, \beta_k$ 的值,从而得到多元逻辑斯谛回归判别公式。

将学习样本中的判别指标 $x_1, x_2, \cdots, x_k$ 代入该公式,通过计算 $P(y=1)$ 的大小判定 y 值,并跟原始值进行比较,就可以得到对学习样本的错分率。对于入侵检测来说,也就是入侵行为的检出率和误警率。

2)针对 Webshell 的入侵检测

在进行网络入侵的时候,黑客通常会使用 Webshell 工具,这些工具往往具备隐蔽性高、危害大等特点。Webshell 本质上就是一个网页端的后门,攻击者会根据漏洞入侵网站。为了实施下一步攻击,攻击者上传 Webshell 工具用于对服务器的操控,例如对服务器的文件任意修改、删除、下载服务器的数据库内容,甚至获取权限发动对内网的攻击等。目前 Webshell 工具在网络入侵方面是常用的攻击方式,对网络空间安全造成了巨大的危害和经济损失。虽然目前使用的传统入侵检测方法对已知的 Webshell 检测准确率较高,但是在面对复杂灵活的未知、变种 Webshell 时,检测准确率就会下降。

而基于逻辑斯谛回归算法的 Webshell 机器学习检测模型能有效地解决面对复杂灵活的未知 Webshell 检测效率低下的问题,具体过程如下:

(1)根据 Webshell 工具的特点进行特征提取。

① 文件长度。Webshell 需要实现非常多的功能,例如连接数据库、目录遍历、文件查看、文件修改、执行 shell、提权等。相对于专门的文件,例如进行简单配置和路由的

index.php、包含数据库连接信息的 db.php、全局配置文件的 config.php 等，Webshell 的文件通常会比正常的文件大，因此可以将文件长度作为一个特征。

② 信息熵。用于衡量一个系统的混乱程度。某些 Webshell 为了规避一些防御机制的检测，使用了混淆或者加密技术，使代码文件杂乱无章，使得传统检测方法检测不到匹配的特征库文件，将其标示为正常的文件。因此可以将信息熵作为一个特征。

③ 执行命令函数次数。Webshell 通常需要执行命令，所以会包含执行类函数。可以统计文件中出现执行函数的次数，作为一个特征。

④ 代码文件包含的最长单词的长度。这个特征主要针对的是加密文件，因为 Webshell 使用加密方法可以使文件变得杂乱无章，从而达到逃避检测的目的。

因此，在 Webshell 检测特征选择部分，可以选取文件长度、信息熵、执行命令函数次数、最长单词的长度 4 个特征作为检测 Webshell 的典型特征。

（2）特征选择完成之后，下一步进行归一化操作，将不同范围内的数据收缩至一个相同的范围，以避免数据跨度或者量级差别巨大而导致训练难度增大或结果容易出偏差。

（3）创建逻辑回归模型，构造 h 函数和损失函数，使得损失函数最小，同时求得回归参数。

（4）利用梯度下降算法，优化循环迭代的次数，并更新规则的学习率。

（5）根据训练的回归系数对数值进行简单的回归计算，从而确定输入的类别，判定输入是否是 Webshell。

最后将检测结果做人工确认，并将误报数据重新导入训练库，定期重新训练模型。

逻辑斯谛回归算法可以检测出经过混淆编码的 Webshell，在降低了误报率的同时提高了检测的正确率，这是逻辑斯谛回归算法在入侵检测的一个具体的应用。

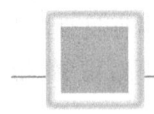

小结

入侵检测技术在保障网络空间安全方面发挥了积极主动作用。日益复杂的网络空间安全形势促进了入侵检测技术的不断发展，它与防火墙技术相互补充，实现组织信息系统对外部威胁风险的安全防护。本章首先介绍了入侵检测技术的概念、发展状况和几种不同的入侵检测方法，然后重点介绍了朴素贝叶斯算法和逻辑斯谛回归算法在入侵检测上的应用。

第 6 章 基于大数据分析的威胁情报

6.1 威胁情报

6.1.1 威胁情报的概念及分类

当今的网络犯罪已经形成了一个完整、专业、成熟的产业链。专业的分工和丰富的资源使得网络攻击方式呈现多样性和复杂性,网络安全威胁越来越具有明显的普遍性和持续性,而且攻击者获得攻击工具也越来越便利,导致网络攻击成本大大降低,而检测难度却越来越大。传统的网络安全防护依靠各个组织独立实施垂直的防护机制,已经难以及时应对日益复杂的网络攻击,因此,需要基于威胁的视角,了解攻击者可能的目标、方法及其掌握的网络攻击工具以及互联网基础设施情况,做到知己知彼,有针对性地进行防御、检测、响应和预防,这就产生了对威胁情报的需求。依靠威胁情报提供的威胁可见性、对网络风险及威胁的全面理解,可以快速发现攻击事件,采取迅速、果断的行动面对重要、相关的威胁,威胁情报已经成为网络安全中重要的一环。

目前,无论是工业界还是学术界,对威胁情报都还没有一个统一的定义,许多机构或研究者对威胁情报的概念进行过阐述,目前接受范围较广的是 Gartner 在 2014 年发表的《安全威胁情报服务市场指南》(*Market Guide for Security Threat Intelligence Service*)中提出的定义:威胁情报是关于 IT 或信息资产面临的现有或潜在威胁的循证知识,包括情境、机制、指标、推论与可行建议,这些知识可为威胁响应提供决策依据。在我国国家标准《信息安全技术网络安全威胁信息格式规范》(GB/T 36643—2018)中指出,威胁信息(威胁情报)是一种基于证据的知识,用于描述现有或可能出现的威胁,从而实现对威胁的响应和预防。

通常,威胁情报分为 4 种类型:

(1) 战略威胁情报(strategic threat intelligence)。它提供一个全局视角看待威胁环境和业务问题,它的目的是告知高层人员可用于决策的信息。战略威胁情报通常不涉及技术性情报,主要涵盖诸如网络攻击活动的财务影响、攻击趋势以及可能影响高层商业决策的领域。

(2)运营威胁情报(operational threat intelligence)。它与具体的、即将发生的或预计发生的攻击有关。它帮助高级安全人员预测何时何地会发生攻击,并进行有针对性的防御。

(3)战术威胁情报(tactical threat intelligence)。它关注攻击者的 TTP(Tactics,Techniques,and Procedures,战术、技术和过程),与针对特定行业或地理区域范围的攻击者使用的特定攻击向量有关,并且由应急响应人员针对此类威胁攻击准备好相应的响应和行动策略。

(4)技术威胁情报(technical threat intelligence)。它的主要数据类型包括失陷检测类情报、IP 地址信誉情报、文件信誉情报和其他网络威胁综合情报(包含 PDNS 数据、Whois 数据、开源情报数据、恶意软件及攻击者档案等),可以用来分析、识别和阻断恶意攻击行为。当前,业内更广泛应用的威胁情报主要还是在技术威胁情报层面。

从情报内容的角度对威胁情报进行分析可以发现,包含不同内容的威胁情报的使用价值不同,其获取的难易程度也不同。威胁情报内容根据其价值分为以下 3 类(以价值从低到高的顺序给出),具体如表 6-1 所示。

表 6-1 威胁情报内容的分类

分类	内容	特点
基础网络情报	DNS、URL、IP 地址、文件信誉信息等	这类情报的内容一般只适用于单一网络安全分析领域,内容较为单一,用于对防火墙、入侵检测系统等进行配置,获取方便、更新快,但情报数据单一、知识粒度小,且准确率因厂商的不同而不同
攻击团体情报	攻击团队、组织在深网/暗网中的交易、攻击活动分析	这类情报主要用于为用户提供攻击者画像、攻击溯源分析,其获取途径有两种: (1)渗透到黑客圈、黑市中进行社工分析和定向挖掘。 (2)对相关攻击事件进行分析。 这类情报的获取难度较大,且更新效率低,但其准确率较高,且具有很大的参考价值
APT 分析类情报	APT 攻击事件溯源分析、攻击态势分析	这类情报可为国家和企业制定战略战术提供参考和支持,其来源主要是:厂商对 APT 的攻击过程进行分析、拆分和复原,然后对攻击要素进行描述、提炼。由于 APT 攻击具有隐蔽性,该类攻击的分析情报一般不定期更新,但发布报告的知识粒度大且准确率很高

(1)基础网络情报。

此类情报是最普遍、最易获得的威胁情报类型,例如 IP 地址黑名单、恶意 URL 列表、CVE 漏洞信息等。生产这类情报的厂商主要有两种:

① 具有较强的恶意代码分析能力的杀毒软件厂商,如赛门铁克、奇安信等。此类厂商开发的杀毒软件产品拥有巨大的用户群体,它们可以从用户那里得到海量的基础网络安全数据,如报警、日志等,通过对这些数据进行分析和处理加工,形成不同类型和不同等级的威胁情报。这些厂商在基础网络安全数据的量与质上拥有绝对的优势,其恶意软件

情报的类型多、内容广,具有较高的准确度、可信度和更新速度。

② 专门从事威胁情报处理工作的厂商,如 Threatsteam、微步在线等。此类厂商虽然无法获得来自用户的第一手网络安全数据,但它们可以将研究重点集中在分析技术创新和用户体验优化上。通过对分析技术的不断优化,如引入可视化分析技术等,加强对分析结果的质量把控,并根据用户的反馈进行产品升级,其恶意软件类情报产品在易读性、易用性及适用性方面占有很大优势。同时,这些厂商的恶意软件情报往往较为重视产品类型和内容。这类威胁情报可根据用户的需求对情报内容、更新时间、发布方式等进行定制,且定制情报在情报总量中占很大比重。但这类情报由于大多是从安全防御的某一角度入手,虽然内容相对丰富,但面对越来越高级的攻击,可利用的价值正逐渐降低。

(2) 攻击团体情报。

这类情报主要包括深网/暗网监控情报、网络犯罪和黑客主义的威胁攻击者情报等,如 Cyjax 公司发布的暗网活动报告。只有少数公司提供这类情报,主要原因是这类情报的分析难度较大、分析周期长,且需要丰富的分析经验。例如,深网/暗网中的黑客大多使用隐蔽信道(如 TOR 网络)和各种非对称加密通信方法对自身进行隐藏。这类攻击需要大量具有专业知识的人员长期进行有针对性的监视和分析。但这类情报往往包含针对指定黑客团体的深入挖掘分析结果,具有较高的准确性和丰富的情报内容,利用价值较高。

(3) APT 分析情报。

这类情报主要由业界知名的情报厂商发布,如 FireEye 公司发布的 APT28: *at the center of the storm* 分析报告、奇安信威胁情报中心发布的全球高级持续性威胁报告等。这些厂商首先针对 APT 攻击进行溯源分析,重建攻击场景,对 APT 攻击事件中的各要素进行挖掘和推理,然后根据分析过程和结果,形成包含各类 IOC(Indicators of Compromise,失陷指标)和攻击工具、攻击目标、攻击影响等在内的攻击事件的分析报告。在报告中,厂商还会给出针对特定攻击的防御方法或建议。APT 分析报告不仅包含对攻击事件本身的完整描述(各种攻击特征、指标等),还对攻击的分析过程进行详细的阐述,可以为研究者提供完整、有效的安全事件的分析、方法和模型,为其自身安全事件的分析和研究提供借鉴。该类情报包含了极其丰富的知识内容,具有极高的利用价值,是最高级的威胁情报。

6.1.2 威胁情报的用途

威胁情报有以下 3 个用途:

(1) 安全模式突破和完善。基于威胁情报的防御思路是以安全威胁为中心的,因此,需要对组织信息设施面临的安全威胁作全面的了解,建立新型高效的安全防御体系。这样的安全防御体系往往需要安全人员对攻击采用的战术、方法和行为模式等有深入的理解。

(2) 应急检测和主动防御。基于威胁情报数据,可以不断创建恶意代码或行为特征的签名,或者生成 NFT(网络取证工具)、SIEM/SOC(安全信息与事件管理/安全管理中心)、ETDR(终端威胁检测及响应)等产品的规则,实现对攻击的应急检测。如果威胁情报是 IP 地址、域名、URL 等具体上网属性信息,则还可应用于各类在线安全设备对当前攻击进行实时的阻截与防御。

(3)安全分析和事件响应。安全威胁情报可以让安全分析和事件响应工作更简单、更高效。例如,可依赖威胁情报区分不同类型的攻击,识别出潜在的 APT 高危级别攻击,从而实现对攻击的及时响应;可利用威胁情报预测既有的攻击线索可能造成的恶意行为,从而实现对攻击范围的快速划定;可建立威胁情报的检索途径,从而实现对安全线索的精确挖掘。

传统的防御机制根据以往的经验构建防御策略、部署安全产品,难以应对未知攻击,即使是基于机器学习的检测算法也是在过往经验(训练数据集)的基础上寻找最佳的一般表达式,以求覆盖所有可能的情况,实现对未知攻击的检测。但是过往经验无法完整地表达现在和未来的安全状况,而且攻击手法变化多样,防御技术的发展速度本质上落后于攻击技术的发展速度,因此需要一种能够根据过去和当前网络安全状况动态调整防御策略的手段,于是威胁情报应运而生。通过对威胁情报的收集、处理,可以直接将相应的结果分发到安全人员(人工阅读)和安全设备(机读),实现精准的动态防御,达到"未攻先防"的效果。

6.1.3 威胁情报的生命周期

Gartner 认为,威胁情报是过程的产物,而非独立数据点的合集。Gartner 刻画了威胁情报的生命周期,如图 6-1 所示。

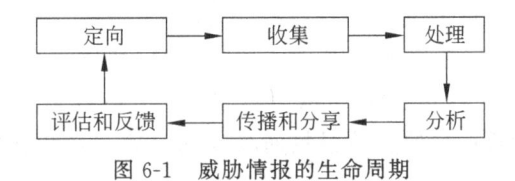

图 6-1 威胁情报的生命周期

具体来看,威胁情报的产生和周期主要包含以下 6 个步骤:

(1)定向。明确需求和目标。决策者需要明确需要的威胁情报类型以及使用威胁情报期望达到的目标,而在实践中这一步往往被忽略。决策者通常应首先明确需要保护的资产和业务,评估其遭受破坏和损失时的潜在影响,确定其优先级顺序,最终确定需要的威胁情报类型。

(2)收集。威胁情报是从多种渠道获取的用于保护系统核心资产的安全线索的总和。在大数据和"互联网+"应用背景下,威胁情报的采集范围极广,例如:防火墙、IDS、IPS 等传统的安全设备产生的非法接入、未授权访问、身份认证、非常规操作等告警信息,沙盒、端点侦测、深度包检测(Deep Packet Inspection,DPI)、深度流量检测(Deep Flow Inspection,DFI)、恶意代码检测、蜜罐/蜜网等系统的输出结果,以及安全服务厂商、漏洞发布平台、威胁情报专业机构甚至一些较为封闭的来源(如暗网、地下论坛等)提供的安全预警信息。

(3)处理。

威胁情报处理主要包括以下内容:

- 如有需要,对威胁情报进行翻译。
- 对威胁情报进行可靠性评估。
- 核对多个来源。

(4) 分析。安全人员结合相关分析工具和智能分析方法提取多维度数据中涵盖的信息,形成准确而有意义的知识,并推荐相应的应对措施,用于后续步骤的过程。常用的威胁情报分析方法和模型包括美国洛克希德·马丁(Lockheed Martin)公司提出的杀伤链模型(Kill Chain),美国非营利机构 MITRE 提出的 ATT&CK(Adversarial Tactics,Techniques,and Common Knowledge,对抗性的策略、技巧和常识)和 Caltagirone 等提出的钻石模型(Diamond Model)。其中,杀伤链模型是借鉴军事领域杀伤链的概念提出的网络入侵攻击模型。该模型从攻击者的角度出发,将攻击者的网络入侵攻击过程分解为 7 个阶段:侦察追踪、武器构建、载荷投递、突防利用、安装植入、通信控制和达成目标。ATT&CK 则在杀伤链模型的基础上,对更具可观测性的后 4 个阶段中的攻击者行为构建一套更细粒度、更易共享的知识模型和框架,以指导用户对网络攻击采取有针对性的检测、防御和响应措施。钻石模型认为每个攻击事件都包含 4 个核心:对手(adversary)、能力(capability)、基础设施(infrastructure)和受害者(victim),从而将攻击事件转换为"对手在哪些基础设施上部署哪些针对受害者的入侵攻击能力"的结构化描述并进行具体分析。

(5) 传播和分享。当产生威胁情报后,需要将威胁情报按照需要进行传播和分享。对于企业内部安全人员来说,不同类型和内容的威胁情报会共享给管理层、安全主管、应急响应人员、IT 人员等。对于企业内部采用的安全架构实现和安全防御设备来说,威胁情报可以分发并应用到 SOC、SIEM、EDR 等产品中。作为乙方的威胁情报服务商通常会采用威胁情报平台或者直接以威胁情报数据服务的方式提供威胁情报,通常采用的威胁情报分享格式为 STIX 和 OpenIOC。

(6) 评估和反馈。在该环节,确认威胁情报是否满足原始需求以及是否达到目的。如果结论是否定的,就需要重新执行第一阶段进行调整。威胁情报按照产生来源可以分为内部威胁情报和外部威胁情报。内部威胁情报为企业或机构产生的应用于内部信息资产和业务流程保护的威胁情报数据,通常为"自产自销"的模式;外部威胁情报通常是由合作伙伴、安全供应商等提供的应用于企业或机构自身的威胁情报数据,也可以来自开源威胁情报、人工情报等,此时企业或机构是威胁情报的消费者,而不是生产者。

6.1.4 标准与规范

随着威胁情报产业的发展,迫切需要一整套标准与规范。目前成熟的国外威胁情报标准与规范包括网络可观察表达式(CybOX)、结构化威胁信息表达式(Structured Threat Information eXpression,STIX)、指标信息的可信自动化交换(Trusted Automated eXchange of Indicator Information,TAXII)以及恶意软件枚举与特性化(Malware Attribute Enumeration and Characterization,MILE)等。美国在这方面做了大量的工作,许多标准与规范的设计与发布都得到了政府部门的支持。

1. CybOX

CybOX 定义了一个表征计算机可观察对象与网络动态和实体的方法。可观察对象包括文件、HTTP 会话、X.509 证书、系统配置项等。CybOX 提供了一套标准且支持扩展的语法，用来描述所有可以从计算系统和操作上观察到的内容。在某些情况下，可观察对象可以作为判断威胁的指标，例如 Windows 的注册表键值。这种可观察对象由于具有某个特定值，往往作为判断威胁存在与否的指标。IP 地址也是一种可观察对象，通常作为判断恶意企图的指标。

2. STIX

STIX 提供了基于标准 XML 的语法描述威胁情报的细节和威胁内容的方法。STIX 支持使用 CybOX 格式描述大部分 STIX 语法本身就能描述的内容，当然，STIX 还支持其他格式。标准化将使安全研究人员交换威胁情报的效率和准确率大大提升，大大减少沟通中的误解，还能自动处理某些威胁情报。实践证明，STIX 规范可以描述威胁情报中多方面的特征，包括威胁因素、威胁活动、安全事故等，它最大限度地利用 DHS（Department of Homeland Security，美国国土安全部）规范指定各个 STIX 实体中包含的数据项的格式。

3. TAXII

TAXII 提供安全的传输和威胁情报信息的交换功能。TAXII 除了支持传输 TAXII 格式的数据外，还支持传输多种格式的数据。当前的通常做法是：用 TAXII 传输数据，用 STIX 进行情报描述。TAXII 在标准化服务和信息交换的条款中定义了交换协议，可以支持多种共享模型，包括 Hub-and-Spoke（辐射型）、Peer-to-Peer（P2P，对等型）、Subscription（订阅型）。TAXII 提供了安全传输功能，但未考虑拓扑结构、信任问题、授权管理等策略，这些内容由更高级别的协议和约定实现。

4. MILE

MILE 封装的标准涵盖了与 DHS 系列规范大致相同的内容，特别是 CybOX、STIX 和 TAXII。MILE 标准为指标和事件定义了一个数据格式，该封装还包含了 IODEF（Incident Object Description and Exchange Format，事件对象描述和交换格式）。IODEF 合并了许多 DHS 系列规范的数据格式，还提供了一种交换可操作的统计性事件信息的格式，并且支持自动处理。它还包含了 IODEF-SCI（IODEF for Structured Cybersecurity Information，结构化网络安全信息的事件对象描述和交换格式）和 RID（Real time Internetwork Defense，实时互联网络防御），支持自动共享情报和事件。

6.2 大数据分析技术在威胁情报中的应用

1. KNN 算法概述

KNN（*k*-Nearest Neighbors）算法通常被称为 *k* 近邻算法，于 1968 年由 Cover 和 Hart 提出，是机器学习中最为经典的算法之一。它是一种基本分类与回归算法。*k* 近邻

的意思是 k 个最近的邻居。KNN算法的输入为特征向量的实例,对应于特征空间的点;输出为实例的类别,可以取多个类。KNN算法要给定一个训练数据集,其中的实例类别是事先给定的。分类时,对新的实例,需要根据其 k 个最近邻的训练实例的类别,通过多数表决等方式进行预测。因此,KNN算法不具有显式的学习过程。KNN算法实际上利用训练数据集对特征向量空间进行划分,并将其作为分类的模型。k 值的选择、距离度量及分类决策规则是KNN算法的3个基本要素。

KNN算法的基本思想是:如果一个样本的特征空间中 k 个最近邻的样本中的大多数属于某个类别,那么该样本也属于这个类别,并且具有这个类别的样本的特性。在KNN算法中,当训练数据集、距离度量(如欧几里得距离)、k 值及分类决策规则(如多数表决)确定后,对于任何一个新的输入实例,它所属的类可以唯一地确定。这相当于根据上述要素将特征空间划分为一些子空间,确定子空间里每个点所属的类别。

1) 距离计算

特征空间中点的距离有几种度量方式,例如常见的曼哈顿距离、欧几里得距离等。通常KNN算法中使用的是欧几里得距离。以二维空间为例,两个点的欧几里得距离的计算公式如下:

$$\rho = \sqrt{(x_2-x_1)^2+(y_2-y_1)^2} \tag{6-1}$$

由式(6-1)可得,欧几里得距离其实就是计算 (x_1,y_1) 和 (x_2,y_2) 的距离。拓展到多维空间,公式演变为

$$d(x,y) = \sqrt{(x_1-y_1)^2+(x_2-y_2)^2+\cdots+(x_n-y_n)^2} = \sqrt{\sum_{i=1}^{n}(x_i-y_i)^2} \tag{6-2}$$

KNN算法计算预测点与所有点的距离,然后对结果进行排序,选出前面 k 个值,统计属于哪个类别的结果比较多,那么预测点就属于哪个类别。

2) k 值选择

k 值的选择会对KNN算法的结果产生重大影响。

如果选择较小的 k 值,就相当于用较小的邻域中的训练实例进行预测。其优点是学习的近似误差会减小,只有与输入实例较接近的(相似的)训练实例才会对预测结果起作用。其缺点是学习的估计误差会增大,预测结果会对近邻的实例点非常敏感。如果近邻的实例点恰巧是噪声,预测就会出错。换句话说,k 值的减小就意味着整体模型变得复杂,容易发生过拟合。

如果选择较大的 k 值,就意味着整体模型变得简单,相当于用较大的邻域中的训练实例进行预测。其优点是可以减少学习的估计误差。其缺点是学习的近似误差会增大。这时,与输入实例较远的(不相似的)训练实例也会对预测起作用,使预测发生错误。例如,设训练数据集的实例数为 N,当 $k=N$ 时,那么无论输入实例是什么,都将简单地预测它属于训练数据集中实例数最多的类。这时的模型过于简单,完全忽略了训练数据集中的大量有用信息,是不可取的。在应用中,k 值一般取一个比较小的数值,通常采用交叉验证法选取最优的 k 值。

3）分类决策规则

KNN算法中的分类决策规则往往是多数表决，即由输入实例的 k 个邻近的训练实例中的多数所属的类决定输入实例的类。多数表决规则有如下解释：如果分类的损失函数为 0-1 损失函数，分类函数为

$$f:\mathbb{R}^n \to \{c_1, c_2, \cdots, c_K\} \tag{6-3}$$

那么误分类的概率是

$$P(Y \neq f(X)) = 1 - P(Y = f(X)) \tag{6-4}$$

对给定的实例 $x \in X$，其最近邻的 k 个训练实例点构成集合 $N_k(x)$。如果涵盖 $N_k(x)$ 的区域的类别是 c_j，那么误分类率是

$$\frac{1}{k} \sum_{x_i \in N_k(x)} I(y_i \neq c_j) = 1 - \frac{1}{k} \sum_{x_i \in N_k(x)} I(y_i = c_j) \tag{6-5}$$

如果误分类率最小，即经验风险最小，那么需要保证 $\sum_{x_i \in N_k(x)} I(y_i = c_j)$ 值最大，所以多数表决等价于经验风险最小化。

4）KNN算法的优势和劣势

1KNN算法有以下优点：

（1）简单易用。相比其他算法，KNN算法比较简洁明了，原理容易理解。

（2）模型训练时间快。

（3）预测效果好。

（4）对异常值不敏感。

KNN算法有以下缺点：

（1）因为该算法存储了所有训练数据，对内存容量要求较高。

（2）预测阶段可能很慢。

（3）对不相关的功能和数据规模敏感。

KNN算法简单、直观。给定一个训练数据集，对新的输入实例，在训练数据集中找到与该实例最近邻的 k 个实例，如果这 k 个实例的多数属于某个类，就把该输入实例分为这个类。

KNN算法实现如下：

算法输入：训练数据集 $T = \{(x_1, y_1), (x_2, y_2), \cdots, (x_N, y_N)\}$。

其中，$x_i \in X \subseteq \mathbb{R}^n$ 为实例的特征，$y_i \in Y = \{c_1, c_2, \cdots, c_K\}$ 为实例的类别，$i = 1, 2, \cdots, N$。

算法输出：实例 x 所属的类 y。

具体过程：

① 计算测试实例与各个训练实例之间的距离。

② 将距离由小到大排序。

③ 选取距离最小的 k 个点。

④ 确定前 k 个点所在类别的出现频率。

⑤ 返回前 k 个点中出现频率最高的类别作为测试实例的预测类别。

KNN算法的核心步骤可以形式化地描述如下：

(1) 根据给定的距离度量，在训练数据集 T 中找出与 x 最近邻的 k 个点，将涵盖这 k 个点的 x 的邻域记作 $N_k(x)$。

(2) 在 $N_k(x)$ 中根据分类决策规则（如多数表决）确定 x 的类别 y：

$$y = \underset{x_i \in N_k(x)}{\arg\max} \sum I(y_i = c_j) \quad (i=1,2,\cdots,N; j=1,2,\cdots,K) \tag{6-6}$$

其中，I 为指示函数，当 $y_i = c_j$ 时 I 值为 1，否则 I 值为 0。

KNN算法的特殊情况是 $k=1$ 的情形，称为最近邻算法。对于输入的实例点 x，最近邻法将训练数据集中与 x 最近邻点的类作为 x 的类。

2. KNN算法举例

为便于理解 KNN 算法，以约会网站的数据进行说明。

1) 收集数据

假设一位女士通过使用约会网站寻找适合自己的配偶，尽管约会网站会推荐不同类型的男士供其挑选，但她并不是喜欢每一个人。她对交往过的人可以进行如下分类：

- 对其完全没有兴趣。
- 对其有一点兴趣。
- 对其有很大兴趣。

对该女士一段时间的约会数据进行统计，这些约会对象主要包含以下 3 种特征：

- 每年飞行里程。
- 玩游戏的时间百分比。
- 每周饮酒量。

这些约会对象的数据如表 6-2 所示。最后一列是该女士对约会对象的好感，1 代表对其完全没有兴趣，2 代表对其有一点兴趣，3 代表对其有很大的兴趣。

表 6-2 约会对象数据 1

序 号	每年飞行里程	玩游戏的时间百分比	每周饮酒量	好 感
1	40 920	8.326 976	0.953 952	3
2	14 488	7.153 469	1.673 904	2
3	26 052	1.441 871	0.805 124	1
4	75 136	13.147 394	0.428 964	1
5	38 344	1.669 788	0.134 296	1
6	72 993	10.141 740	1.032 955	1
7	35 948	6.830 792	1.213 192	3
8	42 666	13.276 369	0.543 880	3
9	67 497	8.631 577	0.749 278	1

续表

序　号	每年飞行里程	玩游戏的时间百分比	每周饮酒量	好　感
10	35 483	12.273 169	1.508 053	3
11	50 242	3.723 498	0.831 917	1
12	63 275	8.385 879	1.669 485	1
13	5569	4.875 435	0.728 658	2
14	51 052	4.680 098	0.625 224	1
15	77 372	15.299 570	0.331 351	1
16	43 673	1.889 461	0.191 283	1
17	61 364	7.516 754	1.269 164	1
18	69 673	14.239 195	0.261 333	1
19	15 669	0.000 000	1.250 185	2
20	28 488	10.528 555	1.304 844	3
21	6487	3.540 265	0.822 483	2
22	37 708	2.991 551	0.833 920	1
23	22 620	5.297 865	0.638 306	2

现在有一个新的约会对象，其每年飞行里程是 10 000，玩游戏的时间百分比是 5，每周饮酒量是 1，判定该女士对于他的好感程度。

2）准备数据

在将上述特征数据输入分类器前，必须将待处理的数据转换为分类器可以接收的格式。需要将数据分成两部分，即特征矩阵和对应的分类标签向量。

3）分析原始数据

表 6-3 给出了两个样本。

表 6-3　约会对象的两个样本

序　号	每年飞行里程	玩游戏的时间百分比	每周饮酒量
1	20 000	0	1.1
2	32 000	67	0.1

这两个样本之间的欧几里得距离的算式如下：

$$d(x,y) = \sqrt{(20\,000 - 32\,000)^2 + (0 - 67)^2 + (1.1 - 0.1)^2} \tag{6-7}$$

在上面的算式中数字差值最大的属性对计算结果的影响最大，在本例中，每年飞行里程对计算结果的影响将远远大于其他两个特征。而产生这种现象的唯一原因仅仅是因为每年飞行里程的数值远大于其他两个特征的数值。这 3 个特征是同等重要的，因此每年飞行里程并不应该如此严重地影响计算结果。

在处理这种情况时,通常采用将数值归一化的方法,例如将取值范围处理为 0~1 或者 -1~1。下面的公式可以将任意取值范围的特征值转换为 0~1 的值：

$$\text{newValue} = (\text{oldValue} - \min)/(\max - \min) \tag{6-8}$$

其中,min 和 max 分别是数据集中的最小特征值和最大特征值。虽然改变取值范围增加了分类器的复杂度,但得到了更为准确的预测结果。

4) 测试算法

机器学习算法一个很重要的工作就是评估算法的正确率。通常选择已有数据的 90% 作为训练数据,用于训练分类器;而使用其余的 10% 数据作为测试数据,检测分类器的正确率。需要注意的是,测试数据应该是随机选择的。

可以通过改变分类器的 k 值,计算测试结果的方差,检测错误率是否增加,最终找到一个比较合适的 k 值。

5) 使用算法

对前述新的约会对象,若取 $k=3$,最后得到的结果是：该女士对这个约会对象的好感程度为 1。

由此可以了解 KNN 算法的运行机制以及对数据进行特征向量处理的一些注意事项。

3. KNN 算法在恶意网页检测中的应用

恶意网页信息属于一种重要的威胁情报。恶意网页是一个比较宽泛的概念。简单地说,对上网用户有害的网页都可以称为恶意网页,主要包括以下几类：

- 挂马网页。
- 被篡改的首页。
- 钓鱼、欺诈网页。
- 恶意软件下载网页。
- 木马下载网页。
- 僵尸网页。

恶意网页往往有几种常见的域名后缀,例如.pw、.cc、.icu、.vip 等,而且恶意网页中包含的恶意代码往往属于某种恶意代码家族中的某一个或其变种,在代码特征上具有一定的相似性。由于恶意网页在互联网上大量分布,所以仅靠人工分辨难以完成。通过 KNN 算法可以实现恶意网页的快速检测,具体过程如下：

(1) 数据采集。通过网络爬虫对网页内容进行自动爬取,将网页信息保存下来并进行初步的数据清洗。

(2) 特征提取。黑客常会通过一定攻击手段在合法网站中插入恶意网页,而不是搭建一个独立域名的恶意网站进行攻击,这样仅仅从域名识别恶意网页将非常困难。此外,有些恶意网页可能包含恶意代码,而不是直接在浏览器中载入 URL。因此,需要对网页内容进行分析。通过对网页中包含的标签、属性、文本、脚本等元素进行数据分析,可以有效判断该网页是否为恶意的。以网页中包含的标签类型为例,使用 KNN 算法进行恶意网页判断时,可以将恶意网页中常见的 N 个标签项作为特征向量,再将不在这个常见标签列表中的内容单独作为一个向量维度,组成 $N+1$ 维的向量。分别统计目标网页中各个标签出现的次数,并除以目标网页的标签总数,作为向量值。将向量值作为输入,与样本数据一起对分类器进行训练。

(3) 测试算法。测试数据集往往包含 80% 的已知分类的恶意网页样本和 20% 的正常网页样本,采取交叉验证的方式进行机器学习训练,通过调整 k 值,计算验证集合的方差,检测错误率是否增加。

(4) 预测分类。确定 k 值,输入待检测网页的特征向量,根据 KNN 算法进行分析,计算当前的特征向量与样本数据的关系,确定当前输入的网页是否为恶意网页,若是,则确定其属于哪一类恶意网页。最终经人工核对,可以将检测结果反馈至威胁情报平台,使威胁情报内容得到扩充。这样不断地重复整个过程,最终形成更加丰富、全面的威胁情报库。

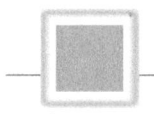

小结

本章首先介绍了威胁情报的基本概念、分类、用途及生命周期;然后介绍了威胁情报的相关标准与规范;最后介绍了大数据分析技术在威胁情报中的应用,包括 KNN 算法的基本思想、原理和算法过程以及 KNN 算法在威胁情报中的应用。

第 7 章 基于大数据分析的日志分析技术

7.1 日志分析

7.1.1 日志

简单地说，日志是计算机系统，包括硬件设备和软件等，在某种触发下反应生成的过程性事件的记录数据。通过日志数据，可以了解操作人员在什么时间通过操作什么设备或应用系统做了哪些操作。日志数据的来源主要是产生日志的硬件设备、系统软件或应用软件等，具体包括存储设备、网络设备、安全设备、操作系统、数据库、业务系统等。例如，UNIX 操作系统会记录用户登录和注销的信息，防火墙会记录 ACL 通过和拒绝的信息，磁盘存储系统在发生故障或者系统认为将会发生故障的情况下生成日志信息。

不同来源的数据记录了不同用户的不同行为，对日志来源的范围进行划分，有利于对日志数据进行分析。下面简单介绍几种日志类型：

(1) 安全日志主要是针对攻击、恶意软件感染、数据窃取及其他安全问题的检测和响应事件的记录。例如用户身份认证（登录）的记录以及某个用户访问某个信息资源的记录，这些记录目的在于分析该用户是否是合法用户以及该用户是否具有访问某个资源的合适授权。

(2) 运营日志主要是针对网络设备的当前状态以及网络管理人员对网络设备进行的操作和管理行为的记录，例如针对网络设备进行配置变更、针对端口进行改变等。运营日志对于网络设备的管理、运维具有重要作用，而且可以作为安全审计的依据，甚至作为定价策略的支持（例如，基于 Web 服务器的访问日志可以作为访问定价和广告定价的依据）。

(3) 应用程序调试日志是一类特殊的日志，它主要供应用程序开发人员使用。开发人员通过应用程序调试日志可以快速掌握应用程序源代码，从而进行问题分析和定位，快速处理应用程序缺陷。

7.1.2 网络环境下日志的分类

网络环境中存在着各种各样的日志。从日志产生的来源的角度，日志主要分为三大类：操作系统日志、网络设备日志、应用系统日志。

1. 操作系统日志

1）UNIX/Linux 系统日志

UNIX/Linux 的系统日志细分为 3 个日志子系统：

（1）连接时间日志子系统。该子系统通常会与多个程序的执行产生关联，一般情况下，将对应的记录写到/var/log/wtmp 和/var/run/utmp 中。为了使系统管理员能够有效地跟踪谁在何时登录过系统，一旦触发 login 等程序，就会对 wtmp 和 utmp 文件进行相应的更新。

（2）进程统计日志子系统。该子系统主要由系统的内核实现记录操作。如果一个进程终止，系统就能够自动记录该进程，并在进程统计的日志文件中添加相应的记录。这类日志能够记录系统中各个基本的服务，可以有效地记录与提供相应命令在某一系统中使用的详细统计情况。

（3）错误日志子系统。该子系统主要由系统进程 syslogd（新版 Linux 发行版采用 rnsyslogd 服务）实现操作。它由各个应用系统（例如 HTTP、FTP、Samba 等）的守护进程、系统内核自动利用 syslogd 向/var/log/messages 文件中添加记录，用来向用户报告不同级别的事件。

2）Windows 日志

在 Windows 操作系统中，日志文件包括系统日志、安全日志及应用程序日志。

（1）系统日志。主要是指 Windows 2003/Windows 7/Windows 10 等操作系统中的各个组件在运行中产生的各种事件。这些事件一般可以分为系统中各种驱动程序在运行中出现的重大问题、操作系统的多种组件在运行中出现的重大问题以及应用软件在运行中出现的重大问题等，主要包括重要数据的丢失、错误等，甚至是系统产生的崩溃行为。

（2）安全日志。Windows 安全日志与系统日志的区别在于它主要记录各种与安全相关的事件。构成该日志的内容主要包括各种对系统进行登录与退出的成功或者不成功信息以及对系统中的各种重要资源进行的各种操作（例如对系统文件进行的创建、删除、更改等操作）。

（3）应用程序日志。它主要记录各种应用程序产生的各类事件。例如，系统中 SQL Server 数据库程序一旦成功完成数据的备份操作，就立即向指定的日志发送记录，该记录中包含与对应的事件相关的详细信息。

2. 网络设备日志

通常网络设备包括路由交换设备、防火墙、入侵检测设备及 UPS 系统等。由于上述设备的厂家和标准的差异，它们在产生日志时必然存在着不同的格式。下面以防火墙和交换机为例进行说明。

1）防火墙日志

防火墙作为常见的网络安全设备，通常包括安全日志、NAT 日志和攻击日志等日志类型，可以提供多种日志存储方式，可以缓存在设备本地，导出至本地终端，也可以将日志以标准格式 Syslog 输出。防火墙日志记录的事件如下：

- AAA（认证、授权和审计）事件。
- 系统资源、配置变更事件。
- 病毒事件。
- 攻击事件。
- 异常事件。
- 启动事件。

事件可以通过邮件告警、硬件声音告警及短信告警等方式及时通知管理员进行相关的运维和处理工作。

2) 交换机日志

中高端交换机以及各种路由器一般情况下都会采取一定的方式记录设备自身的运行状态，并且将系统在运行中产生的异常情况记录下来。另外，在兼容性方面，上述网络设备通常都提供了对 Syslog RFC 3164 的支持，并对该协议所明确的各种日志处理机制提供支持，因此，可以通过 Syslog 协议实现不同设备之间多种日志的相互转发。

3. 应用系统日志

应用系统日志是指在系统软件或者应用程序的工作过程中对应用程序的某些重要事件进行记录形成的日志，例如数据库日志、数据库中间件日志和文件系统日志等。

数据库（Oracle、SQL Server、MySQL 等）一般都使用事务的工作模型，因此都具有事务日志，主要用于记录所有的事务以及每个事务对数据库进行的操作。事务日志属于数据库的重要组件，主要用于数据库恢复。例如数据库系统出现故障，则需要使用事务日志将数据库恢复到故障前的状态。

数据库中间件会使用数据引擎连接数据库，因此它的日志通常分为两类：数据库 SQL 日志和非数据库日志。数据库 SQL 日志可以追踪数据库方面的问题，非数据库日志一般是记录错误的日志。

文件系统日志通常用于文件系统的故障恢复。当文件系统数据有变动时，在变动前将数据提交给文件系统，将文件系统的变动通过日志的形式保存下来。当系统崩溃或者断电时，文件系统可以通过该日志记录快速恢复到系统的正常状态，避免数据损坏。

7.1.3 日志的格式、语法和内容

1. 日志格式

为了确保分析结果的准确性，实现日志分析的自动化，减少人为工作量，在对日志数据进行分析之前，需要对日志的格式、语法和内容等信息进行处理。任何日志都可以从逻辑上分为 4 部分：

(1) 日志传输。
(2) 日志语法与格式。
(3) 日志内容。
(4) 日志记录的设置、配置与建议。

下面对关键概念进行详细介绍。

日志传输就是将日志消息从一个地方转移到其他地方的方式。日志传输协议有许多种，例如 Syslog、SQL Server Management Studio 和许多专有产品特定的日志传输协议，还有一些日志记录机制没有自己的传输方法（例如本地日志文件）。日志传输机制必须既能保证日志数据的完整性、可用性以及机密性（如果有需求），又能维护日志的格式和意义并使发生的所有事件都能得到正确的表示，具备正确的时间（具有时间戳）和事件顺序。目前比较常用的日志传输机制有 Syslog UDP、Syslog TCP、加密 Syslog、SOAP over HTTP、SNMP，也有基于传统文件传输方式的机制，例如 FTPS 或 SCP。其中，Syslog UDP 是最流行的日志传输机制。

日志语法与格式定义了日志消息形成、传输、存储、审核以及分析的方式。在最简单的情况下，事件记录可以作为文本字符串看待，可以在日志中执行全文搜索。但为了进行可靠的自动化事件分析，日志需要按照一定的格式记录相应的事件。目前比较知名的日志文件格式有 W3C 扩展日志文件格式、Apache 访问日志、Cisco SDEE/CIDEE 格式、ArcSight 公共事件格式、Syslog 格式等。

然而，现在的大部分日志依然没有遵循任何指定或预定的格式（或者说只有消息的一小部分遵循格式，例如时间戳），仍然是自由格式的文本。目前有的日志文件是人类可读或 ASCII 码格式，而有的日志文件则是二进制格式。人类可读或 ASCII 码格式的日志的例子是 UNIX Syslog 格式的日志，下面是一条记录：

```
Nov 15 23;16;26 ns1 sshd2[12579]; connection from "10.85.179.198"
```

该日志记录表示 IP 地址为 10.85.179.198 的主机通过 SSH 登录了服务器。

Web 服务器、防火墙和各种平台上的许多应用程序都采用容易查看的文本文件记录日志。但是要注意，人类可读格式、文本格式以及 ASCII 码格式并非完全同义；Unicode 文本格式也很常见，而且并不是每个人都能够（或愿意）阅读嵌套关系复杂、包含冗长文本行和许多标记的 XML 格式的日志文件。

二进制格式的日志文件最常见的例子就是 Windows 事件日志。其他的常见二进制格式的日志还有 UNIX wtmp 文件，它包括登录记录和进程统计信息。虽然 Tcpdump 二进制格式严格地说不算是一种日志格式，但是它可以被定义为一种网络包数据的日志记录格式，因此也可被归入这一类。

为什么选择二进制作为日志数据格式？如果所有日志记录是基于文本、容易阅读的，那么对人类来说会更简单。但是，二进制日志记录相对于文本日志来说有着较好的性能并且节省存储空间。如果一个系统每秒要收集成千上万条日志记录，即使对于现代的 CPU 来说，也会耗费相当一部分计算资源和时间。而且，系统用户通常有一个合理的期望，即日志记录不会破坏系统性能。

二进制格式的日志数据通常所需的存储量更小（平均信息量低），因此格式化或写入等操作需要的处理更少。由于二进制格式的消息通常比 ASCII 码格式的消息更小，所以日志文件占据的磁盘空间更少，在传输时占用的 I/O 资源也更少。

另外，日志分析系统解析二进制文件需要的处理时间通常也更少，而且二进制文件的数据字段与数据类型的定义更清晰。而日志分析系统解析 ASCII 码格式日志时，常常需要通过模式匹配抽取信息中的有用内容,就不得不处理更多的数据。

压缩日志从定义上看属于二进制日志,它进一步为采用二进制日志记录提供了理由:日志记录可以进行压缩。显而易见,若日志文件是一个加密格式,则它必须采用二进制形式。采用二进制日志的其他原因包括它们更难于阅读。从安全角度而言,显然二进制文件相比于可读性文本具有更高的安全性。

还有一类日志格式是关系数据库,它既不是真正的文本,也不是二进制格式。关系数据库将二进制记录存储在一个添加(或称为插入)和读取(或称为选择)性能很高的表中,该表由数据库模式(schema)定义。数据库模式是用来定义表中的记录和整个数据库中的表的方法。

日志格式还分为开放的和专有的。开放格式表示公开记录,往往以标准化文档(例如 ISO ANSI 或 Internet 标准)或参考文档(例如 RFC)的形式记录。专有格式可能公开,也可能不公开,通常由特定的设备供应商使用。但是,专有格式通常是没有文档的,人们只有依靠供应商的日志阅读器和处理工具阅读日志。理解专有格式日志的方法只能是通过逆向工程等技术研究它。但是这种方法可能会曲解某个特定字段的意义、数据类型以及取值范围,从而得到无用或者误导性的结果。

日志记录的设置、配置和建议主要是说明日志需要记录哪些事件、日志记录的规则和事件的表达方式。但是迄今为止并没有标准的日志记录规则。此外,不仅要关注记录的事件,还要重视每个事件日志记录应包含的细节信息。

2. 日志语法

任何格式的日志文件都有语法,日志语法在概念上与自然语言语法相似。人类语言语法中的句子通常包含主语、谓语、宾语,有时还包含表语、补语和定语。句子的语法涵盖句子成员之间的关联和含义。需要注意的是,语法并不涉及消息的内容。换句话说,语法处理的是如何构造要表述的内容,而不是使用具体词语。

那么,在日志消息的环境下语法又有什么意义呢?一些类型的日志消息自身具有人类语言的部分语法,日志消息每部分由各种类型的信息模式组成。基于规则,可以定义一组通用的日志字段。而正是由于其必要性,故应存在于每条日志条目中。例如,常见的一组字段如下:

(1) 日期/时间(理想情况下应该包含时区)。
(2) 日志条目的类型。
(3) 产生该条目的系统。
(4) 产生该条目的应用程序或组件。
(5) 成功与失败的信息。
(6) 日志消息的严重性、优先级或重要性(通常存在于所有 Syslog 消息中)。
(7) 该日志相关的任何用户活动,也可记录用户名。

日志语法对于任何一种日志数据的自动分析都非常重要。需要按照语法将日志分解成各个组成部分,才能从日志数据中得出正确的结论。一些日志分析软件产品(商用和开源)已经开发了消息模式(Message Schema)以确定各种日志类型的语法,这种模式可以满足从各种设备、系统、应用程序等来源的日志文件产生的任何消息。

总的来说,在做任何一种日志分析之前,都必须对日志文件语法有深刻的理解。在自动化日志分析系统中,这种理解就是通常所说的模板。

各种各样的系统和设备供应商会采用少数特定日志记录类型,并结合几种常见语法。例如,一些安全日志被记录为 XML 格式,以便进行更简单、信息更丰富的集成。很多运营日志通过 Syslog 格式记录,采用非结构化文本或半结构化消息。与此相似,许多调试日志也采用 Syslog 格式甚至临时文本文件,而高性能日志记录常常采用二进制格式和专有格式。表 7-1 对常用日志记录选项进行了总结。

表 7-1　常用日志记录类型

类型	XML 日志记录	Syslog 日志记录	文本文件日志记录	专有日志记录
解析模式	大部分机器阅读	大部分人工阅读	只适合人工阅读	只能机器阅读
常见用途	安全日志记录	运营日志和调试日志记录	调试日志记录(临时启用)	高性能日志记录
示例	Cisco IPS 安全设施	大部分路由器和交换机	大部分应用程序调试过程	Checkpoint 防火墙日志记录,数据包捕获
应用场景	进行更简单,信息更丰富的集成	添加 name-value 之类的结构,简化自动分析;用于大部分运营场景	如果日志在运营中保持启用,添加结构以启用自动分析	仅用于实现超高性能
缺点	性能较低,日志消息较大	缺少消息结构,使得自动分析比较复杂	通常只有开发人员可以理解	除非利用专业工具转换成文本,否则很难人工阅读

3. 日志内容

前面讨论了日志的格式和语法,但日志内容才是真正重要的。根据日志的内容,可以对日志进行分类,同类型的日志在活动类型、参与角色、事件结果以及其他相关的数据上应该是一致的或者类似的,例如,多个系统记录相同事件,那么可以预期记录该事件的日志内容的描述是基本相同的。

日志内容的分类现在还没有精确定义的公开标准,但是有一些标准已经进入开发阶段。当今大部分安全信息、事件管理以及日志管理提供商已经在产品内开发并广泛使用了自身的日志分类方法,但是它们采用的基本分类原则略有不同。

日志内容是一个困难的主题,因为有许多信息需要关注,但由于使用的标识、表述方式的不同,导致理解不一致、信息不完整或容易产生误导。下面给出各种信息类型的概述,指出在日志中包含什么以及应该从中寻找什么,以便通过日志文件分析获取信息。

日志中可能包含与用户活动有关的信息,例如谁登录了系统、用户正在做什么以及用户发送和接收的邮件等。日志也能向用户提示系统出现的故障或在系统可能出现故障时发出预警,例如对磁盘错误的提示或预警。日志还能告诉用户哪些工作正在正常进行,并给出资源利用和性能的相关信息,还可以显示状态改变、启动和停止等信息。日志也能告诉用户有关入侵尝试的信息，还可以标识一次成功的入侵（例如防火墙告警日志）。

以下是涵盖了整个安全、运营以及调试范畴的日志消息类型：

（1）变更管理。记录系统变更、组件变更、更新、账户变更以及受到变更管理过程控制的任何其他信息。这些日志一般可分为添加、删除、更新以及修改的记录。它们可能跨越安全日志和运营日志之间的分界线。

（2）身份认证和授权。记录身份认证和授权决策（例如某个设备上成功或失败的登录）。这类消息对用户登录状态进行记录，尤其是特权用户的登录行为。记录用户登录状态是最常见的用于记录和识别异常登录行为的安全消息，每个应用程序和网络设备都应该生成这类消息。这些安全消息在运营日志中也常常出现，例如追踪用户是否使用了某个特定系统。

（3）数据和系统的访问。这些消息和前几类相关，对应用程序组件和数据（例如文件或数据库表）访问的记录在安全以及性能运营方面也有用处。在某些情况下，这些消息并不总是启用状态，只在敏感环境中生成。

（4）威胁管理。包括从传统的入侵警报到违反安全策略的各种威胁活动，这类消息由具有安全专用功能的网络设备（例如防火墙）产生。

（5）性能和容量管理。与系统性能和容量管理相关的一大类消息，包括各种阈值、内存和计算能力以及其他资源的利用率。

（6）业务持续性和可用性管理。大部分系统在开机或关机时会记录相关日志，其他持续性和可用性日志消息与备份、冗余或者业务连续性功能利用相关。这些是很常见的运营消息，在安全方面用处不大。

（7）杂项错误和失败。设计者认为应该引起用户注意的其他系统错误被划分到此类，它们不是关键运营消息，不一定需要设备管理员采取某些行动。

（8）杂项调试消息。调试日志一般由具体开发人员酌情产生，很难硬性分类。大部分调试日志在运营生产环境下不启用，以避免产生大量的日志记录占用存储资源，或者由于将调试信息回显到应用界面中而使安全风险出现。

7.1.4 日志分析概述

所谓日志分析，就是规范、整合、分析、关联一些重要的事件记录，做出适当的追踪、调查，并提出合理的应对措施。通过分析日志数据，能第一时间发现系统的异常并提供给系统管理者。由于日志数据量大而且格式差异较大，因此只有对日志进行有效的分析甚至大范围的协同分析，才能帮助系统管理者掌握各种异常情况的特征，从而进行早期的预防，并能根据错误和异常信息发现并阻止入侵行为。

日志作为计算机系统的辅助管理工具，其主要应用表现在以下几方面：

（1）对用户行为进行审计。系统日志通过监控账户使用情况及用户的行为来防止恶意行为的滥用。

（2）监控恶意行为。日志能够反映非法用户在网络系统中的各种恶意行为，检测不合法行为。

（3）对入侵行为的检测。通过及时收集、保全和分析不安全的行为以及系统和网络行为的原始信息,对黑客入侵计算机系统的过程进行溯源追踪。

(4) 系统资源的监控。对计算机系统中内存、硬盘、进程、网络、文件、外围设备等的使用情况进行监控,并发现资源的异常占用及磁盘等硬件资源错误。

(5) 帮助恢复系统。系统遭到破坏前的状态信息以及入侵过程和结果信息都被记录在系统日志中,可以帮助技术人员迅速确定系统故障原因,进而恢复系统功能。

(6) 评估造成的损失。可以确定黑客入侵行为的范围并进一步评估损失,以便采取相应的措施。

(7) 计算机犯罪的取证。记录系统和网络行为的原始信息,通过及时收集、管理和分析系统日志,可以帮助相关部门追踪攻击者入侵网络系统的路径,对计算机犯罪活动进行取证,从而打击和震慑计算机犯罪活动。

(8) 调查报告的生成。可以根据日志获取的入侵工具、过程、结果以及攻击者的身份获得详尽的调查报告。

7.1.5 网络日志分析相关术语

以下是网络日志分析中使用的主要术语。

(1) 事件。在某个环境中发生的事情,通常涉及改变状态的尝试。事件通常包括时间、发生的事情以及与事件或者环境相关的任何可能有助于解释或者理解事件原因及效果的细节。

(2) 事件字段。描述了事件的某个特征。事件字段的例子包括日期、时间、源 IP 地址、用户标识及主机标识。

(3) 事件记录。事件字段的集合,这些字段共同描述了某个事件。

(4) 日志。事件记录的集合。"数据日志""活动日志""审计跟踪""日志文件""事件日志"等术语常常与日志的意义相同。

(5) 日志数据源。产生日志数据的原始来源。

(6) 日志管理中心。对采集到的日志数据进行集中处理、存储、分析的功能模块。

(7) 审计。在一定环境下评估日志的过程。审计的典型目标是评估整体状态或者识别任何值得注意或有疑问的活动。

(8) 审计日志。审计过程中产生的日志数据。

(9) 记录。保存与某个特定事件相关的各事件字段作为事件记录的行为。

(10) 授权管理员。具有日志分析产品管理权限的用户,负责对日志分析产品的系统配置、安全策略和日志数据进行管理。

(11) 可信主机。能够赋予其他主机管理日志分析产品权限的主机。

7.1.6 网络日志分析流程

网络日志分析流程包括以下 5 个步骤。

1. 日志数据的采集

日志数据的采集要完成以下工作:

(1) 标准协议接收。日志分析产品应能接收从日志数据源发送的基于 Syslog、SNMP、Trap、FTP 或其他标准协议的日志数据。

(2) 代理方式采集。日志分析产品应能通过日志代理方式采集日志数据源的日志数据。

(3) 日志文件导入。日志分析产品应能导入通用格式的日志文件。

2. 日志数据的过滤和规范化

1) 过滤

在过滤阶段,对所有的日志消息进行检索和判断,清除无关的数据,以减少整个系统的负载,过滤可以归纳为如下操作:

(1) 保存或清除无关的日志数据。

(2) 将原始日志消息解析为常见的格式,以便更方便地分析数据。

2) 规范化

在规范化阶段,获取原始日志数据,并将其各个元素(源和目标 IP 地址等)映射到一个公共的格式,这对于分类很重要。对原始日志消息进行规范化时,其结果通常被称为事件(event),它表示一条规范化的日志消息。规范化过程的另一个任务是分类,也就是将日志消息转换为更有意义的信息块。

规范化原始日志消息的步骤如下:

(1) 获取使用的产品的文档。

(2) 阅读文档中原始日志数据格式及每个字段的说明。

(3) 提出格式化数据所用的对应解析表达式。大部分日志系统使用正则表达式解析数据。

(4) 在样本原始数据上测试解析逻辑。

(5) 部署解析逻辑。

不管规范化事件所用的最终存储机制是什么,下列字段都是最常用的字段:

(1) 源和目标 IP 地址。用于后续的关联分析。

(2) 源和目标端口。用于理解哪些服务试图访问系统或者被系统访问。

(3) 日志分类。分类和编码是明确日志消息含义的一种手段,通过日志类型可以合并同类的日志消息。

(4) 时间戳。日志在设备上生成的时间和日志记录系统接收日志消息的时间。

(5) 用户信息。包括用户名、命令、目录位置等。

(6) 优先级。供应商对日志消息优先级的评估。

(7) 原始日志。保留原始日志数据,用于确保规范化事件的有效性。

3. 日志数据的存储

一个合乎逻辑、实用并具备合适范围的日志存储计划不会有过高的成本,且仍可满足组织需要。在进行日志存储策略的设计时,应该认真分析以下各项需求:

(1) 评估适用的依从性需求。根据《中华人民共和国网络安全法》第二十一条,网络运营者应当采取监测、记录网络运行状态、网络安全事件的技术措施,并按照规定留存相关的网络日志不少于6个月。当前很多行业也有具体的日志存储期限。例如,《支付卡行业数据安全标准》(PCI DSS)规定了日志留存周期为一年。在设计日志存储策略时,需要满足这些法律或行业标准的最低要求。

(2) 评估组织的风险态势。内部和外部的网络风险存储周期不同。对不同的组织来说,每个风险领域的时间长度以及日志的重要性可能有很大的不同。如果日志主要用于内部威胁调查,则需要较长的留存周期,因为事故常常是多年都未曾发现的。

(3) 关注各种日志来源和生成日志的大小。防火墙、服务器、数据库、Web代理服务器等不同的设备或应用程序生成的日志大小有很大的不同。例如,主防火墙会生成大量的日志内容,但是受存储条件、存储空间的限制,通常只存储30天的日志。因此,为了满足此数据的长期留存需求,应该仔细评估组织的依从性需要以及主防火墙的关键程度,决定是否采用更长的留存周期(例如《中华人民共和国网络安全法》规定的6个月或PCI DSS的一年)。

(4) 评估可用的存储选项。日志存储选项包括硬盘、DVD、WORM(Write Once Read Many,一次写入多次读取)光盘、磁带、关系数据库管理系统(Relational Database Management System,RDBMS)、日志特定存储以及基于云的存储。这方面的决策主要取决于价格、容量、访问速度,最重要的是以合理的周期得到正确日志记录的能力。

4. 日志记录的处理和分析

1) 日志记录的处理

日志记录的处理包括以下两个任务:

(1) 数据整合。检查日志记录是否重复或无效,并进行数据的整合,即采用一定的技术手段对日志记录进行去重和有效性检查,以保证数据的有效性、一致性,并减少冗余信息。

(2) 数据拆分。若日志记录的单一字段包含多种信息,并且这些多种信息间有分隔符,则要将此单一字段拆分成便于分析的若干字段。

2) 日志记录的分析

日志记录的分析包括以下内容:

(1) 事件辨别。日志分析产品应能动态地维护一个事件库,对网络中的各种事件根据一定的特征进行分类,并且应能对采集的日志数据进行分析,判断日志数据所属的事件类型。

(2) 事件定级。日志分析产品应为不同类型的事件设定级别,以表明事件的性质或揭示此类事件对信息系统的危险程度。

(3) 事件统计。日志分析产品应能够根据事件的以下属性进行统计。

- 事件主体。
- 事件客体。
- 事件类型。
- 事件级别。
- 事件发生的日期和时间。

- 日志数据源的 IP 地址或名称。
- 事件的其他属性或属性的组合。

(4) 潜在危害分析。日志分析产品应能设定单类事件累计发生次数或发生频率的阈值。当统计分析表明此类事件超出阈值时,则表明信息系统出现了潜在的危害。

(5) 异常行为分析。日志分析产品应维护一个与信息系统相关的合法用户的正常行为集合,以此区分入侵者的行为和合法用户的异常行为。

(6) 关联事件分析。根据事件的级别、事件的累计发生次数等指标进行综合分析,从而对信息系统或信息系统中单个资源的风险等级进行评估。通过对多个日志数据源进行关联事件分析,应能发现多次访问行为,并能根据已知的事件序列以图示方法模拟出完整的访问路径。

(7) 日志记录数据挖掘。从大量的日志数据中提取隐含的、事先未知的、具有潜在价值的有用信息和知识。具体要求如下:

① 提取同一类型的事件的共同性质,如事件频繁发生的时间段等。

② 提取单个事件和其他事件之间的依赖或关联的知识,如事件发生的因果关系等。

③ 提取反映同类事件共同性质的特征和不同事件之间的差异性特征,揭示隐含事件的发生。

④ 发现其他类型的知识,揭示偏离常规的异常现象。

⑤ 根据数据的时间序列,由历史的和当前的数据推测未来的数据。例如,分析某一目标系统的用户访问日志,从中寻找用户的普遍访问规律。

5. 日志分析报告

报告是日志分析的支柱。根据日志分析结果生成报告,是大多数日志分析必须包含的工作。不同情况下、不同用户关注的报告内容也不同。以下是 6 种适应大部分情况的报告类型:

(1) 身份认证和授权报告。用于识别以各种不同权限级别(身份认证)访问各种系统的企图(无论是成功的还是失败的),以及特定权限用户的活动、使用特权功能(授权)的企图等。

(2) 变更报告。用于识别系统和安全的各种关键变更,包括配置文件、账户、监管和敏感数据以及系统或者应用程序的其他组件。

(3) 网络活动报告。用于识别各系统的可疑和有潜在危险的网络活动,以及可能违反法律、法规的活动。

(4) 资源访问报告。用于识别整个组织各种系统、应用程序和数据库资源的访问模式,以便进行活动审计、趋势分析和事故检测。

(5) 恶意软件活动报告。用于总结各种恶意软件活动和与恶意软件可能相关的事件。

(6) 故障和关键错误报告。用于总结各种严重的错误和故障指示,对于网络安全具有直接意义。

7.1.7 日志分析系统典型产品

目前国内外的互联网公司都使用自己研发的日志收集系统或者使用主流开源的日志收集工具系统地处理业务日志。本节对目前主流的日志收集系统进行简要的介绍。

Chukwa 是 Hadoop 系列的产品,它是一个由很多 Hadoop 组件组成的开源项目,使用 HDFS 存储,MapReduce 处理数据。在处理 Hadoop 集群日志时,使用了很多模块分析日志,其中 Adaptor、Agent、Collector 是 Chukwa 中 3 个主要的组件。Adaptor 是数据源,它提供了封装文件的功能,同时也可以使用 UNIX 命令行工具等。Agent 为 Adaptor 提供服务,包括启动和关闭 Adaptor。Agent 通过 HTTP 传递数据,达到与 Collector 通信的目的,同时会定期记录 Adaptor 的状态,以便在服务器节点意外关闭后能恢复系统运行,实现可靠的安全性。Collector 可以合并数个数据源中的数据,然后加载到 HDFS 中。Collector 可以隐藏 HDFS 实现的细节。例如,HDFS 版本更换后,只需修改 Collector 即可。

在使用 Chukwa 时会受到框架的限制,例如数据源需要灵活、动态。存储系统的性能和扩展性也制约了 Chukwa 的使用。这些在分析大规模数据时造成了一定的限制。

Scribe 是 Meta(原 Facebook)公司内部的一个开源日志收集系统。在进行日志分析处理时,Scribe 将日志进行统计并存储到一个中央存储系统,具有非常良好的容错性,为日志的分布式收集和统一处理提供了可扩展的、高容错性的方案。当后端存储系统发生宕机时,Scribe 会临时使用本地磁盘存储数据;当系统恢复正常之后,Scribe 再从本地磁盘将日志恢复到中央存储系统中。

Kafka 是一个基于 Scala 语言编写的开源项目,整体架构比较新颖,更适合异构集群。Kafka 可以看作一个分布式消息系统,具有高吞吐量、高性能的特点。由于 Kafka 采用生产者和消费者模式,因此它实际上是一个消息发布订阅系统。Kafka 可以新建一个主题(topic)。生产者的消息必须被发送到某个主题中,同时消费者也必须订阅主题才能对消息进行消费。消息由经纪人(broker)管理,当一个主题中有新的消息时,经纪人会将消息分发给订阅它的消费者。在 Kafka 中,消息一定是基于主题的,主题是消息最基本的分类。而在主题中,基本单位是分区(partition)。分区存在的目的是为了进行数据的有效管理和服务器节点间的负载均衡。同时,Kafka 的各个节点之间使用 Zookeeper 进行负载均衡,可以使用 Kafka 自带的 Zookeeper 或者系统中单独安装的 Zookeeper。

Flume 是 Cloudera 公司的日志收集系统,具有日志收集聚合和传输的功能以及高可用性和高可靠性的特点。Flume 内部有很多日志数据发送方式,支持以用户定制的发送方式进行日志的收集。同时,Flume 具有处理日志的能力,处理后的日志将被分发给下游的系统。

7.2 大数据分析技术在日志分析中的应用

7.2.1 基于大数据分析的日志分析架构及工具

1. 日志分析架构

随着日志数据的爆发式增长，日志信息逐渐具备了大数据的一些特征。由于不同应用软件产生的日志信息在格式、存储方式上均不统一，导致日志信息的数据处理工作量巨大，难度较高。大数据分析技术对提高日志数据信息处理质量有决定性的影响。图 7-1 是基于大数据分析技术的日志分析系统架构。

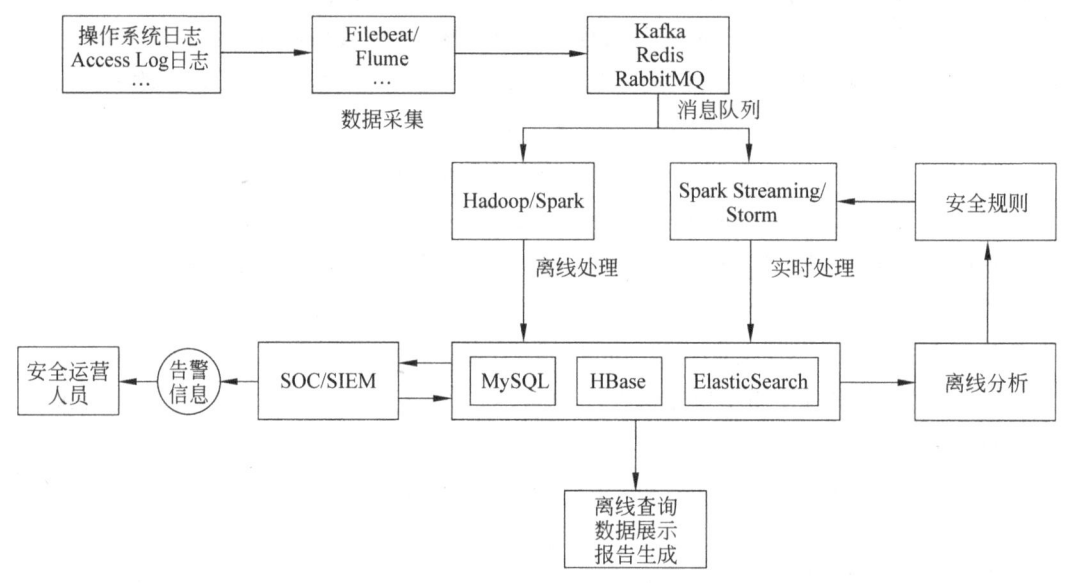

图 7-1 基于大数据分析技术的日志分析系统架构

1) 数据采集

在大型网络环境中通常会收集包括操作系统日志、Access Log 日志、WAF 日志、HIDS 日志在内的一系列日志。在工作中经常用到的是操作系统日志及 Access Log 日志，这两种日志对于安全工作来说至关重要。通过分析操作系统安全日志，可以获得当前主机中正在执行的命令、当前主机登录的用户、登录操作的 IP 地址等信息，在经过初步处理后，设置相应的检测规则及告警规则，能够检测主机中的异常行为，如爆破、执行威胁命令等动作。Access Log 日志中包含所有用户（正常用户和异常用户）的网页请求访问信息，虽然在不同的网络环境下 Access Log 日志都不一样，但其应用场景基本相同。通过处理 Access Log 日志，并设置相应的检测、告警规则，可发现针对 Web 的攻击行为，如 SQL 注入攻击、XSS 攻击、文件包含攻击、通用扫描器攻击行为等。目前通用的日志采集方式是使用 Filebeat、Flume 等工具来进行日志数据的采集。

2）消息队列

在进行大规模日志分析时，由于日志的数据量越来越大，存储日志信息对速度的要求也越来越快。为了满足需求，使用消息队列中间件解决大量日志接收、存储和转发的问题。常用作消息队列中间件的组件有 Kafka、Redis、RabbitMQ 等。

3）离线处理

离线处理也称离线日志分析。为了对日志进行深度的数据分析和挖掘，以及对一些后台操作记录进行追溯，需要对海量的日志信息进行持久化存储。对不需要进行实时分析的海量数据，可以将其保存在分布式文件系统 HDFS 上，然后通过 Hadoop 或者 Spark 组件进行数据分析和挖掘。对需要进行实时展示的内容，则可以将其保存在 HBase 上。HBase 是高可靠、高性能、可伸缩的列式存储系统，支持数据表的自动分区，避免了传统关系型数据库单表容量不足的局限性，能支持海量数据的存储。离线日志分析的功能是批量获取数据、批量传输数据、周期性批量计算数据和实时展示数据。

4）实时处理

实时处理也称实时日志分析。在很多应用中需要分析实时日志数据，例如，实时分析线上应用的负载、网络流量、磁盘 I/O 操作等系统信息，实时检测异常活动，等等。流式计算是实时日志分析的核心技术，通过流式计算可以完成对目标日志数据的实时计算以及实时处理功能。实时日志分析的过程如下：首先，使用 Flume 等组件监听日志文件，并实时抓取每一条日志信息，存入 Kafka 等消息队列中；然后，由 Kafka 等工具将日志信息转发至 Spark Streaming 或 Storm 等流式处理框架中；最后，将处理后的数据存入 MySQL 等数据库，实现持久化存储。

2. 日志分析工具

由于日志数据量大、日志中包含的信息量巨大、人工查看日志能力有限等原因，促进了日志分析工具的发展。下面介绍一些功能强大、记录详细的日志分析工具。

1）Splunk

Splunk 提供了一个机器数据的搜索引擎，同时也是一款顶级的日志分析软件，可以处理常规的日文格式，例如 Apache、Squid、系统日志、Mail.log 等。Splunk 允许集中日志，用于取证和关联，也能根据需要进一步调查采取行动的事件类型，生成实时警报。

2）AWStats

AWStats 是在 SourceForge 上发展很快的基于 Perl 的 Web 日志分析工具，系统本身可以运行在 GNU/Linux 上或安装了 Active Perl 的 Windows 上，解决了跨平台问题，且分析的日志直接支持 Apache 格式（Combined）和经过修改的 IIS 格式。

3）ELK

ELK 是 ElasticSearch、Logstash、Kibana 三大开源框架首字母缩略语。ElasticSearch 是一个基于 Lucene、分布式、通过 RESTful 方式进行交互的近实时搜索平台框架。Logstash 是 ELK 的中央数据流引擎，用于从不同目标（文件、数据存储、MQ）收集的不同格式的数据，经过过滤后支持输出到不同目的地（文件、MQ、Redis、ElasticSearch、Kafka 等）。Kibana 可以将 ElasticSearch 的数据通过友好的页面展示出来，提供实时分析的功能。在日志分析过程中,通过 Logstash 收集每台服务器日志文件,然后按定义的正则模板过滤后传输到 Kafka 或 Redis,然后由另一个 Logstash 从 Kafka 或 Redis 读取日志,存储到 ElasticSearch 中并创建索引,最后通过 Kibana 展示给开发者或运维人员进行分析。

4) Webalizer

Webalizer 是一个高效的、免费的 Web 服务器日志分析程序。其分析结果是 HTML 文件格式,从而可以很方便地通过 Web 服务器进行浏览。Internet 上的很多站点都使用 Webalizer 进行 Web 服务器日志分析。Webalizer 具有以下特性:

(1) 程序使用 C 语言编写,所以具有很高的运行效率。在主频为 200MHz 的计算机上,Webalizer 每秒可以分析 10 000 条记录,所以分析一个 40MB 大小的日志文件只需要 15s。

(2) Webalizer 支持标准的一般日志文件格式(common logfile format)。除此之外,它也支持几种组合日志格式(combined logfile format)的变种,从而可以统计客户情况以及客户操作系统类型。它还支持 Wu-ftpd Xferlog 日志格式以及 Squid 日志文件格式。

(3) 支持命令行配置以及配置文件。

(4) 支持多种语言,用户也可以自己进行本地化工作。

(5) 支持多种平台,例如 UNIX、Linux、Windows、OS/2 和 macOS 等。

5) OSSEC

OSSEC 是一个出色的开源日志留存和分析工具。这个工具集包含许多平台的代理,支持从现有 Syslog 接收日志,包括对无代理选项的支持,该选项能够检查许多无法安装 OSSEC 代理的平台上的文件完整性,甚至可以安装在 VMware 主机系统上,对虚拟化基础设施进行监控。该工具中许多预装的规则能够帮助管理人员管理实时警报,通过基于 Web 的用户界面可用于进一步的警报和日志审核,大大缩短了日志分析的人工过程。

7.2.2 日志异常检测技术的研究现状

近年来,随着非结构化日志解析方法和机器学习的发展,基于机器学习的日志异常检测技术成为研究重点。基于机器学习的日志异常检测技术包括基于监督学习和基于无监督学习两种。

本节将分别对两种日志异常检测技术进行简单介绍。

1. 基于监督学习的日志异常检测技术

基于监督学习的日志异常检测技术是通过训练机器学习分类模型进行异常检测的。

一种技术是基于日志异常特征的。这种异常检测依赖于专家对异常日志特征的广泛了解。当专家向检测系统提供攻击特征的细节时,一旦一个已知模式的异常日志被采集,系统就能立刻检测到异常。能否检测到异常完全取决于系统是否掌握了异常日志的特征,只有当专家事先向系统提供了异常日志的特征时才能检测到该攻击。这表示这个系统只能检测到它已知的异常,而对新型的日志没有检测能力。

另一种技术需要构建正常日志活动的知识库配置文件,并将偏离基本配置文件的活动视为异常。这种技术的优势在于能够检测到完全新型的异常日志数据,只要这些日志表现出与正常日志不同的特征，就会被判定为异常日志。不过由于未包含在知识库中的正常日志也会被视为异常日志，因此很容易出现误报。这种检测技术需要不断进行训练以建立正常日志活动的档案，耗时较多，且效果取决于正常日志数据集的可用性。虽然获得完全无异常信息的大量日志数据并没有想象中的困难，但是，在不断发展的网络环境中，要保持正常日志数据的配置文件时刻为最新版本并不容易。

2. 基于无监督学习的日志异常检测技术

基于无监督学习的日志异常检测技术主要是聚类算法和关联规则学习。

1）聚类算法

基于无监督学习的日志异常检测技术的核心是聚类算法。聚类算法是一种经典的、无监督的机器学习方法，它是按照一定的要求和规则对各种集合进行区分和分类的算法。聚类的过程一般是在混乱复杂的数据集中挖掘模式，将数据对象划分成由相似的对象组成的多个簇。聚类算法形成许多个簇，每一个簇是一组数据对象的集合，同一个簇中的数据对象相似，不同的簇中的数据对象有差别。聚类的优点是不需要数据标记，大部分聚类算法都是基于数据特征的分布进行的。若聚类后发现某些簇的数据量比其他簇的数据量小，而且这些簇中数据的特征分布等与其他簇的差异也很大，那么在大部分时候，这些簇里的样本点可能大概率是异常点。聚类可以创建数据分类模型，构建一种无监督的异常检测系统。聚类算法分为以下几类：

(1) 基于层次的聚类算法。其基本思想是：通过某种相似性度量计算节点之间的相似性，并按相似度由高到低进行排序，逐步地重新连接每个节点。基于层次的聚类算法可以分为自底向上的聚类算法和自顶向下的聚类算法两类。基于层次聚类算法的优点是可以随时停止聚类的过程，实现较容易，但是此算法的扩展性较差。

(2) 基于划分的聚类算法。首先确定划分的簇个数，然后选择簇的初始中心点，再根据样本点做迭代训练，直到最后聚类的簇内中样本点都足够接近，各个簇间的点都足够远。簇中心会被迭代地重新分配，这个过程将不断重复，直到满足某个终止条件。通过计算每个簇的正常半径，得到阈值，找出大于阈值的点，它们就是异常数据。

(3) 基于密度的聚类算法。该算法的一般假定类别可以通过样本分布的密集程度决定。同一类别的样本在样本空间中应该是紧密相邻的，因此将它们聚类为同一个簇。因此，那些不会被分到任何一个簇的对象就可以被判定为异常值。基于密度的聚类算法可以不受聚类形状的限制，对任何形状的数据进行聚类。

基于聚类的异常检测算法的难点在于如何选择簇的个数和样本空间异常样本点的存在性。选择不同的簇个数，其产生的结果或效果几乎完全不一样。而且离群点的质量依赖于聚类簇的质量，不同的聚类模型通常只适合特定的数据类型。

2）关联规则学习

除了聚类算法，无监督学习的经典应用场景还有关联规则学习。关联规则学习的目的是从事务数据集中分析数据项之间潜在的关联关系，揭示其中蕴含的对用户有价值的模式。一般认为，由关联规则学习发现的关系可用关联规则的形式表示。关联规则产生过程包括两个重要的步骤：一是频繁项集的生成；二是根据频繁项集形成关联规则。通过对正常状态的日志进行采集和分析,进行关联规则学习,然后就会形成一组关联规则。所有的关联规则组合起来就是日志正常状态的综合描述,可以将这些规则作为参照用于日志异常检测中。

7.2.3 关联关系算法——Apriori 算法

1. Apriori 算法概述

Apriori 算法是关联规则学习算法中最为经典的一种,它是由美国学者 Agrawal 在 1993 年提出的。Apriori 算法在各种领域应用良好,能够有效地分析海量事务之间的相关性,为决策提供有效的支持。它利用逐层搜索的迭代方法找出数据库中项集的关系以形成规则,其过程由连接(类矩阵运算)与剪枝(去掉不必要的中间结果)组成。关联规则学习是数据挖掘中最活跃的研究方法之一。Agrawal 最初提出 Apriori 算法的动机是分析购物车问题,其目的是为了发现交易数据库中不同商品之间的关联规则。这些规则刻画了顾客购买行为模式,可以用来指导商家科学地安排进货、库存以及货架设计等。此后很多研究人员对关联规则的挖掘问题进行了大量的研究,以提高挖掘规则算法的效率、适应性和可用性。

从大规模数据集中寻找物品间的隐含关系被称作关联规则学习或者关联分析,是一种在大规模数据集中寻找有趣关系的任务。这个任务包括两项内容:发现频繁项集和从频繁项集中发现关联规则。

(1) 频繁项集是经常出现在一起的物品的集合,例如香烟和打火机。

(2) 关联规则暗示两种物品之间可能存在很强的关系,通常表示物品之间的"如果……那么……"关系,例如"如果购买香烟,那么有很大概率会购买打火机"。

Apriori 算法主要由两步组成:第一步,从事务记录中获取频繁项集;第二步,根据频繁项集获取关联规则。那么,如何定量地衡量一个物品集合是否为频繁项集?如何定量地衡量两种物品之间的关系?在这里就需要引入一些新的概念:

(3) 项集。项的集合。项如果是商品,那么项集就是商品的集合。

(4) 支持度。数据集中属于某个项集的记录所占的比例,也就是该项集在数据集中的出现频率,用以衡量项集的频繁程度。其计算公式如下:

$$\text{Support}(X,Y) = P(XY) = \frac{\text{number}(XY)}{\text{number}(\text{AllSamples})} \tag{7-1}$$

(5) 置信度。是针对关联规则定义的,表示某个项集在指定条件下的出现概率,用以衡量物品之间的关系。其计算公式如下:

$$\text{Confidence}(X \Rightarrow Y) = P(Y \mid X) = \frac{P(XY)}{P(X)} \tag{7-2}$$

假设某人经营一家商品种类并不多的杂货店,他对那些经常一起被购买的商品非常感兴趣。杂货店只有 4 种商品,用 0~4 表示。他不关心客户购买某一商品多少件,只关心客户同时购买哪几种商品。

图 7-2 显示了 4 种商品所有可能的组合。在图 7-2 中,最上面的集合是空集,表示不包含任何商品的集合,依次往下表示各种商品组合的项集,商品集合之间的连线表明两个

或者更多集合可以组合成一个更大的集合。

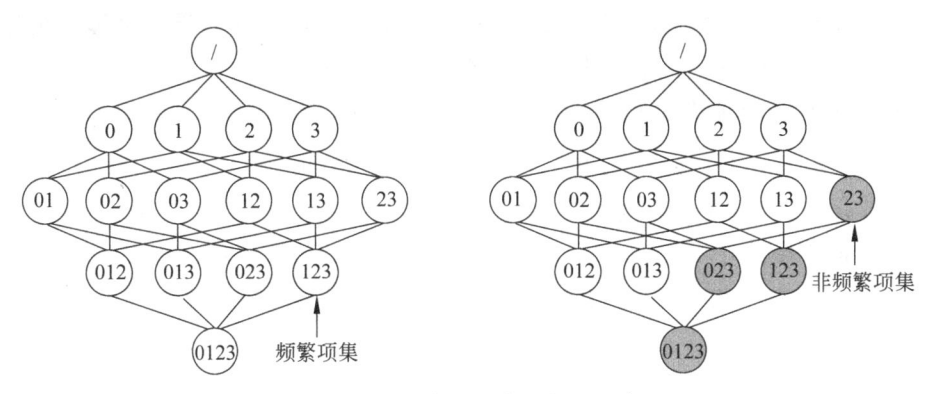

图 7-2 4 种商品所有可能的组合

在计算项集支持度时,需要遍历每条记录并检查该记录是否包含项集中的元素。在扫描完所有数据之后,使用统计得到的项集的记录总数除以总的交易记录数,就可以得到该项集的支持度。

观察图 7-2 可以发现,即使对于仅有 4 种物品的集合,也需要遍历数据 15 次。而随着物品数目的增加,遍历次数会急剧增长,对于包含 N 种物品的数据集共有 2^N-1 种项集组合。当物品的数量增加时,可能的项集组合呈指数级增长,对于现代计算机而言,需要很长的时间才能完成计算。

为了降低计算时间,研究人员提出了 Apriori 原理,该原理可以减少需要考虑的项集数目。

(1) 如果某个项集是频繁的,那么它的所有子集也是频繁的,见图 7-2 左图。

(2) 如果某个项集是非频繁的,那么它的所有超集也是非频繁的,见图 7-2 右图。

该原理推导过程如下:

(1) 假设项集{1,2,3}为频繁项集,支持度为 S。

$$P(123) \geqslant S$$
$$P(123) = P(12)P(3 \mid 12)$$
$$P(12) \geqslant P(123)$$
$$P(12) \geqslant S$$

(2) 假设项集{2,3}为非频繁项集,支持度为 S。

$$P(23) < S$$
$$P(123) = P(23)P(1 \mid 23) \leqslant P(23)$$
$$P(123) < S$$

根据 Apriori 原理,假设项集{2,3}是非频繁的,那么后续的项集{0,2,3}、{1,2,3}以及{0,1,2,3}都是非频繁的。也就是说,一旦计算出项集{2,3}的支持度,知道它是非频繁的之后,就不需要再计算项集{0,2,3}、{1,2,3}以及{0,1,2,3}的支持度,因为这些集合一定不会满足要求。因此,使用 Apriori 原理就可以避免项集数目的指数级增长,从而在合理时间内计算出频繁项集。这就是取名为 Apriori(先验的)算法的原因。在定义问题时，通常会使用先验知识。先验知识可能来自领域知识、先前的一些测量结果等。在关联分析中，运用先验知识判断后续的项集是否频繁。

Apriori 算法的具体描述如下：

算法输入：数据集合 D，最小支持度 α，最小置信度 β。

算法输出：强关联规则。

具体过程：

① 扫描整个数据集，得到所有出现过的数据，作为候选频繁 1 项集($k=1$)。频繁 0 项集为空集。

② 挖掘频繁 k 项集。

③ 扫描数据，计算候选频繁 k 项集的支持度。

④ 去除候选频繁 k 项集中支持度低于阈值的数据集，得到频繁 k 项集。如果得到的频繁 k 项集为空，则直接返回频繁 $k-1$ 项集的集合作为算法结果，算法结束；如果得到的频繁 k 项集只有一个，则直接返回频繁 k 项集的集合作为算法结果，算法结束。

⑤ 基于频繁 k 项集，连接生成候选频繁 $k+1$ 项集。

⑥ 令 $k=k+1$，转入步骤②，依次产生高层级的频繁项集，直至不能产生新的候选频繁项集为止。

⑦ 根据选定的频繁项集，找到它所有的非空子集。

⑧ 找到所有可能性的关联规则，最后计算所有可能的关联规则的置信度，同时满足最小支持度和最小置信度的规则为强关联规则。

2. Apriori 算法举例

假设在某超市的数据库中有 4 条交易记录，如表 7-2 所示，其中有 5 件不同种类的商品，最小支持度为 0.5，最小置信度为 1。通过 Apriori 算法分析交易商品的关联规则，可以更好地制定商品的进货和营销策略，分析顾客购买行为模式，从而提高超市的商品交易额。

表 7-2 超市交易记录

交 易 号	商 品
0	牛奶,啤酒,可乐
1	面包,啤酒,尿布
2	牛奶,面包,啤酒,尿布
3	面包,尿布

Apriori 算法执行步骤如下：

(1) 生成候选频繁 1 项集。支持度的计算公式为 Support＝Count/5，计算结果如下：

Itemset	Count	Support
{牛奶}	2	0.50
{面包}	3	0.75
{啤酒}	3	0.75
{可乐}	1	0.25
{尿布}	3	0.75

剪去不满足最小支持度要求的项集{可乐}，生成频繁1项集：

Itemset	Count
{牛奶}	2
{面包}	3
{啤酒}	3
{尿布}	3

（2）在频繁1项集上进行连接，生成候选频繁2项集：

Itemset	Count	Support
{牛奶,面包}	1	0.25
{牛奶,啤酒}	2	0.50
{牛奶,尿布}	1	0.25
{面包,啤酒}	2	0.50
{面包,尿布}	3	0.75
{啤酒,尿布}	2	0.50

剪去不满足最小支持度要求的项集后，生产频繁2项集：

Itemset	Count
{牛奶,啤酒}	2
{面包,啤酒}	2
{面包,尿布}	3
{啤酒,尿布}	2

（3）在频繁2项集上进行连接，生成候选频繁3项集：

Itemset	Count	Support
{牛奶,啤酒,面包}	1	0.25
{牛奶,啤酒,尿布}	1	0.25
{面包,尿布,啤酒}	2	0.50

去掉不满足最小支持度要求的项集后,得到频繁 3 项集:

Itemset	Count
{面包,尿布,啤酒}	2

由于频繁 3 项集只有一个,所以不能再连接,不必生成频繁 4 项集。

(4) 求强关联规则。

{面包,尿布,啤酒}的非空子集为{面包}、{尿布}、{啤酒}、{面包,尿布}、{面包,啤酒}、{尿布,啤酒}。

生成关联规则:

{面包}→{尿布,啤酒}的置信度为

$$P(\{尿布,啤酒\}|\{面包\}) = \frac{P(\{面包,尿布,啤酒\})}{P(\{面包\})} = \frac{2}{3}$$

{尿布}→{面包,啤酒}的置信度为

$$P(\{面包,啤酒\}|\{尿布\}) = \frac{P(\{面包,尿布,啤酒\})}{P(\{尿布\})} = \frac{2}{3}$$

{啤酒}→{面包,尿布}的置信度为

$$P(\{面包,啤酒\}|\{尿布\}) = \frac{P(\{面包,尿布,啤酒\})}{P(\{啤酒\})} = \frac{2}{3}$$

{尿布,啤酒}→{面包}的置信度为

$$P(\{面包\}|\{尿布,啤酒\}) = \frac{P(\{面包,尿布,啤酒\})}{P(\{尿布,啤酒\})} = 1$$

{面包,啤酒}→{尿布}的置信度为

$$P(\{尿布\}|\{面包,啤酒\}) = \frac{P(\{面包,尿布,啤酒\})}{P(\{面包,啤酒\})} = 1$$

{面包,尿布}→{啤酒}的置信度为

$$P(\{啤酒\}|\{面包,尿布\}) = \frac{P(\{面包,尿布,啤酒\})}{P(\{面包,尿布\})} = \frac{2}{3}$$

则满足最小置信度的关系有{尿布,啤酒}→{面包}和{面包,啤酒}→{尿布},为强关联关系。

3. Apriori 算法在日志分析中的应用

通过对日志文件相关记录的分析,得到多项用于分析网络安全的参数,部分参数如表 7-3 所示。

表 7-3 日志记录部分参数

编　号	参　　数	危险等级
A	时间戳	低
B	基本的 IP 特征	中

续表

编 号	参　　数	危险等级
C	TCP 或 UDP 源和目标端口	高
D	描述性文本解释	中
E	匹配流量的规则号	中
F	执行的动作	高

用表 7-4 表示某一时段不同记录的安全因素变化情况。

表 7-4　安全因素变化情况

记 录 号	参　　数	记 录 号	参　　数
1	ABE	6	ADF
2	ABEF	7	ADEF
3	DE	8	ABCE
4	ABEF	9	ADEF
5	ACE		

在 Apriori 算法第一次迭代中，每一项均是一个项集。Apriori 算法扫描发生的所有事件，并计算每一项出现的次数。设最小支持度为 2，确定项集集合 L_1，如表 7-5 所示。

表 7-5　集合 L_1

项　集	支　持　度	项　集	支　持　度
{A}	8	{D}	4
{B}	4	{E}	8
{C}	2	{F}	5

对上述项集集合，利用 Apriori 算法进行多次迭代计算，得到表 7-6 所示的处理结果。

表 7-6　Apriori 算法处理结果

项　集	支　持　度
{A,B,E,F}	2
{A,D,E,F}	2

通过上述步骤，得到{A,B,E,F}与{A,D,E,F}两个频繁项集，同时得到强关联规则。

7.2.4　KNN 算法在日志分析中的应用

KNN 算法是一种最简单、最常用的分类学习算法。KNN 算法通过测量不同特征值之间的距离进行分类，在第 6 章已经进行了详细的介绍。该算法的思路是：如果一个样本属于特征空间中的 k 个最相似(即在特征空间中最近邻)的样本中的大多数所属的类别,则该样本也属于这个类别,其中 k 通常是不大于 20 的整数。在 KNN 算法中,选择的近邻都是已经正确分类的对象。该算法在分类决策时只依据最近邻的一个或者几个样本的类别决定待分类样本所属的类别。KNN 算法的关键是确定待检测样本与最近邻的已知样本的距离,因此该算法的核心步骤就是距离的计算。在进行距离计算时一般使用欧几里得距离或曼哈顿距离。欧几里得距离在 6.2 节已经给出了。曼哈顿距离的计算公式如下:

$$d(x,y) = \sqrt{\sum_{k=1}^{n} |x_k - y_k|} \quad (7\text{-}3)$$

KNN 算法的基本前提是定义不同样本的特征,每种特征表现样本的某种独特性。拥有的样本和特征越多,对于未知样本的分类就越准确。那么,距离公式起什么作用呢?该公式使用两个数据:x 和 y。其中,x 是已知样本的集合,y 是分类的样本。然后基于欧几里得距离公式或曼哈顿距离公式计算两个样本之间的距离值。k 起作用的地方是取得与待检测样本 k 个最近邻的样本,并使用多数投票方案,哪个类样本的个数最多,则待检测样本就属于该类。

下面通过用一个例子了解 KNN 算法在实践中的应用。以下列举了本例的特征:
(1) 过多的出站流量(EOT)。
(2) 过多的入站流量(EIT)。
(3) 下班时间 VPN 登录(VPNLI)。
(4) 防火墙接受(FWA)。
(5) 防火墙拒绝(FWD)。
(6) 从内部网络向外部网络登录(LOIN)。
(7) 连续多次失败登录(MFL)。
(8) 至少一次成功登录(SL)。
(9) 单一来源探查多个目标 IP 地址(SSPMD)。
(10) 单一来源探查多个目标 IP 地址和端口(SSPMDP)。

表 7-7 展示了一组日志数据样本和每个样本的特征集(空白意味着某一样本没有相应的特征)。

表 7-7 日志数据样本

样 本	EOT	EIT	VPNLI	FWA	FWD	LOIN	MFL	SL	SSPMD	SSPMDP
可能的暴力破解登录				√			√	√		
可能的暴露破解登录				√			√		√	
端口扫描			√						√	√
端口扫描									√	√
可能的渗透	√		√	√						
可能的渗透	√		√			√				

KNN算法尝试的是分类和检测需要多个事件的场景，以便组成更高级的行为。也就是说，并不是简单地利用单一日志消息分类，而是用多个日志消息定义模式。

表 7-8 展示了待分类样本通过 KNN 算法分类的结果。

表 7-8　KNN 算法分类结果

EOT	EIT	VPNLI	FWA	FWD	LOIN	MFL	SL	SSPMD	SSPMDP	结　果
	√				√	√	√			可能的暴力破解登录
								√		端口扫描
									√	端口扫描
√										可能的渗透
√			√							可能的渗透

KNN 算法的优点在于容易理解和实现。其缺点是：如果特征集和未知集较大，可能花费较多的计算时间。

小结

本章首先介绍了网络日志的定义、分类、格式、语法和内容，以及日志分析的基本流程、相关术语和研究现状。然后介绍了基于大数据分析的日志分析架构及工具和日志异常检测技术的研究现状，以及大数据分析算法示例，包括 Apriori 算法的基本思想、原理和算法过程以及 KNN 算法在日志分析中的应用。

第8章 基于大数据分析的网络欺诈检测

8.1 网络欺诈

8.1.1 网络欺诈概述

网络欺诈是指利用在互联网上安插诈骗程序、发布虚假信息、篡改数据资料等手段，非法获取信息、实物或金钱等网络违法犯罪行为。

网络欺诈与其他欺诈相比更具隐蔽性和欺骗性，其欺诈手段更是层出不穷，例如黑客欺诈、网友欺诈、网络钓鱼欺诈等多种形式。网络欺诈严重危害人们的生命财产安全，甚至危及社会秩序和国家安全。网络欺诈已经成为社会公害，其主要手段有以下3种：

（1）钓鱼网站。不法分子主要利用一些具有较强欺骗性的电子邮件和伪造的 Web 站点进行网络欺诈活动。不法分子通常将自己伪装成正规的网络银行、在线零售商或信用卡机构的网站等，骗取用户的银行卡账户及密码、信用卡号、身份证号等信息。钓鱼网站这种欺诈方式最先出现在美国，逐渐漫延到其他国家和地区。

（2）利用网络通信工具进行欺诈。互联网不仅是广大用户学习、休闲、娱乐的空间，而且是相互通信的重要渠道。互联网上有很多方式让网友相互交流和通信，例如微信、QQ、电子邮箱、论坛等。因为网络通信过程中双方信息不对称，很难验证对方的身份，给不法分子钻空子提供了可乘之机。不法分子利用自己掌握的信息赢得受骗人的信任，这个过程需要长期的投入，但是对于不法分子来说回报一般是巨大的。

（3）利用网络上泄露的个人隐私进行诈骗。随着用户网龄的增长和网络领域的延伸，很多网民的个人信息在不经意间广泛存在于个人网络空间、个人博客、购物网站、即时通信软件、电子邮箱服务器、在线求职网站的数据库中，甚至某些网站的注册用户数据库也会包含用户个人隐私。只要攻克某台服务器，就可以顺藤摸瓜，逐级深入，攻陷其余的服务器，这样就可以获得大量的用户数据，描绘用户的画像，给网络欺诈带来很大的便利。

8.1.2 钓鱼网站

钓鱼网站通过在互联网上发布虚假网站，利用用户的好奇心或轻信心理，吸引用户访问并输入个人的信息,从而窃取用户的个人隐私信息,并进行网络欺诈活动,给互联网用户利益造成严重的损害。这种通过诱骗方式实施的攻击方法类似于日常的钓鱼活动,因此通常被称为钓鱼网站。钓鱼网站是网络欺诈的主流方式。

1. 钓鱼网站的组成

钓鱼网站由以下两部分组成:

(1) 网页。钓鱼网站首先要模拟与官方网站相似的网页,以诱使用户进行登录操作。常见的网页一般都含有看似复杂的文字、图片、链接以及 Flash 动画等内容,即使有些内容无法点击也无关紧要,因为几乎所有人都不会清楚地记得特定网页上显示的具体内容。不法分子往往将制作好的网页放到一个可以公开访问的服务器上,使得任何人都可以通过互联网访问这个钓鱼网站的网页。

(2) 后台技术。设计钓鱼网站的目的是获取用户的个人隐私信息,因此如何诱骗用户在网页上输入个人隐私信息是至关重要的一步。通常,不法分子在模拟官方网页之后,会根据自己的需要对网页代码进行修改,设计各种超链接形式的跳转逻辑,从而达到自己的目的。例如,正常的网页会将用户的输入传送到后台数据库,并进行校验或回传等操作,而钓鱼网站则不需要进行用户名、密码的校验过程,只需要将用户的输入传送到预先设定好的后台即可。这里的后台可以是具体的文本文件或数据库,也可以利用特定程序将用户输入的内容通过电子邮件发送到不法分子的电子邮箱中。不法分子还可以利用操作系统的漏洞,事先在目标计算机中植入木马程序,在用户浏览钓鱼网站时,记录用户输入时的按键序列并直接发送给黑客。图 8-1 展示了钓鱼网站的工作流程。

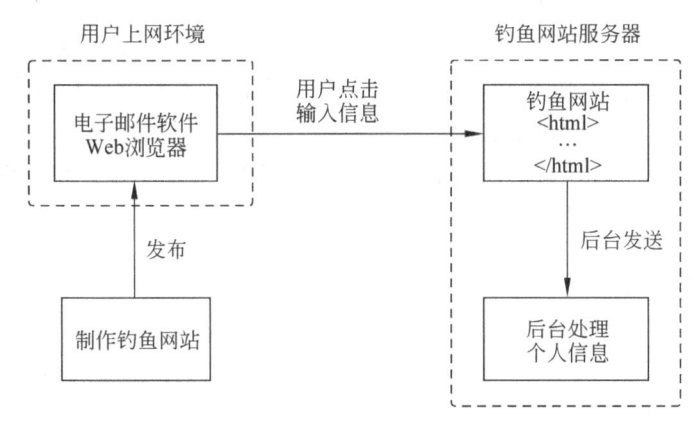

图 8-1 钓鱼网站的工作流程

2. 钓鱼网站的特点

钓鱼网站有以下 3 个主要特点。

1) 传播途径广

不法分子通常抓住一些人的好奇心或轻信心理,利用社会工程学的方法诱使上网用户访问钓鱼网站。钓鱼网站常见的传播途径如下:

- 通过电子邮件、即时通信工具、论坛、博客、微博、社交网站等方式发送含有诱惑性内容的信息,如打折、促销、优惠、抢购、贷款、信用卡消费、密码重置、投资管理、彩票、抽奖或社交网站上的好友交往等。
- 入侵网站并篡改相关内容,将正常的内容链接到钓鱼网站。
- 在用户浏览的网页中利用弹窗或悬浮窗的方式发布通知。
- 通过在中小网站甚至搜索引擎中投放广告等手段吸引用户点击进入钓鱼网站。

2) 内容伪装难辨识

不法分子总会通过一些办法伪装发送的内容,以迷惑用户。例如,不法分子发送电子邮件时会对邮件地址进行一定程度的伪装。特别是如果一些用户的电子邮箱或即时通信工具被入侵,不法分子会直接向用户的地址簿或好友列表中的用户发送信息,这样接收者就更不会怀疑发送方和信息内容的有害性。

内容伪装最常见的方式就是对 URL 进行伪装,这些伪装具有足够的迷惑性,用户上网时很难分辨真伪。例如,中国工商银行的网址是 www.icbc.com.cn,不法分子将其钓鱼网站的网址设置为 www.1cbc.com.cn;淘宝网的网址是 www.taobao.com,钓鱼网站的网址为 www.taoba0.com;腾讯 QQ 的网址是 www.qq.com,钓鱼网站的网址伪装为 www.qq.c0m。大多数用户很难发现网址的细微差别,如果在钓鱼网站上输入了个人信息,就可能造成个人信息的泄露。

3) 防范难度大

一些警惕性不高的用户是在无意之中访问了钓鱼网站的,因此当发现自己的利益受损后,往往无法回忆起这些关键信息是如何泄露的,这对相关事件的处理带来了很大困难。

钓鱼网站技术简单、易学易用,使得该类网站的数量庞大。它们所在的服务器可以经常变化,URL 地址也会不断更新。有统计显示,一个钓鱼网站的生存周期一般只有两三天,长的也不过 10 天,随后便修改地址继续行骗,经常死灰复燃,给网站的查封带来很大的难度。此外,钓鱼网站从代码级别上看也是正常网页,因此计算机上安装的安全软件也不一定会对这类网站做到彻底防范。

8.1.3 社会工程学

社会工程学是有"世界第一黑客"之称的米特尼克在《反欺骗的艺术》中提及的黑客常用攻击方式,黑客利用受害者的弱点、本能反应、好奇心、信任、贪婪甚至帮助别人的意愿等心理对受害者进行欺骗和伤害。从宏观上看,任何与行为心理学相关的活动都可以被认为是社会工程学。但是,社会工程学这一概念并不总是与犯罪活动或欺诈活动有关。事实上,社会工程学在社会科学、心理学和市场营销等领域被广泛应用和研究。

在保证信息安全的链条中,人为因素是最薄弱的一个环节。社会工程学是利用人的某些弱点,通过欺骗手段从而达到入侵计算机系统的一种攻击方法。即使组织采取了很周全的技术安全控制措施,例如身份鉴别系统、防火墙、入侵检测系统、加密系统等,但是如果内部人员无意中通过电话、聊天、电子邮件等方式泄露了机密信息(如系统口令、IP 地址),或者被非法人员诱骗从而泄露了组织的机密信息,这种行为对于组织的信息安全也会造成严重的损害。

社会工程学通常以交谈、欺骗、假冒等方式从合法用户那里套取用户系统的机密信息。经验丰富的社会工程学"专业人士"都是擅长进行信息收集的人,即使表面上看起来一点用都没有的信息都会被黑客利用,从而进行渗透。例如,一个电话号码、一个人的名字或者工作的 ID 号都可能成为突破系统安全的关键线索。

1) 网络钓鱼邮件

在多种恶意社会工程学行为中,最常见的是网络钓鱼邮件。网络钓鱼电子邮件通常模仿来自合法组织机构(例如银行、连锁店、信誉良好的在线商店或电子邮件提供商)的邮件。某些情况下,这些欺诈电子邮件会提醒用户账户需要更新或发生了异常活动,要求用户提供个人信息以确认其身份并管理其账户。由于恐慌,有的用户会立即点击链接并导航到虚假网站,为不法分子提供其所需数据。

2) 威胁软件

威胁软件是一种旨在恐吓和威胁用户的恶意软件。它们通常涉及创建虚假警报,试图欺骗受害者安装看似合法的欺诈性软件或诱骗用户访问相关网站,从而达到感染用户系统的目的。这种技术通常利用用户担心系统受到损害的心理,从而使用户点击网页横幅(banner)或弹窗。这些消息通常会提示类似这样的信息:"您的系统已被感染,请点击此处进行清理。"

3) 诱骗

诱骗是一种给许多粗心大意的用户带来麻烦的社会工程学行为,这种方法一般利用用户的贪婪或好奇心引诱受害者。例如,不法分子可以创建一个提供免费内容(如音乐文件、视频或书籍)的网站。用户为了访问这些文件,通常需要创建一个账户,提供个人信息。在某些情况下,也可能不需要创建账户,因为用户下载的文件也可以直接包含恶意软件,这些恶意软件将侵入受害者的计算机系统并收集其敏感数据。

在现实生活中,诱骗行为也可能通过使用 USB 存储设备和外部硬盘驱动器实现诱骗。不法分子可能故意将感染病毒的存储设备留在公共场所,引诱好奇的人把它插到个人计算机上查看内容,最终感染被诱骗者的个人计算机。

4) 如何防止社会工程学攻击

如前所述,社会工程学攻击之所以会奏效,是因为这些手段利用了人性的弱点。社会工程学攻击通常将恐惧作为刺激因素,促使人们立即采取行动,保护自己(或系统)免受不真实的威胁。

社会工程学攻击还会利用人类的贪婪,将受害者引诱到各种类型的骗局中。如果利益看起来令人难以置信,那么很大概率就是骗局。

虽然有些不法分子很狡猾,但很多攻击者也会犯下明显的错误。一些网络钓鱼邮件和威胁软件的标题通常都包含语法或拼写错误,这种情况通常只能欺骗那些粗心大意的用户,所以遇到这种情形通过仔细甄别可以避免受骗。

为了避免成为社会工程学攻击的受害者,具体可采用如下安全措施:处理电子邮件附件和链接要谨慎;避免点击未知来源的广告和网站;安装正版的防病毒软件;软件应用程序和操作系统保持最新状态;如果希望保护好电子邮件登录凭据和其他个人数据,可使用多因子身份验证解决方案;企业应该定期举办安全培训,让员工有能力识别社会工程学攻击。

8.2 大数据分析技术在网络欺诈检测中的应用

8.2.1 神经网络概述

在神经网络提出之前,大众对于神经两字一般都是贬低的态度。但是,随着神经科学、认知科学的发展,人们逐渐认识到人类的智能行为都和大脑活动相关联。而神经系统在大脑的运转中起到了关键的作用。受到神经系统的启发,早期的科学家构造了一种模仿人脑神经系统的数学模型,称为人工神经网络。在机器学习领域,人工神经网络是指由很多人工神经元构成的网络结构模型,是一种模仿生物神经网络行为特征的算法数学模型。

人脑神经系统是一个非常复杂的组织,包含近860亿个神经元,每个神经元有上千个突触用于和其他神经元连接。这些神经元和它们之间的连接形成巨大的复杂网络。即使是人造的复杂网络,例如全球的计算机网络,和大脑神经网络相比也是无法相提并论的。

典型的神经元结构包括细胞体和细胞突起。

细胞体中的神经细胞膜上有各种受体和离子通道,受体可与相应的化学物质神经递质结合,引起离子通道通透性及细胞膜内外电位差改变,产生相应的生理活动:兴奋或抑制。

细胞突起是由细胞体延伸出来的细长部分,又可分为树突和轴突。树突可以接收刺激并将兴奋状态传入细胞体,每个神经元可以有一个或多个树突。轴突可以把自身的兴奋状态从细胞体传送到另一个神经元或其他组织,每个神经元只有一个轴突。神经元可以接收其他神经元的信息,也可以发送信息给其他神经元。神经元之间靠突触互连来接收和发送信息,神经元彼此相连,形成一个神经网络,即神经系统。

突触可以理解为神经元之间的接口,将一个神经元的兴奋状态传到另一个神经元。一个神经元可被简化为只有两种状态——兴奋或抑制(类似于电信号的高电平和低电平)的细胞。神经元的状态取决于从其他的神经元收到的输入信号量以及突触的信号强度(抑制或加强)。当信号量总和超过了某个阈值时,细胞体就会兴奋,产生电脉冲,电脉冲沿着轴突并通过突触传递到其他神经元。神经元结构如图8-2所示。

在人脑神经网络中,每个神经元本身并不重要,重要的是神经元如何连接。不同神经元之间的突触有强有弱,其强度可以通过后天学习(训练)不断改变,具有一定的可塑性。

人工神经网络是为模拟人脑神经网络而设计的一种计算模型,它从结构、实现机理和功能上模拟人脑神经网络。人工神经网络与人脑神经网络类似,由多个节点(人工神经元)互相连接而成,可以用来对数据之间的复杂关系进行建模。不同节点之间的连接被赋予了不同的权重,每个权重代表了一个节点对另一个节点的影响大小。每个节点代表一种特定函数,来自其他节点的信息经过相应的加权综合计算,输入到一个激活函数中并得到一个新的活性值(兴奋或抑制)。从系统观点看,人工神经网络是由大量神经元通过极其丰富和完善的连接而构成的自适应非线性动态系统。

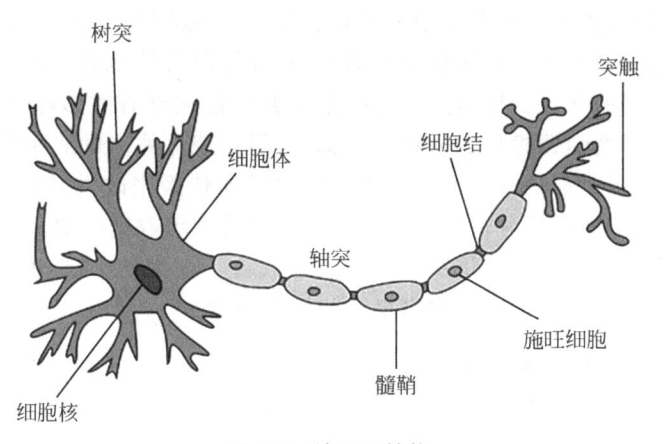

图 8-2 神经元结构

神经元的数学模型如图 8-3 所示。在图 8-3 中，x_i 是输入，w_i 是权重。神经元也叫感知器，它接收多个输入，每个输入被赋予的权重是不一样的，代表了其余神经元对这个神经元的影响大小。进行加权综合计算之后，产生一个输出，这就好比是神经末梢感受各种外部环境的变化（外部刺激），然后产生电信号，传导到神经细胞。

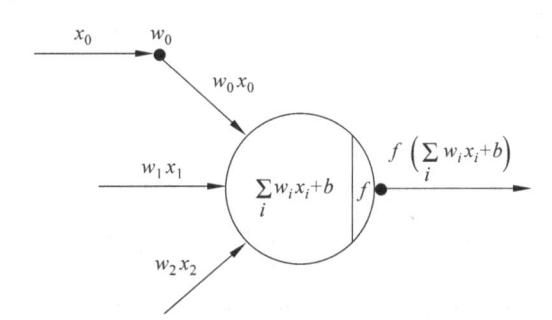

图 8-3 神经元的数学模型

人工神经网络是一种大规模的并行分布式处理器，天然具有存储并使用经验知识的能力。它从两方面模拟大脑：

（1）神经网络通过学习获取知识。
（2）内部神经元的连接强度，即突触权重，用于存储获取的知识。

在人工智能领域，人工神经网络也常常简称为神经网络（neural network，NN）或神经模型（neural model）。

20 世纪 80 年代后期，人工神经网络最流行的一种连接主义模型是分布式并行处理网络，它有 3 个主要特性：

（1）信息表示是分布式的（非局部的）。
（2）记忆和知识存储在神经元之间的连接上。
（3）通过逐渐改变神经元之间的连接强度学习新的知识。

连接主义是人工智能领域的学派之一，特别注重对于人脑模型的研究。它的代表性成果是 1943 年由生理学家麦卡洛克（McCulloch）和数理逻辑学家皮茨（Pitts）创立的脑模型,称为MP模型,该模型开创了用电子装置模仿人脑结构和功能的新途径。连接主义从神经元开始,进而研究神经网络模型和脑模型,神经网络最早是一种主要的连接主义模型,开辟了人工智能的又一发展道路。连接主义的神经网络有着多种多样的网络结构以及学习方法,虽然早期强调模型的生物可解释性,但后期更关注对某种特定认知能力的模拟,例如物体识别、语言理解等。尤其在引入误差反向传播来改进其学习能力之后,神经网络也越来越多地应用在各种模式识别任务上。随着训练数据的增多以及(并行)计算能力的增强,神经网络在很多模式识别任务上已经取得了很大的突破,特别是在语音、图像等感知信号的处理上,神经网络表现出卓越的学习能力。

1. 人工神经网络的基本结构

人工神经网络的基本结构包括3层:输入层、隐含层和输出层。

1) 输入层

输入层接收外部环境输入的信息。依据问题的特性,在输入层常使用线性转换函数将输入的数据转换为适合神经网络的信号。输入层的每个神经元只接收一个输入变量以生成输出值,并将输出值送至下一个神经元。

输入层分为两种类型:

(1) 输入层中的神经元包含配重值、偏移量和转换函数。

(2) 输入层中的神经元只具有接收输入变量的功能,没有转换输出量的功能,输出值等于输入变量,没有运算功能。

2) 隐含层

隐含层介于输入层和输出层之间,作为处理单元相互作用的内在结构。隐含层的层数和神经元的个数并没有特定的确定规则,分析者可视数据的复杂度调整隐含层的层数(0层或者多层)和神经元的个数。通常需要依赖公式、经验或者以实验的方式决定最佳神经元个数以及使用的非线性函数。如果一味增大隐含层的层数和神经元个数,虽然可以使训练数据产生较小的误差值,但是测试数据误差可能会很大,造成过拟合的现象。

3) 输出层

输出层处理输出至外部环境的信息,其神经元的个数依据不同的问题而设定。同样可以使用非线性函数将输入的数据转换为输出信号,输出层的每个神经元的输出值即神经网络的输出值,所以输出层的神经元个数等于神经网络的输出值的个数。

输出层有3种功能:

(1) 归一化输出。将同一层处理单元的原始输出值组成的向量先进行归一化,转换为单位长度的向量后,再输出信号。

(2) 竞争化输出。在同一层处理单元的原始输出值组成的原始向量中,令一个或者多个最强的处理单元(即优胜单元)的输出值为1,其余处理单元的输出值为0,再输出信号。

(3) 竞争化学习。从同一层处理单元的原始输出值组成的向量中选择一个或者多个最强的处理单元,只调整与其相连的下层神经网络连接。

2. 神经网络模型

神经网络可根据拓扑结构划分为不同的类型。神经网络主要分为分层网络和相互连

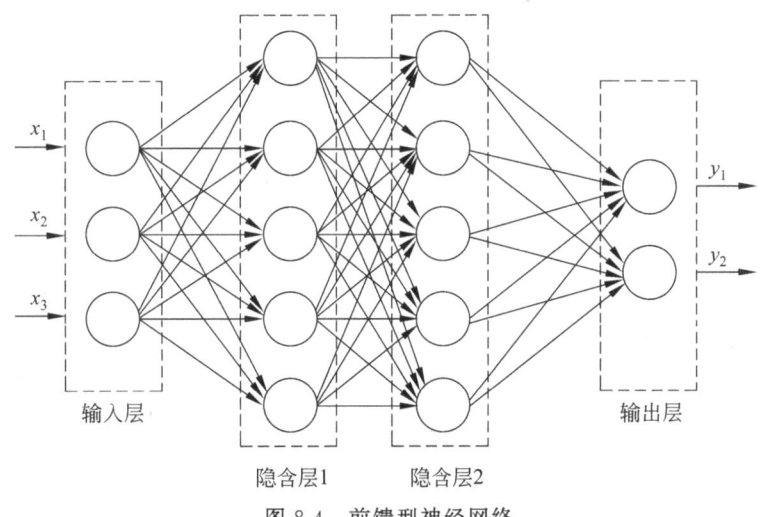

接型网络。常用的网络有4种,分别为前馈型神经网络、反馈型神经网络、全连接型神经网络和混合型神经网络。

1)前馈型神经网络

前馈型神经网络是一种具有层状结构的神经网络,如图8-4所示。这种神经网络中的神经元按层划分,属于相同层的神经元之间无连接,而相邻层的神经元之间进行全连接,即一层所有神经元的输出信号作为下一层所有神经元的输入信号,不需要形成一个循环。在这种神经网络中,信息只朝一个方向前进,从输入层的神经元通过隐含层的神经元到达输出层的神经元。这种神经网络中没有循环或反馈。

图 8-4 前馈型神经网络

2)反馈型神经网络

反馈型神经网络如图8-5所示。它与前馈型神经网络不同之处在于:前馈型神经网络的模式是一种不包含时延的传递方式,是瞬时响应,而反馈型神经网络中同一层神经元的输出信号经延时后会反馈给上层神经元作为输入信号进行处理,因此反馈型神经网络的同一层神经元可与非相邻层神经元进行连接。

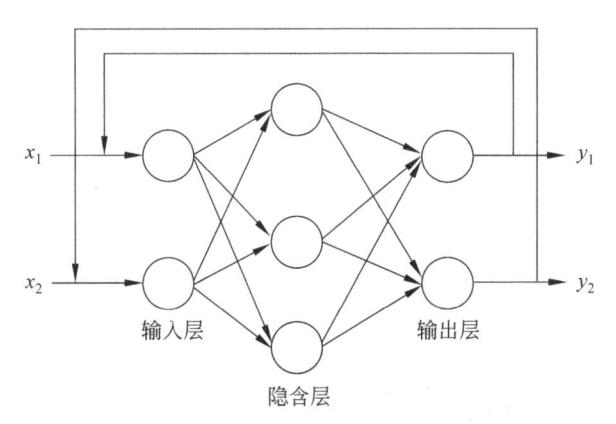

图 8-5 反馈型神经网络

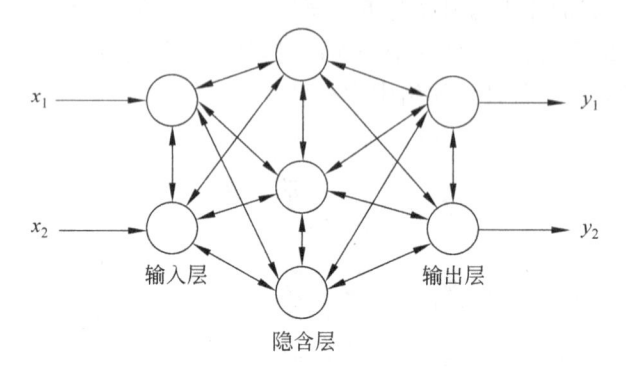

3）全连接型神经网络

全连接型神经网络是一种网状结构的神经网络,如图 8-6 所示。这种神经网络中的神经元可同时用于输入和输出,各个神经元之间的相互连接既可以是单向的,也可以是双向的。当全连接型神经网络在某一时刻从外部接收到一个输入信号时,其内部神经元间相互作用,进行信息间的处理和传递,直到信号收敛于某个稳定值后停止。

图 8-6 全连接型神经网络

4）混合型神经网络

混合型神经网络如图 8-7 所示,它将层状结构和网状结构相结合。从整体的角度看是层状结构,但为了实现某种特定功能,将同一层的神经元相互连接以限制同时处于兴奋或抑制状态的神经元个数,因此混合型网络具有局部性网状结构。

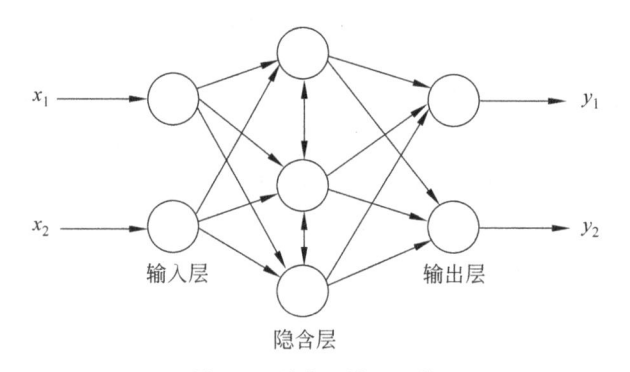

图 8-7 混合型神经网络

8.2.2 反向传播神经网络

反向传播是神经网络最常用的监督学习方法。一般将使用反向传播学习算法与多层感知器的架构称为反向传播神经网络(Back-Propagation Neural Network,BPNN)。

反向传播神经网络使用的符号如表 8-1 所示。

反向传播神经网络结构如图 8-8 所示。

表 8-1　反向传播神经网络使用的符号

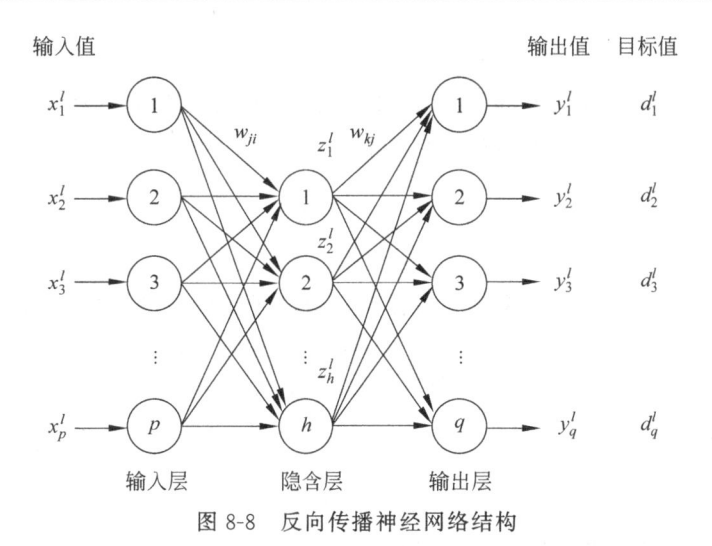

符　号	含　义
i	输入层的第 i 个节点，$i=1,2,\cdots,p$
j	隐含层的第 j 个节点，$j=1,2,\cdots,h$
k	输出层的第 k 个节点，$k=1,2,\cdots,q$
l	第 l 个训练数据，$l=1,2,\cdots,n$
w_{ji}	输入层的节点 i 与隐含层的节点 j 连接的权重值
w_{kj}	隐含层的节点 j 与输出层的节点 k 连接的权重值
x_i^l	第 l 轮训练数据在输入层节点 i 的输入值
z_j^l	第 l 轮训练数据在隐含层节点 j 的输入值
y_k^l	第 l 轮训练数据在输出层节点 k 的输入值
d_k^l	第 l 轮训练数据在隐含层节点 k 的目标值
f	神经元的激活函数
w_{j0}	隐含层节点 j 连接的阈值
w_{k0}	输出层节点 k 连接的阈值
η	学习率
δ_k	输出层节点 k 的误差
m	学习循环

图 8-8　反向传播神经网络结构

反向传播神经网络的学习算法使用的是误差反向传播算法，演算过程包含正向传递和反向传递。正向传递的过程是：将输入的信号经过内部的权重以及阈值处理之后，再传递至隐含层，在隐含层将所有传来的信息通过转化函数转换成输出值，最后再传向输出层。因此,输入层的神经元会影响到隐含层的神经元,再反馈到输出层的神经元。如果神经元的输入值和目标值不一致,则反向传递,将计算值和目标值的误差信号沿着原来的神经网络连接的通路返回,根据学习法则沿途修正神经网络内各层的权重以及阈值,更新后的各权值将作为新的连接权值,再输入下一个数据重新进行正向和反向的运算,所以该算法称作反向传播算法。经由多次这样的数据迭代后完成学习的过程称为一个周期。

完整的网络学习需要不断反复进行。也就是说,如果训练数据有 100 个样本,最大学习周期为 100,则最大的网络学习将输入 10 000 个样本。如果训练结果不理想,则可以尝试增加学习周期,按照问题的复杂程度不断尝试,确定每次循环是按照相同的次序输入训练样本还是随机挑选训练样本。

1. 学习算法

反向传播神经网络的学习算法包括正向传递和反向传递两个过程。在正向传递的过程中,输入信息在输入层进行加权计算,经过激活函数的转换处理之后,最后传向输出层并计算神经网络的输出值,当神经网络的输出值和目标值有差异的时候,则反向传递误差信息,修改各层神经元的权重和阈值,以修正输出值和目标值之间的误差。反向传播神经网络的学习算法是基于最陡下降法,通过迭代使得训练数据目标值和网络输出值误差最小化的过程。

假设输入层与隐含层、隐含层与输出层之间为全连接,以只有一个隐含层为例,说明反向传播神经网络的学习算法的权重的更新。隐含层传递给输出层的输出值是由激活函数计算得到的,如下面公式所示:

$$\Delta z_j = f\left(\sum_i w_{ji} x_i\right) \tag{8-1}$$

$$y_k = f\left(\sum_j w_{jk} z_j\right) \tag{8-2}$$

在神经网络的训练过程中,以目标值和输出值误差极小化为目标,调整神经网络各个节点的连接的权重。定义一个训练数据的误差 E 为所有输出层节点的输入值与目标值之差的平方和,如式(8-3)所示:

$$E = \frac{1}{2} \sum_{k=1}^{q} (d_k - y_k)^2 \tag{8-3}$$

反向传播神经网络的学习算法的目标是:调整连接权重,使得误差 E 最小。误差主要受到输出层的输出值 y_k 的影响,也就是受各个连接权重的影响,因此可借由调整连接权重来最小化误差平方和。可以利用坡度下降法调整权重,其调整的幅度取决于学习率 η 的设定,如式(8-4)所示:

$$\Delta w = -\eta \frac{\partial E}{\partial w} \tag{8-4}$$

隐含层与输出层之间的连接权重调整以及输入层与隐含层之间的连接权重调整如下。

1) 隐含层与输出层之间的连接权重的调整

隐含层与输出层之间的连接权重的调整可以根据误差函数 E 对于 w_{kj} 的偏微分 $\frac{\partial E}{\partial w_{kj}}$ 利用微积分的连锁律求解:

$$\frac{\partial E}{\partial w_{kj}} = \frac{\partial E}{\partial y_k}\frac{\partial y_k}{\partial \mathrm{net}_k}\frac{\partial \mathrm{net}_k}{\partial w_{kj}} \tag{8-5}$$

其中：

$$\frac{\partial \mathrm{net}_k}{\partial w_{kj}} = \frac{\partial}{w_{kj}}\sum_j w_{kj}z_j = z_j \tag{8-6}$$

$$\frac{\partial E}{\partial \mathrm{net}_k} = \frac{\partial E}{\partial y_k}\frac{\partial y_k}{\partial \mathrm{net}_k} = -(t_k - y_k)f'(\mathrm{net}_k) \tag{8-7}$$

再假设变量 δ_k 为输出层第 k 个神经元的误差：

$$\delta_k = (t_k - y_k)f'(\mathrm{net}_k) = (t_k - y_k)y_k(1 - y_k) \tag{8-8}$$

因此，隐含层第 j 个神经元与输出层第 k 个神经元的连接权重为

$$\Delta k_j = \eta \delta_k z_j \tag{8-9}$$

2）输入层与隐含层之间的连接权重的调整

输入层与隐含层之间的连接权重的调整可以根据误差函数 E 对于 w_{ji} 的偏微分 $\frac{\partial E}{\partial w_{ji}}$ 利用微积分的连锁律求解：

$$\frac{\partial E}{\partial w_{ji}} = \frac{\partial E}{\partial y_j}\frac{\partial z_j}{\partial \mathrm{net}_j}\frac{\partial \mathrm{net}_j}{\partial w_{ji}} \tag{8-10}$$

其中：

$$\frac{\partial \mathrm{net}_j}{\partial w_{ji}} = \frac{\partial}{w_{ji}}\sum_i w_{ji}x_i = x_i \tag{8-11}$$

$$\frac{\partial z_j}{\partial \mathrm{net}_j} = f'(\mathrm{net}_j) \tag{8-12}$$

而误差函数 E 对于隐含层第 j 个神经元的偏微分可以利用连锁律求解：

$$\frac{\partial E}{\partial z_j} = \sum_k \left(\frac{\partial E}{\partial y_k}\frac{\partial y_k}{\partial \mathrm{net}_k}\frac{\partial \mathrm{net}_k}{\partial z_j}\right) = \sum_k -(t_k - y_k)f'(\mathrm{net}_k)w_{jk} \tag{8-13}$$

再假设变量 δ_j 为隐含层第 j 个神经元的误差：

$$\delta_j = \sum_k (\delta_k w_{kj})f'(\mathrm{net}_j) = \sum_k (\delta_k w_{kj})z_j(1 - z_j) \tag{8-14}$$

因此，输入层第 i 个神经元与隐含层第 j 个神经元的连接权重为

$$\Delta w_{ji} = -\eta \frac{\partial E}{\partial z_{ji}} = \eta \delta_j x_i \tag{8-15}$$

2. 算法描述

反向传播神经网络的学习算法的具体描述如下：

算法输入：网络结构，输入层、隐含层、输出层神经元个数，以及学习率、最大学习周期等参数。

算法输出：权重和阈值确定的多层反向传播神经网络。

算法步骤：

① 随机在 $(0,1)$ 区间生成初始权重 w_{ji} 和 w_{kj}，选定神经元输出转换的激活函数。

② 随机选择一个训练样本集，包括输入数据向量 $\boldsymbol{x}^l=(x_1^l,x_2^l,\cdots,x_p^l)$ 与目标值向量 $\boldsymbol{d}^l=(d_1^l,d_2^l,\cdots,d_p^l)$。

③ 计算隐含层每个神经元的输出值 z_j^l 以及输出层每个神经元的输出值 y_k^l。

④ 计算误差 E。

⑤ 计算输出层的误差和隐含层的误差：

$$\delta_k=(d_k-y_k)y_k(1-y_k)$$

$$\delta_j=\sum_k(\delta_k w_{kj})z_j(1-z_j)$$

⑥ 计算隐含层与输出层之间的连接权重修正量 Δw_{kj}^l 以及输入层与隐含层之间的连接权重修正量 Δw_{ji}^l。

⑦ 更新连接权重：

$$w_{kj}^{l+1}=w_{kj}^l+\Delta w_{kj}^l$$

$$w_{ji}^{l+1}=w_{ji}^l+\Delta w_{ji}^l$$

⑧ $l=l+1$。返回步骤③。

反向传播神经网络学习算法的目标是最小化训练集 D 上的累积误差：

$$E_{累积}=\frac{1}{m}\sum_{k=1}^m E_k \tag{8-16}$$

标准反向传播神经网络学习算法每次仅针对一个训练样本更新连接权重和阈值，算法的更新规则是基于单个 E_k 推导出来的，参数更新非常频繁，而且不同的训练样本可能出现抵消现象。因此，为了得到累积误差极小值，标准反向传播神经网络学习算法往往需要更多次数的迭代。累积反向传播神经网络学习算法直接针对累积误差最小化，它在遍历整个训练数据集一遍之后才对参数进行更新，其参数更新的频率较低。但是在很多任务中，累积误差下降到一定程度之后，进一步下降就会变得很缓慢，这个时候往往标准反向传播神经网络学习算法可以获得更好的解，尤其是训练数据集非常大时。

反向传播神经网络具有强大的表示能力，很容易造成过拟合的现象，其训练误差持续降低，但是测试误差却可能上升。一般有两种方法可以缓解反向传播神经网络的过拟合的问题。第一种方法是"早停"。将数据分成训练集和测试集，训练集用来计算梯度、更新连接权重和阈值，测试集用来估计误差。如果训练集误差降低但是测试集误差升高，则停止训练，返回具有最小测试误差的连接权重和阈值。第二种策略是"正则化"。其基本思想是：在误差函数中增加一个用于描述网络复杂度的部分，例如连接权重和阈值的平方和。仍然令 E_k 表示在第 k 个训练样本上的误差，w_i 表示连接权重和阈值，则误差函数变为

$$E_{累积}=\lambda\frac{1}{m}\sum_{k=1}^m E_k+(1-\lambda)\sum_i w_i^2 \tag{8-17}$$

其中，$\lambda\in(0,1)$ 用于对经验误差与网络复杂度这两项进行折中，λ 值常常使用交叉验证进行估计。

3. 算法举例

3层反向传播神经网络结构如图8-9所示。利用两组训练数据 (x_1,x_2) 与其目标值

(d_1,d_2)依据反向传播神经网络学习算法进行训练。

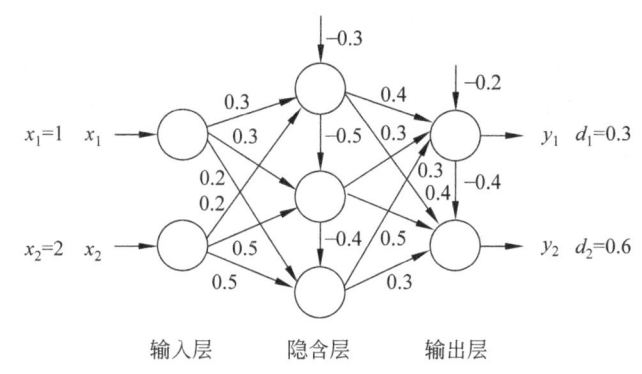

图 8-9　3 层反向传播神经网络结构

训练过程如下：
(1) 设定学习率 η 为 0.2，输入层、隐含层、输出层的节点数分别为 2、3、2。
(2) 以随机在 $(0,1)$ 区间设置初始权重 w_{ji}、w_{kj} 以及 w_{j0}、w_{k0}，使用的激活函数为

$$f = \frac{1}{1+e^{-net}}, \quad l=1 \tag{8-18}$$

其中，net 为对应一个神经元的输入加权和。
(3) 计算第一个训练数据：
$$(x_1, x_2) = (1,2), \quad (d_1, d_2) = (0.3, 0.6)$$
(4) 计算隐含层的每个神经元的输入值：
$$(z_1^1, z_2^1, z_3^1) = (0.60, 0.69, 0.69)$$
再计算每个输出层的每个神经元的输出值：
$$(y_1^1, y_2^1) = (0.66, 0.69)$$
(5) 计算误差：
$$E = \frac{1}{2}\left[(0.3-0.66)^2 + (0.3-0.69)^2\right] = 0.689$$
(6) 计算输出层的误差与隐含层的误差：
$$\delta_{k=1} = (0.3-0.66)^2 \times 0.66(1-0.66) = -0.0808$$
$$\delta_{k=2} = (0.3-0.69)^2 \times 0.69(1-0.69) = -0.0193$$
$$\delta_{j=1} = (-0.0808 \times 0.4 + (-0.0193) \times 0.4) \times 0.6 \times (1-0.6) = -0.01$$
$$\delta_{j=2} = (-0.0808 \times 0.3 + (-0.0193) \times 0.5) \times 0.69 \times (1-0.69) = -0.007$$
$$\delta_{j=3} = (-0.0808 \times 0.3 + (-0.0193) \times 0.3) \times 0.69 \times (1-0.69) = -0.006$$
(7) 计算隐含层与输出层之间的连接权重修正量：
$$\Delta w_{10}^1 = 0.2 \times (-0.0808) = -0.016$$
$$\Delta w_{20}^1 = 0.2 \times (-0.0193) = -0.004$$
$$\Delta w_{11}^1 = 0.2 \times (-0.0808) \times 0.6 = -0.010$$
$$\Delta w_{21}^1 = 0.2 \times (-0.0193) \times 0.6 = -0.002$$

$$\Delta w_{12}^1 = 0.2 \times (-0.0808) \times 0.69 = -0.011$$

$$\Delta w_{22}^1 = 0.2 \times (-0.0193) \times 0.69 = -0.003$$

$$\Delta w_{13}^1 = 0.2 \times (-0.0808) \times 0.69 = -0.011$$

$$\Delta w_{23}^1 = 0.2 \times (-0.0193) \times 0.69 = -0.003$$

计算输入层与隐含层之间的连接权重修正量：

$$\Delta w_{10}^1 = 0.2 \times (-0.01) = -0.002$$

$$\Delta w_{20}^1 = 0.2 \times (-0.007) = -0.0014$$

$$\Delta w_{11}^1 = 0.2 \times (-0.01) \times 1 = -0.002$$

$$\Delta w_{21}^1 = 0.2 \times (-0.07) \times 1 = -0.0014$$

$$\Delta w_{12}^1 = 0.2 \times (-0.01) \times 2 = -0.004$$

$$\Delta w_{22}^1 = 0.2 \times (-0.007) \times 2 = -0.0028$$

$$\Delta w_{30}^1 = 0.2 \times (-0.006) = -0.0012$$

$$\Delta w_{31}^1 = 0.2 \times (-0.006) \times 1 = -0.0012$$

$$\Delta w_{32}^1 = 0.2 \times (-0.006) \times 2 = -0.0024$$

(8) 更新隐含层与输出层之间的连接权重：

$$w_{10}^2 = (-0.3) + (-0.016) = -0.316$$

$$w_{20}^2 = (-0.4) + (-0.004) = -0.404$$

$$w_{11}^2 = (0.4) + (-0.01) = 0.39$$

$$w_{21}^2 = (0.4) + (-0.002) = 0.389$$

$$w_{12}^2 = (0.3) + (-0.011) = 0.289$$

$$w_{22}^2 = (0.5) + (-0.003) = 0.497$$

$$w_{13}^2 = (0.3) + (-0.011) = 0.289$$

$$w_{23}^2 = (0.3) + (-0.003) = 0.297$$

更新输入层与隐含层之间的连接权重：

$$w_{10}^2 = (-0.3) + (-0.002) = -0.302$$

$$w_{20}^2 = (-0.5) + (-0.014) = -0.5014$$

$$w_{11}^2 = (0.3) + (-0.002) = 0.298$$

$$w_{21}^2 = (0.3) + (-0.0014) = 0.2896$$

$$w_{12}^2 = (0.2) + (-0.004) = 0.196$$

$$w_{22}^2 = (0.5) + (-0.0028) = 0.4972$$

$$w_{30}^2 = (-0.4) + (-0.0012) = -0.4012$$

$$w_{31}^2 = (0.2) + (-0.0012) = 0.1988$$

$$w_{32}^2 = (0.5) + (-0.0024) = 0.4976$$

(9) $l = l + 1$。如果使用更新的权重重新计算的误差比先前的误差小，则返回步骤(4)。

4. 反向传播神经网络学习算法在钓鱼网页检测中的应用

钓鱼网页中的某些对象和数据与网络钓鱼攻击的成功与否密切相关，钓鱼网页的攻击机制通常就分布在这些对象和数据中,因此将这些对象和数据称为网络钓鱼敏感特征。钓鱼网页检测算法对网页提取网络钓鱼敏感特征,认为这些敏感特征可以代表当前网页中与网络钓鱼攻击相关的信息,将其作为算法检测的主要依据,同时这些敏感特征与具体的网络钓鱼攻击无关。钓鱼网页检测算法从合法网页和收集的钓鱼网页中概括出敏感特征的正常状态模型。当敏感特征出现异常时,该算法检测其异常程度,判断待测网页是否为钓鱼网页。

具体步骤如下。

1)敏感特征提取

钓鱼网页与正常网页相比,在多个维度存在差异。例如,在正常网页中,几乎每一个链接对象都是有作用的,因此空链接所占的比例很低;而对于钓鱼网页,攻击者不会实现那么多的内容,因此会存在很多链接对象根本没有作用,即空链接所占的比例很高。因此,可以将网页空链接比例作为一个特征。

在网页中,如果链接对象指向的域和网页所在的域相同,就称其为指向本域的链接对象。在正常网页中,大部分链接都会指向本域的链接对象;而对于钓鱼网页,攻击者不会实现那么多内容,或者根本不实现,或者直接指向别的域。因此,可以用指向本域的链接对象的比例衡量网页的异常程度,如果指向本域的链接对象的比例很低,那么就可以判断网页为不正常。

这样,对于网页而言,可以构造以下函数,通过函数值表示其异常程度:

$$f_2 = \begin{cases} (L_{null} + L_{real})/L_{all}, & L_{null} + L_{real} \geqslant L_{local} > 0 \\ 0, & L_{all} = 0 \\ -L_{local}/L_{all}, & L_{local} > L_{null} + L_{real} > 0 \end{cases} \quad (8-19)$$

其中,L_{all}代表网页中链接对象的总数,L_{null}代表网页中空链接的个数,L_{real}代表网页中指向真实链接对象的个数,L_{local}代表网页中指向本域的链接对象的个数。

$f_2 = (L_{null} + L_{real})/L_{all}$表示在空链接占多数的情况下,使用它的比例衡量网页的异常程度,f_2越接近1,异常程度越高。

式(8-19)中的$f_2 = 0$表示由于该网页中没有链接,因此该特征不起作用。$f_2 = -L_{local}/L_{all}$表示在本域的链接对象占多数的情况下,使用它的比例衡量网页的异常程度,f_2越接近-1,该网页异常程度越低。

同理,经过分析研究发现:网页中的图片对象(例如<img>)、链接对象(例如<a>)、框架对象(例如<frame>、<iframe>等)、嵌入式对象(例如<script>、<applet>等)、数据提交对象(例如<form>等)、网页URL地址、SSL证书以及域名信息都是体现钓鱼网页敏感特征的主要对象,这些对象在正常网页和钓鱼网页中具有明显的特征差异,可以作为特征向量进行提取。然后将提取的特征值形成一个钓鱼网页敏感特征向量$\boldsymbol{f} = (f_1, f_2, \cdots, f_n)$作为反向传播神经网络学习算法的输入。

2)反向传播神经网络检测钓鱼网页

第二步是检测网页中网络钓鱼敏感特征的异常信息,以此来衡量网页异常程度。此步算法的输入为钓鱼网页敏感特征向量$\boldsymbol{F} = (f_1, f_2, \cdots, f_n)$,输出为-1~1的实数值$e_p$,它表示当前检测的网页的异常程度。其值越接近1,异常程度越高;越接近-1,异常程度越低。

在使用反向传播神经网络前,需要确定神经网络的结构参数。

(1) 网络层数。对反向传播神经网络,有一个非常重要的定理:任何在闭区间内的连续函数都可以使用单隐含层的反向传播神经网络逼近。因此 3 层反向传播网络可以完成任意的 n 维到 m 维的映射,只要隐含层中有足够多的神经元可用。此处可以选择 3 层反向传播神经网络。

(2) 输入和输出层的神经元个数。反向传播神经网络的输入层和输出层的神经元个数是由输入和输出向量的维数决定的。根据第一步敏感特征的提取结果,神经网络的输入为一个 8 维的敏感特征向量(选取 8 个钓鱼网页敏感特征),因此输入层的神经元个数为 8;检测的目的是区分是正常网页还是钓鱼网页,因此只需一个输出神经元即可。

(3) 隐含层的神经元个数。隐含层神经元的主要作用是从样本中提取并存储其内在规律,每个隐含层神经元都有若干权值,而每个权值都是增强神经网络映射能力的一个参数。如果隐含层神经元数量太少,神经网络从样本中获取信息的能力就差,不足以概括和体现训练集中的样本规律;但如果隐含层神经元数量太多,又可能把样本中非规律性的噪声等也学习了,从而出现过拟合问题,反而降低了泛化能力。此外,隐含层神经元太多还会增加训练时间。

隐含层中神经元个数可以通过试凑法确定,可以先设置较少的神经元来训练网络,然后逐渐增加神经元个数,用同一样本集进行训练,从中确定误差最小时对应的神经元个数。在使用试凑法时,可用一些确定神经元个数的经验公式。这些公式计算出来的神经元个数只是一种粗略的估计值,可以作为试凑法的初始值。常用的公式有

$$m = \sqrt{N_i + N_o} + a \tag{8-20}$$

$$m = \log_2 N_i \tag{8-21}$$

$$m = \sqrt{N_i + N_o} \tag{8-22}$$

其中,m 为隐含层神经元个数,N_i 为输入层神经元个数,N_o 为输出层神经元个数,a 为 1~10 的常数。

(4) 输出。由于设计的神经网络输出取值为 $[-1,1]$ 区间的实数值,因此输入层到隐含层和隐含层到输出层的传递函数都选择双曲正切 Sigmoid 函数。输出值越接近 1,异常程度越高,可认为该网页很有可能是钓鱼网页;输出值越接近 -1,异常程度越低,可判为正常网页。

8.2.3 深度学习卷积神经网络

1. 深度学习概述

深度学习的目的是构建模型,并通过算法让模型自动学习出好的特征表示(从底层特征,到中层特征,再到高层特征),从而最终提升预测模型的准确率。所谓"深度"是指原始数据进行非线性特征转换的次数。如果把一个表示学习系统看作一个有向图结构,深度也可以看作从输入节点到输出节点经过的最长路径的长度。

这样就需要一种学习方法可以从数据中学习一个深度模型,这就是深度学习(Deep

Learning，DL)。深度学习是机器学习的一个子问题,其主要目的是从数据中自动学习到有效的特征表示。

图 8-10 给出了深度学习的数据处理流程。通过多层的特征转换,把原始数据变成更高层次、更抽象的表示。这些学习到的表示可以替代人工设计的特征,从而避免特征提取。

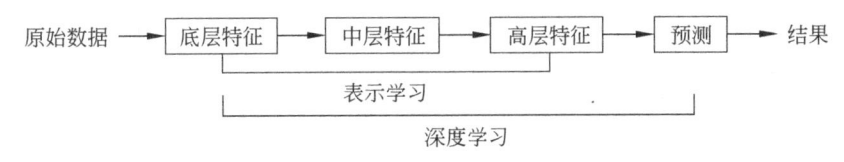

图 8-10 深度学习的数据处理流程

深度学习是将原始的数据特征通过多步的特征转换得到一种特征表示,并进一步输入预测函数,得到最终结果。和"浅层学习"不同,深度学习需要解决的关键问题是贡献度分配问题(Credit Assignment Problem,CAP,也称信用分配问题),即一个系统中不同的组件(component)或其参数对最终系统输出结果的贡献或影响。以下围棋为例,结果要么赢要么输。是哪几步棋导致了最后的胜利,而又是哪几步棋导致了最后的败局?如何判断每一步棋的贡献就是贡献度分配问题,这也是一个非常困难的问题。从某种意义上讲,深度学习也可以看作一种强化学习(Reinforcement Learning,RL),每个内部组件并不能直接得到监督信息,而是需要通过整个模型的最终监督信息(奖励)得到,并且有一定的延时性。

目前,深度学习采用的模型主要是神经网络模型,其主要原因是神经网络模型可以使用误差反向传播算法,从而可以比较好地解决贡献度分配问题。只要是层数超过一层的神经网络,都会存在贡献度分配问题,因此多层神经网络可以看作深度学习模型。随着深度学习的快速发展,模型深度也从早期的 5~10 层增加到目前的数百层。随着模型深度的不断增加,其特征表示的能力也不断增强,从而使后续的预测更加容易。

1) 卷积神经网络

图 8-11 是卷积神经网络(Convolution Neural Network,CNN)的概念图,整体架构包含 3 个关键的角色:卷积层、池化层和全连接层(这里的全连接与神经网络中的全连接的含义一样)。其中,卷积层和池化层是可以重复很多次的。

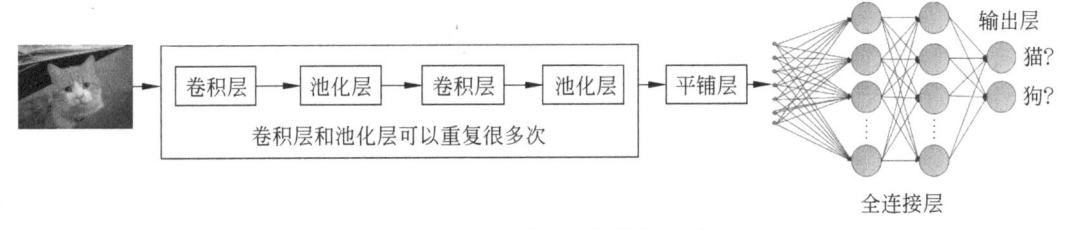

图 8-11 卷积神经网络的概念图

卷积神经网络结构视图如图 8-12 所示。CNN 模型可以被认为是两部分的组合:特征学习部分和分类部分。通过多层对于特性的学习之后,CNN 的架构转变为分类层。

CNN 架构的最后一层就是分类层。通过一系列对特征的学习,由分类层完成最后的类别判定工作,即对输入图像进行分类,输出最后的结果。

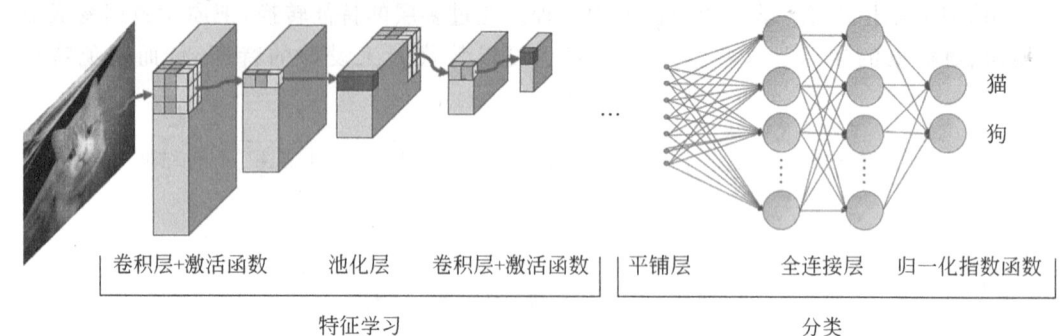

图 8-12 卷积神经网络结构视图

卷积层和池化层都是特征学习部分,而平铺层、全连接层和最后的归一化指数函数(Softmax)都属于分类部分。即,卷积层+池化层的主要目的是进行特征提取;全连接层和归一化指数函数进行连接,用于分类功能,对输入分配一个概率,概率数值最大的就是最后的答案。

下面针对卷积神经网络中的具体结构进行讲解。

(1) 卷积层。CNN 的核心构建模块是卷积层(convolutional layer),卷积层的核心是卷积。卷积是一种用来合并两组信息的数学运算。使用卷积滤波器将卷积应用于输入数据以产生特征图,通过卷积学习输入图像的特征。在卷积神经网络中含有多个卷积层,卷积层都会对前一层的输出进行卷积运算。

卷积运算是通过在输入图像上不断滑动卷积滤波器完成的。卷积运算本质上是将滤波器与每一个局部区域数据进行点积运算。应用卷积滤波器生成特征图,将输入的图像通过一系列卷积滤波器,每一个滤波器都会激活图像中特定的某些特征。

(2) 卷积滤波器。卷积层是由一些预定数目的滤波器组成的,每个滤波器充当特定特征的检测器。可以把这些滤波器想象成模式的探测器。神经网络会学习滤波器,当神经网络看到一些视觉特征时会激活滤波器。神经网络深度越大,滤波器就越复杂,神经网络将逐渐能够检测更复杂的模式。应用不同的滤波器检测和提取不同的特征,不同的滤波器产生不同的特征图。

(3) 卷积运算的原理。卷积其实就是在两个矩阵之间进行点积的数学运算,其中一个矩阵是一组可学习的参数,也就是先前提到的滤波器。另一个矩阵就是输入图像中的像素矩阵。通过在输入端滑动滤波器执行卷积运算。卷积运算公式如下:

$$y = f\left(\sum_{j=1}^{J}\sum_{i=1}^{I} x_{m+i, n+j} w_{ij} + b\right)$$

其中,x 为 $m \times n$ 的二维向量,$m \in [0, M]$,$n \in [0, N]$,w 为长宽分别为 i、j 的卷积核,b 为偏置项,$f(\cdot)$ 为激活函数。

在每个位置做元素矩阵乘法并对结果求和,将这个和填写到特征图矩阵中。图 8-13

是一个简单的例子,将卷积滤波器和输入的原始图像的左上角进行卷积运算,即每一个对应位置的两个元素进行乘法运算,再将所有位置上的乘法运算结果进行求和操作,写到输出(特征图)对应的位置上。

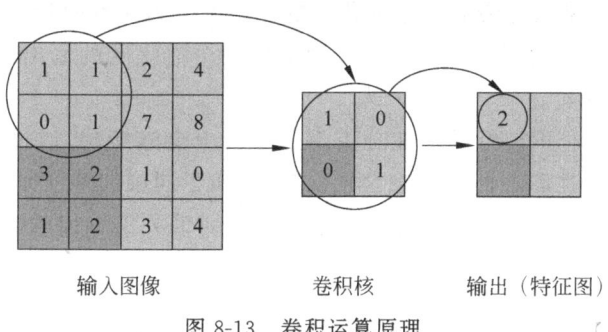

图 8-13 卷积运算原理

以此类推,进行下一步的卷积运算。卷积运算之后,图片的维度会下降,减少二维。此外,可以使用多个滤波器,而不是只使用一个滤波器。将每一个通道卷积运算得到的单独的特征图上对应位置的元素求和,得到最后的特征图。不同的功能通过使用不同的滤波器实现。每使用一个滤波器就会得到一个独立的特征图。

(4) 非线性。一般形如 $y=kx+b$ 的函数都叫作线性函数,而非线性在日常生活中使用得更为广泛。非线性即变量之间的数学关系不是直线,而是曲线、曲面、或不确定的属性。与线性相比,非线性更接近客观事物性质本身,是量化研究和认识复杂知识的重要方法之一。凡是能用非线性描述的关系通称非线性关系。需要注意的是,每次卷积运算之后,都要使用激活函数。

(5) 池化层。在卷积层后通常会添加池化层。池化层用于降低维数,从而减少网络中的参数和计算量,防止过拟合现象的发生。池化层在保留重要信息的同时减小特征图的空间维度,这种降维是减半的。但是池化只针对长度和宽度进行处理,经过池化之后,长度和宽度的维数减半。池化操作一般有两种形式:最大池化和平均池化,其中最大池化使用最为广泛,即只提取合用窗口中的最大值。因为最大池化在实践中充分展现了它的优势,所以平均池化已经退出了历史的舞台。

(6) 步幅。步幅(stride)用于指定滤波器在输入图像上滑动的大小,这个滑动是包含左右和上下两个方向的。步幅表示每一步移动卷积滤波器的距离,也就是需要跳跃的格数。通过跳格,减少滤波器与原图像做卷积时的计算量,提升效率。步幅通常是 1。这是因为,大量实践表明,小步走产生的效果更好一些。

如果将步幅设置得太大,会造成信息遗漏,无法有效提炼数据背后的特征,这意味着对于原始图片提取的信息遗漏。信息的缺失会导致最后对于输入图像的类别判断准确率降低,因此一般将步幅设置为 1。

(7) 填充。填充是为了减缓图像缩小的速度。经过多次卷积运算后,图像缩小到非常小。由于特征图的大小总是小于输入,所以在深度网络中,图像会变得越来越小,甚至缩小到 1×1 左右。因此必须做一些事情以减缓图像缩小的速度,防止图像快速缩小对特征图的准确度的损害。填充即给输入图像的外层像素加上一圈 0 值,这样得到的特征图不会缩小。除了在执行卷积后保持空间大小不变之外,填充还可以提高性能,并确保滤波器和步幅能够适合输入。输入图像周围的灰色区域是填充区域。要么在边缘填充 0 值,要么填充其他数值。

(8) 平铺。平铺是指将最后一个池化层的输出展平为一维向量。在卷积层和池化层之后,分类部分由几个全连接层组成,所以把最后一个池化层的输出平铺为一维向量,就构成了全连接层的输入。

(9) 全连接层。卷积神经网络在分类部分有若干全连接层,通过全连接层可以提高卷积神经网络的非线性映射能力。在全连接层中,属于同层的神经元之间不相连,但神经元与相邻层的神经元进行全连接。全连接层中一个神经元的输出的数学表达式如下:

$$y_j^{(l)} = f\left(\sum_{i=1}^n x_i^{(l-1)} \theta_{ji}^{(l)} + b_j^{(l)}\right)$$

其中,l 为卷积神经网络当前的层数,$y_j^{(l)}$ 为第 l 层的第 j 个神经元的输出,n 为第 $l-1$ 层神经元的个数,$f(\cdot)$ 为激活函数,$\theta_{ji}^{(l)}$ 为第 l 层的第 j 个神经元与第 $l-1$ 层的第 i 个神经元之间的连接权值,$b_j^{(l)}$ 为第 j 个神经元的偏置。

全连接层学习通过卷积产生的这些特性,以便正确地对图像进行分类。全连接层的最后一个功能层称为输出层,使用 Softmax 等激活函数计算每一个类的分数,最大的值就是卷积神经网络最后输出的分类结果。

Softmax 算法可以通过构造模型解决多类回归问题,是深度学习中最常用的分类器。卷积神经网络通过 Softmax 算法可以获得每个输入样本属于设定的各种类别的概率。该算法还可以用来构建代价函数,其目的是实现卷积神经网络的训练和学习。其代价函数 $J(\theta)$ 可以表示为

$$J(\theta) = -\frac{1}{m}\left[\sum_{i=1}^m \sum_{j=1}^K 1\{y^{(i)} = j\} \log_2 p(y^{(i)} = j \mid x^{(i)}; \theta)\right]$$

其中,m 为输入样本的个数;K 为输出种类的个数;$p(y^{(i)} = j \mid x^{(i)}; \theta)$ 代表第 i 个样本通过模型训练之后分类结果为 j 类的概率;$1\{\cdot\}$ 为指示函数,若第 i 个输入模型的样本对应的分类结果与真实类别一致,则指示函数取值为 1,否则指示函数取值为 0。

2) 卷积神经网络在信用卡欺诈检测中的应用

随着经济全球化在最近数十年内的快速发展,信用卡在金融交易中显得尤为重要,而信用卡金融欺诈的出现,导致很多消费者遭受严重的经济损失。机器学习方法已经被提出以解决这类问题,例如使用决策树和布尔逻辑函数刻画正常交易模型,从而侦测异常交易,然而一些与正常交易十分相似的异常交易却无法被识别。为此,可以利用神经网络和贝叶斯网络检测用户的行为,判定消费行为是否符合持卡人的正常行为习惯,从而判定这笔消费是否属于诈骗。Ghosh 等人提出了一种神经网络,用来检测信用卡的异常交易。贝叶斯网络和人工神经网络也被引进来,用于处理欺诈交易难题。但是这些模型因为过于复杂和有很高的过拟合概率而备受质疑。为了能够在检测异常交易的潜在模式的同时避免模型的过拟合,可以使用卷积神经网络有效地降低特征冗余。

在机器学习领域,如何成功地提取信用卡交易的样本特征是主要难点之一。早期的

研究通过聚合策略和近期交易构建用户的消费模型,但是这些模型并不能很好地描述客户复杂的消费模式。为此,可以使用一个新型的交易特征进行辨识——基于每个用户的近期消费偏好的交易熵。为了将卷积神经网络应用到信用卡欺诈检测的场景中,需要将交易特征转换为一个特征矩阵,从而适应卷积神经网络模型。

除此之外,极度不均衡的数据也是信用卡欺诈检测中的另一个难题,原因在于大部分信用卡交易还是正常的交易,只有极少量的信用卡交易属于欺诈交易。针对主要类别的随机采样方法是一个通用的技术,但不可避免地遗漏部分样本。使用卷积神经网络之后,可以从真实的欺诈样本中生成一些人造的欺诈样本,通过基于抽样的方法得到和正样本相当的欺诈样本对模型进行训练。

简单来说,使用卷积神经网络检测信用卡网络诈骗的核心在于:

(1) 利用卷积神经网络框架挖掘信用卡交易中潜在的欺诈模型。

(2) 在将每条记录的交易数据转换为特征矩阵的过程中,将时间序列特征转换为局部关系,再通过卷积神经网络模型提取出交易记录数据在时间序列上的固有关系和相互作用。

(3) 通过抽样的方法减小数据集合中偏离标准很远的数据的影响。

(4) 构建一个新型的交易特征,称为交易熵,用于检测更加复杂的欺诈模式。

欺诈检测系统框架由训练和预测两部分组成,如图 8-14 所示。训练部分主要包括 4 个模块:特征提取、数据采样、特征转换和基于卷积神经网络的训练过程。训练过程是离线的,预测过程是在线的。当一个新的交易进入系统时,预测部分可以迅速判断这笔交易是否存在欺诈嫌疑。预测的过程由特征提取、特征转换和分类 3 个模块组成。

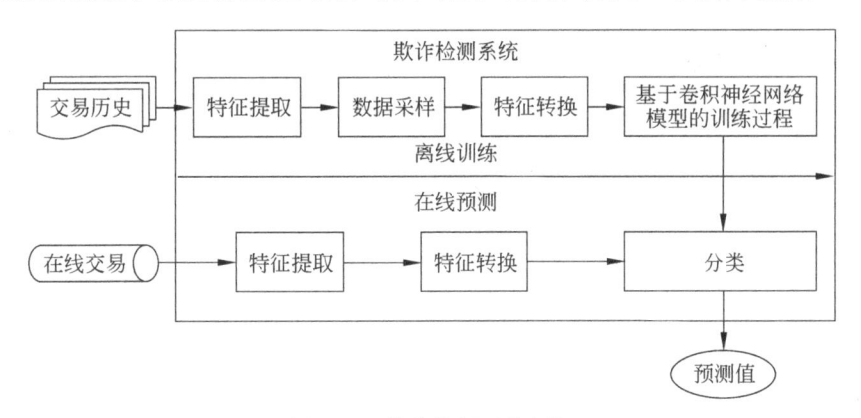

图 8-14 欺诈检测系统框架

对于特征提取模块,采用了聚合策略。在欺诈检测系统中,采用了聚合策略的特征提取模块,和传统特征的提取相比增加了交易熵,因此可以针对不同交易行为设置对应的权重,从而可以模拟更加复杂的消费行为,在大数据挖掘过程中,在特征提取后训练模型。因为卷积神经网络模型很适合用于海量数据的训练,同时它能有效避免模型过拟合的问题,所以本书采用卷积神经网络检测信用卡的欺诈交易。

卷积神经网络模型的输入是一个特征矩阵,第一层是卷积层,第二层是采样层,第三层是卷积层，最后 3 层则是全连接层。

该系统采用的数据集是一个商业银行的真实信用卡交易数据集，该数据集共包含该银行一年 2.6 亿笔信用卡交易记录。这里选择 F1 评估基于卷积神经网络算法检测信用卡交易欺诈模型的性能，与基于神经网络算法、SVM 算法等构建的检测模型，基于卷积神经网络算法的检测模型准确率最高。

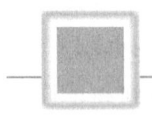

小结

本章主要介绍了网络欺诈的基本概念和常见方式，钓鱼网站和社会工程学的基本概念和常见方式，大数据分析技术中的神经网络算法的基本概念，以及反向传播人工神经网络算法、深度学习卷积神经网络算法的基本思想、原理及其在网络欺诈检测中的应用。

第 9 章 基于大数据分析的网络流量分析技术

9.1 网络流量分析

随着互联网技术的不断普及和发展,当今网络呈现用户数量日益膨胀、网络应用种类日益增多、应用类型日益复杂的特点。互联网作为社会信息交流的重要承载平台,使人们的工作和生活变得更加便捷和丰富,承担了日益重要的角色。对于人们的信息获取、休闲娱乐和工作,互联网都能给予足够的支持。

根据网络发展研究权威机构——中国互联网络信息中心(CNNIC)在 2022 年 2 月发布的第 49 次《中国互联网络发展统计报告》,截至 2021 年 12 月,我国 IPv6 地址数量为 63 052 块/32,较 2020 年底增长 9.4%;域名总数为 3593 万个,其中,".CN"域名数量为 2041 万个,占我国域名总数的 56.8%;网站数量为 418 万个,较 2020 年底下降 5.5%,其中".CN"域名下的网站数量为 272 万个,较 2020 年底下降 8.0%。截至 2021 年 12 月,我国网民规模为 10.32 亿,较 2020 年底增长 4296 万,互联网普及率达 73.0%,较 2020 年底提升 2.6 个百分点;截至 2021 年 12 月,我国网络购物用户规模达 8.42 亿,较 2020 年底增长 5968 万,占网民整体的 81.6%。全国有 38.0% 的网民表示在上网过程中遭遇过网络安全问题,其中网络诈骗比例占 16.6%,设备中病毒或木马的比例占 9.1%,账号或者密码被盗的比例占 6.6%。通过进一步对网络诈骗进行分析发现,网络购物诈骗占比为 35.3%,钓鱼网站诈骗占比为 23.8%。从上述信息可以发现,病毒木马、遭遇账号或密码被盗、钓鱼网站诈骗、网络购物诈骗等网络安全问题严重影响到网民的网络安全生活。

网络流量分析一直是学术界、产业界和网络监管部门共同关注的热点之一。网络流量分析是指将网络中的混合流量依据不同的网络或协议的特征或参数分成不同的流量类别,对各类流量进行分析并识别其中的恶意流量,从而为维护网络空间安全提供基础保障。其意义主要有两方面:一方面,网络安全领域需要识别入侵流量;另一方面,进行网络管理时需要对不同应用的流量进行分类分析,从而合理控制和分配资源,保证网络服务质量(QoS)。随着网络流量的数据量和种类的迅猛增加,传统网络流量分析方法难以满足要求,基于大数据分析的机器学习算法已经成为网络流量分析的研究热点。

本章首先对网络流量分析进行介绍,然后对大数据分析的典型算法在网络流量分析中的应用进行介绍。

9.1.1 网络流量分析概述

网络流量是指接入网络的设备在网络上产生的数据流量,可以作为网络运行状态的评价依据。网络流量分析是网络运行管理、网络测量、网络监控、网络性能分析及网络规划设计中的一个重要内容,可以通过对网络信息流的采集和分析,帮助网络管理者得到网络流量的准确信息,为网络的正常、稳定、可靠运行提供保障。

网络流量分类是认识、管理、优化各种网络资源的重要方法,对网络的服务质量管理、趋势分析以及安全检测都有非常重要的作用。网络流量的主要特征分为 Packet 级(Packet-level)特征、Flow 级(Flow-level)特征和 Stream 级(Stream-level)特征。

(1) Packet 级流量分类主要关注数据包的特征及其到达过程,如数据包大小分布、数据包到达时间间隔分布等。

(2) Flow 级流量分类主要关注流的特征及其到达过程,可以是一个 TCP 连接或者一个 UDP 流。Flow 通常指一个由源 IP 地址、源端口、目的 IP 地址、目的端口、应用协议组成的五元组。

(3) Stream 级流量分类主要关注相互通信的两台主机之间的应用流量。Stream 通常指一个由源 IP 地址、目的 IP 地址、应用协议组成的三元组,适用于在粗粒度上研究骨干网的长期流量统计特性的场景。

当前采用的传统网络流量分析算法主要有基于端口号映射的算法、基于有效载荷分析的算法、基于机器学习的算法等。然而,随着互联网的不断发展,由于很多新的网络服务采用动态端口、协议加密技术等原因,使得传统的基于端口的流量分析方法和基于有效载荷的流量分析方法已不能使网络流量分析达到满意效果。

网络流量分析的目的主要有下面 3 个:
(1) 帮助运营商了解网络流量的分布和带宽的使用情况,以便进行维护和计费等。
(2) 帮助网络管理员了解网络流量分布,合理规划和升级网络,对应用进行管理。
(3) 为网络管理提供依据。通过对海量网络流量数据进行分析,能够及时识别网络中的异常流量、恶意行为等,为网络的安全、持续、高性能运行提供保障。

9.1.2 网络流量分析的现状

网络数据采样最早采用数据抽样技术,但采样结果有较大误差。目前国内外传统的网络流量分类方法包括基于端口的识别分类、基于特征码的识别分类和盲分类(Blind Classification,BLINC)等。

1. 基于端口的方法

基于端口的流量识别是最早出现的网络流量分类方法,它的原理十分简单。它根据数据包包头中的端口号区分不同的网络应用类型。该方法主要采用 IANA(Internet Assigned Numbers Authority,互联网数字分配机构)中记录的端口号对流量进行分类,这在互联网发展之初是一种行之有效的方法,它可以根据规定的端口号和应用协议的对应关系进行流量识别分类。知名端口号范围是 0～1023。例如,FTP(File Transfer Protocol,文件传输协议)数据对应的端口号为 20,FTP 控制端口号为 21,而 80 端口则分配给 HTTP(Hyper Text Transfer Protocol,超文本传输协议)。

这种方法简单直接、易于实现,只需要在基础网络设备上采用简单的规则即可实现,不需要额外的软硬件支持,而且在传统的网络环境下其识别效率和准确率非常高,因此在互联网早期,服务的端口号变化不大时,这种方法复杂度低、实用性高。

但是,随着互联网的发展,网络中大量网络应用开始使用动态端口技术,不再使用标准的固定端口提供的网络服务。例如,许多主流的 Web 服务器和 FTP 服务器软件都允许用户手工指定服务器端口,而不是使用固定端口。新型网络应用(如对等网络)都普遍采用随机端口(端口范围为 1024～65535)技术进行数据传输。随着防火墙技术的发展,大量的互联网应用为了规避防火墙的检测,蓄意使用动态端口和伪装端口技术,也降低了基于端口进行流量识别分类的准确度。

但是这并不代表这种方法应该就此被淘汰,基于端口的流量识别分类方法由于只需要获取数据包的端口号,因此时间复杂度很低,实现简单,而且分类速度快。该方法应用在高速网络环境时,能够快速并很好地识别一些端口号对应的应用层协议类别,仍然具有一定的实用价值。因此,在实践中,将基于端口的识别和其他技术(如机器学习等)结合应用,既能保证流量识别分类的准确率,又能提高识别速度,是该方法的一大发展趋势。

2. 基于特征码的方法

这种方法需要分析数据包的具体内容,其算法的原理是依据 IP 数据包中的协议特征码进行流量识别。基于特征码的识别方法的典型应用是 P2P 流量识别。由于 P2P 流量占网络总流量的比例逐年上升,因此 P2P 流量识别成为网络流量分类和管理的重要问题之一。

大量的研究发现,每种网络应用程序在进行数据传输时都或多或少会呈现一些固有的特征。因为数据是按一定规则或协议传送的,这些特征是在实际交互过程中必定出现的,并且是数据包中出现频率较高的固定字段。不同应用协议的特征是不同的,所以可以找出这些出现频率较高的固定字段作为应用协议的特征码。如果在数据包的相应位置能够找到这些特征码,就可以判断数据包属于哪种类型的网络应用,从而对其进行有效的控制。例如,主机进行 BT 下载时,必须使用 Tracker 通过 HTTP 的 GET 命令的参数接收信息;而在 HTTP 请求报文中,携带了 BT 的特征值"User Agent:BitTorrent"。可见,如果 HTTP 过滤器能够将具有该特征值的 HTTP 数据包过滤掉,BT 客户端便无法进行 Tracker 查询,从而有效阻截 BT 下载。因此,通过分析捕获的网络数据包,找到每个网络应用的特征码,利用这些特征码就能有效地识别不同的网络应用。

特征码识别技术是一种基于应用层信息的方法,它不仅需要检测网络层和传输层数据包头部,而且需要在应用层检测数据包的有效载荷中封装的内容。该技术深入探查数据包或数据流的应用程序流量,根据数据包的有效载荷做出如何对数据包进行处理的决定。它主要使用以特征码为基础的分析技术,还会用到统计等其他技术。

对于可以采用特征码识别的流量,必须对不同协议的数据包进行单独分析,因为它们的协议都是自定义的非标准协议。具体方案是：抓取用户的数据包，通过各自协议特有的有效载荷特征和众所周知的协议端口号识别业务，提取数据包关键信息，包括源 IP 地址、目的 IP 地址、源端口号、目的端口号、协议类型和协议指定的部分特征码。

特征码识别方法适用于常见的应用，能识别出大部分业务流量，如 eDonkey、eMule、KaZaA、BitTorrent、Gnutella 等。任何客户端改变默认端口或采用动态端口的方法，以及使用一些 80 等常用端口伪装成自己的功能端口的方法都不能避开检测。这种方法的实际运行结果还是比较可靠的。

基于特征码的方法主要有以下特点：检测准确率比基于端口的方法和基于流量统计的方法都要高，并且端口的变化不会影响检测准确率；能够检测使用最广泛的应用，适合流量的精确检测。

随着各种协议的不断发展和新协议的不断出现，数据包的静态标识特征需要不断地更新和增加。如果开发者对协议进行加密，协议的数据包有效载荷将呈现无规律状，无法提取各种协议的标识特征，这就使得协议分析与识别变得十分困难。

对数据包有效载荷进行识别的方法是一种高资源消耗的方法，协议分析和特征搜寻需要投入大量人力及时间。为了保证检测产品的稳定性，必须确保处理主体拥有很强的信息处理能力，导致高额的投入不可避免。

3. 盲分类

为了解决单纯基于特征码的流量识别分类局限性比较大、不能对加密的数据流进行有效的识别、对性能要求高、用户负担较大的问题，基于行为模式的流量识别技术开始发展。该方法不依赖于具体的端口信息和负载信息，它利用已知应用网络流对应的主机行为特征区分网络应用的类，从交互的角度揭示应用程序的本质特征，进而对流量进行分类。该方法的主要特点在于其不依赖于数据包的负载内容和具体的端口，而是利用不同的网络应用在传输层子图连接模式的差异划分网络流量，构建不同主机相互通信的逻辑图，进而对产生流量的主机涉及的应用类别作出判断。盲分类方法大大降低了流量分类的复杂度。由于盲分类方法并不使用负载或端口将流量按应用分类，故并不需要单个包的信息，这样一来就可以大大降低分类的复杂度。

盲分类方法对网络环境比较敏感，其在边缘网络中分类效果较好；但在骨干网络中，尽管其分类的准确度较高，完整度却下降到 40%～50%。这主要是由两点导致的：

（1）盲分类方法易受监测点影响，因为骨干网络中存在流量数据不对称的现象，即某段时间内上行和下行流量不对称，盲分类方法无法获取足够的信息。

（2）在骨干网络中，很多主机仅仅存在一两条流，能提供的信息太少，不满足盲分类方法的分类要求。

9.1.3 网络流量采集数据集

以下是目前在进行网络流量分析科学研究和实验分析时常用的数据集：

（1）CAIDA（The Cooperative Association for Internet Data Analysis，互联网数据分析合作协会）的目标是在政府、企业和研究机构之间建立一个合作机制，共同推进建设并维护一个健壮、弹性的互联网基础设施。CAIDA 在不同地理位置和不同拓扑网络中收集了一些不同类型的数据,并在保护数据提供者隐私的情况下提供给研究者使用。其网址为 www.caida.org。

(2) 意大利布雷西亚大学(Universita degli Studi di Brescia)电信网络组在网络流量分类的相关研究中开发了 Ground Truth(GT)系统,用它收集了一些网络日志数据,并向申请者开放。其网址为 www.unibs.it。

(3) WIDE(Widely Integrated Distributed Environment,广泛集成的分布式环境)是 1998 年在日本成立的互联网技术研究联盟,提供自 1999 年至今在若干个网络采样点用 TCPDump 捕获的流量日志,但采集点的链路带宽较低,包括一条带宽仅有 150Mb/s 的跨洋链路。WIDE 数据集在提供原始 TCPDump 日志数据的同时,还提供流量日志,包含流、地址和协议成分的相关统计信息。WIDE 数据集不包含 TCP 或 UDP 载荷,IP 地址经过匿名化处理。其网址为 mawi.wide.ad.jp。

(4) 新西兰怀卡托(Waikato)大学计算机科学系的 WAND 研究组利用 WITS (Waikato Internet Traffic Storage,怀卡托互联网流量存储)项目收集整理互联网数据日志,提供的数据集包括 Waikato I~V、Auckland II/IV/VI~X、IPLS I~III 以及 Leipzig I/II 等。其网址为 www.wand.net.nz。

9.1.4 流量数据采集相关问题

为了全面而有效地获取网络流量,以便对网络进行实时监控和管理,在大规模高速链路中进行流量数据采集时需要考虑以下几个问题。

1. 效率

由于网络的扩容和新型网络协议的涌现,单位时间内到达网络设备的数据分组越来越多。例如,要处理 10Gb/s 链路流量,处理时隙仅为 69ns。因此,在高速骨干网上采集网络流量数据要求相应的网络设备具有更高的处理速度和能力,以减小对网络业务造成的影响。

2. 存储容量

不同的网络环境对存储设备的要求不一样,网络数据从传统的文本数据向多媒体数据发展,这要求运营商不断地提升网络带宽,增加高性能的网络设备,以应对网络流量越来越大的问题。对高速链路来说,流量数据采集系统必须保障在 Gb/s 级环境中实现实时采集。若在 10Gb/s 的环境中,数据包大小为 64~1500B,而通常运营商控制的网络的信道利用率不超过 50%,则每秒需要处理大约 9 765 620 个数据包,每秒需要存储的数据容量为 0.625~14.6GB,高峰时段每小时存储容量可达 52.5TB,因此对高速网络的数据存储成为急需解决的问题。

3. 安全

高速大规模网络流量数据采集在网络性能测量、故障管理、拓扑管理和用户行为研究方面具有举足轻重的地位,如果对采集到的信息处理不当,容易造成用户隐私和商业机密泄露,带来不可预知的后果,为了防范隐私泄露所采用的技术使得流量数据采集途径受到很大限制。

9.2 大数据分析技术在网络流量分析中的应用

9.2.1 网络流量分析流程

数据分析的基本流程分为数据采集、数据预处理、统计分析、数据展示 4 个步骤。通过类比，可以得到网络流量分析的基本流程，如图 9-1 所示。

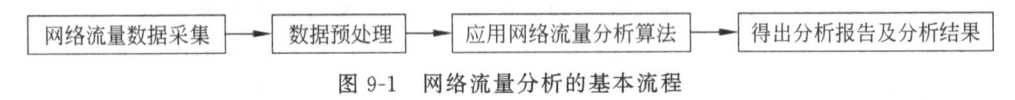

网络流量数据采集 → 数据预处理 → 应用网络流量分析算法 → 得出分析报告及分析结果

图 9-1 网络流量分析的基本流程

网络流量分析分为以下 4 个步骤：
（1）收集网络流量数据。
（2）对收集到的网络流量数据进行预处理，以提高数据处理的效率。
（3）使用网络流量分析算法对网络流量数据进行分析，得出重要的、有意义的模式。
（4）以文字或图表等方式向运营商、网络管理员和网络安全管理员等反馈网络使用情况，同时可以由网络管理员对某些特定应用进行分析，以确定网络的使用情况。

1. 网络流量数据采集方法

网络流量数据采集按照特点和处理方式可以分为部分采集和完全采集、主动采集和被动采集、集中式采集和分布式采集、硬件采集和软件采集以及在线采集和离线采集等。随着网络流量数据采集的发展，基于以上分类，产生了一些高效、实用的网络流量数据采集方法。

1）基于云服务模型的流量数据采集方法

随着计算机网络的发展，基于网络的应用和服务占用越来越多的网络资源，同时对网络性能的要求也越来越高。近几年，随着移动互联网技术和云计算技术的兴起和发展，大数据处理和共享技术日益成熟。为了能更有效地测量流量信息，并更准确地预测网络性能，一些研究人员提出了基于云服务的网络测量方法。通过引入云服务，不仅可以更高效地利用某一计算机集群的整体资源对网络流量进行测量，还可以有效地缓解单一测量节点的采集压力，使这种流量采集方法更好地处理种类繁多的超大规模网络数据。同时，基于云服务模型的流量数据采集方法还可对整个计算机集群的资源进行宏观调度，实现资源的合理利用。该方法采集到的流量信息可以被整个云服务集群内的各计算机所共享，避免重复测量和资源浪费。该流量采集方法存在成本较高、部署和维护困难等缺点。但是，随着云计算和云服务的发展，该方法将广泛应用于超大规模数据和超大规模网络的流量测量上。

2）基于规则的流量数据采集方法

随着计算机网络种类不断丰富，针对特定网络定制专门的流量数据采集方法和策略的情况越来越少，如何针对不同类型的计算机网络或不同种类的网络设备自动选择合适的流量数据采集策略极具研究意义。基于规则的流量数据采集方法就是通过建立概念模型、业务规则,设计并实现运行模式,从而实现基于规则的流量数据采集技术。规则是业务知识的编码,是人与系统在业务领域的交互和协作,可完成一些特定的功能和任务。利用规则引擎(如 Drool 规则引擎)存储一系列可以触发流量数据采集方法和相应采集工具的业务规则,并且针对不同的网络环境和网络设备,通过设定不同的采集参数和采集目标,与规则引擎中相应的规则进行匹配,从而由匹配的规则触发相应的流量数据采集策略和行为,完成特定的流量数据采集任务,即基于规则驱动的流量数据采集方法。该方法具有很好的可重用性和可扩展性,并且可以满足复杂网络环境的测量需求。但该方法有一定难度,实现复杂,需要定时维护且成本较高。

3) 基于流模型的流量数据采集方法

通过引入流的概念,产生了一种新的流量采集方法。基于流模型的流量采集方法通过对流记录进行获取和统计处理,得到需要的链路流量特征信息,完成流量数据的采集和分析。因为流记录中包含的信息比较丰富并且容易采集,所以基于流模型的流量采集方法可处理较大规模的数据,并且具有很好的采集和处理速度,也可以广泛应用于不同类型的网络上,以完成流量数据的采集。

4) 基于抽样模型的流量数据采集方法

随着 GB/s 级以太网的出现和高速网络技术的发展,直接对网络流量进行完全的流量数据采集已变得相当困难,由此引入基于抽样模型的流量数据采集方法。基于抽样模型的流量数据采集方法是指从原始流量数据中选择有代表性的流量子集进行采集,通过采集到的子集推断原始流量数据的特征,从而实现对整个网络流量数据的采集和分析。常用的抽样模型有简单随机抽样模型、周期抽样模型、不均匀抽样模型和泊松抽样模型等。基于抽样模型的流量数据采集方法具备较好的适用性,该采集方法可以从采集样本的基础特征预测出原始网络流量的总体特征,并且大大减少系统的开销和负载。但在受到其他因素制约和限制的条件下,基于抽样模型的流量数据采集方法得出的测量结果很难保证较高的精确度,因此需要设计更好的抽样模型。

5) 基于侦听网络数据包的流量数据采集方法

基于侦听网络数据包的流量数据采集方法是一种被动的测量方法,对网络产生的额外影响非常小,它是最简单、最直接且最容易实现的一种流量数据采集方法。该方法在网络中选择具有代表性的网络链路或网络节点,再利用特定的软件或硬件工具监测和收集网络流量信息,从而完成网络流量数据采集任务。该流量数据采集方法容易实现,所需设备简单,成本也较低,并且该方法对网络造成的额外负载很小;但该方法得到的流量信息比较单一,对网络流量的分析能力有局限性,不具有很好的可扩展性。

6) 基于简单网络管理协议的流量数据采集方法

简单网络管理协议(Simple Network Management Protocol,SNMP)是一种非常经典并且常用的网络协议,它简单直观,占用较少的系统资源。SNMP 包含协议主体、管理信息结构(Structure of Management Information,SMI)和管理信息库(Management Information Base,MIB)三大部分。基于 SNMP 的网络流量数据采集是一种主动的采集方法,该方法由 SNMP 请求的执行者和 SNMP 请求的响应者(路由器等)共同协作完成。

执行者定期向响应者发送 SNMP 流量数据采集请求,响应者接收到采集请求后,允许执行者从路由器中获取网络流量数据,并对这些数据进行存储和其他操作,从而完成流量数据采集。作为响应者的路由器除了能完成一般路由器的路由转发功能外,还要提供对过往数据包的统计功能,并将统计结果以特定的形式存储在本地 MIB 中,采集 MIB 中的数据,就能获取网络中各种有效的流量数据信息。基于 SNMP 的网络流量数据采集方法实现简单,可以获得较丰富的网络流量信息,且数据呈现清晰直观。但该方法会占用路由器以及网络带宽等资源,从而影响网络的性能。此外,该方法也比较容易造成采集数据的丢失。

7)基于网络探针的流量数据采集方法

网络探针方法借鉴了传统的以太网总线结构的设计思想,传统的以太网采用总线结构组成计算机的通信网络,各主机间以广播形式进行通信,总线承载着各个主机间的通信信息。使用网络探针进行流量采集,利用传统以太网的通信原理,安插网络探针,监听并采集通过网络总线的所有通信,并通过统计和分析得到流量数据。可以将网络探针安插在任何一个网络区间上,以获得相应网段的流量特征信息;也可以将网络探针安插在最接近出口路由器的网络区间上,以便采集到更完整的网络流量信息。具体实现时,一般通过修改相关设备的程序使其能捕获相应的数据包,例如将网卡设置为混杂模式获取网络流量数据。该方法提供了比基于 SNMP 的方法更为详尽的网络流量信息,但其处理较复杂,实现成本较高,对硬件资源要求也较高,为了监测更高速率的链路,需要高速专用硬件处理卡。

8)基于网络流的流量数据采集方法

NetFlow 是一种用于采集 IP 流量信息的网络协议,支持 NetFlow 的路由器和交换机能在启动 NetFlow 功能的所有端口上采集 IP 流量信息,然后以 NetFlow 报文的形式输出这些流量信息到指定的 NetFlow 收集器中。NetFlow 报文包含的流量信息主要包括 IP 包大小、每秒的流量、总流量等,利用 NetFlow 协议和对应的协议报文,可将采集到的流量数据通过任意两个主机或主机和路由器(或交换机)进行转发,从而灵活地保存和处理采集到的流量信息。基于 NetFlow 的流量数据采集方法是一种成熟的方法,该方法因其规范、高效和方便而被广泛地使用和不断地改进。基于网络流的流量数据采集方法高效、规范并且形式统一,可以获得丰富而准确的流量统计信息,并且容易设计和实现,可以减少人工参与,比较适合集中的配置和管理。但该方法需要定期进行管理和维护,且对硬件配置要求较高。

2. 网络流量数据采集工具

利用已有的流量数据采集方法,同时兼顾被测网络的实际特点,产生了许多方便、高效的网络流量数据采集工具。这些采集工具各有特点,实现的功能也不尽相同,但这些工具都可以实现对网络流量数据的监控或采集,并具有自己的使用优势。以下介绍几种具有代表性的流量数据采集工具。

Sniffer 系列包括很多应用广泛的网络管理工具,Sniffer Pro、Network Monitor、PacketBone 等是 Sniffer 系列的代表性工具,它们易于安装并且使用方便。Sniffer Pro 主要由监视、捕获、分析和显示4个功能模块组成,它们共同支持和实现Sniffer Pro的主体功能。Sniffer Pro是基于嗅探思想设计和实现的。利用Sniffer Pro不仅可以对网络流量数据进行采集和统计,还可以监控网络运行情况、网络错误和响应时间等,采集和监测的信息比较全面。Sniffer Pro是目前使用最广泛并且认可度最高的流量数据采集工具之一。若想获得能力更强的Sniffer工具,可以选择硬件Sniffer,该工具通常被称为协议分析仪,具有更强大的采集和分析能力,但价格比较昂贵,安装和使用也较为复杂。

MRTG(Multi-Router Traffic Grapher,多路由器流量图示器)是一种基于SNMP的网络流量监控和采集工具,利用该工具可以采集流量信息并将采集结果以图形化的方式显示。MRTG可以支持多个操作系统,并且是免费使用的,这也使MRTG具有广泛的用户基础,并且不断地得到完善。MRTG定制简单,安装方便,采集结果以图形化方式实时显示。但其功能相对有限且采集的流量信息比较简单,不适合进行复杂分析。MRTG被广泛地使用在重要的网络节点端口和容易造成网络故障的网络设备上,进行流量的监控和采集。

另一种常见的流量数据采集工具为Cisco公司的NetFlow。NetFlow配置简单,安装方便,成本较低,技术也相当成熟,可以利用它采集到丰富的网络信息并对网络进行综合分析,因此它也得到广泛使用。利用NetFlow进行流量数据采集需要消耗一定的路由器资源,但是由于NetFlow自身的特点和优势,它已逐渐成为网络流量数据采集工具的发展方向。

Wireshark是一种常用的网络包分析工具,它可以抓取网络数据包,并且分析其详细信息。其前身是Ethereal软件,由Gerald Combs开发了第一个版本,随后更多的人加入到其开发过程中。目前Wireshark已成为开源软件项目,使用GPL协议发行,使用户很容易在Wireshark上添加新的通信协议,以便分析新的协议数据包。Wireshark使用WinPcap作为接口,直接与网卡进行数据报文交换,是目前应用最广泛的网络包分析软件之一。

此外,还有诸多具有类似功能的工具,如擅长统计流量包数量的PRTG(Paessler Router Traffic Grapher,Paessler路由器流量图示器)和常用于监测网络流量异常的NetDetector,又如NetXray、NetMeter、SmartBit和NetLimiter等。随着计算机网络的发展和流量数据采集方法的进步,HP OpenView、IBM Tivoli NetView及SplenNMS(Splen Network Management System,Splen网络管理系统)等网络监管系统平台相继发布,它们具有更强大的功能,能完成更多、更复杂的网络监管任务。

3. 流量数据预处理

随着网络带宽和网络应用的增加,网络产生的海量数据对获取、存储、查询和实时分析技术提出了较大挑战。同时,原始数据中存在的脏数据可能影响处理算法的效率和运行结果,而数据预处理技术可大大加快后期的分析挖掘过程,有利于提高产出效率。数据预处理技术通过数据清洗、数据变换、数据规约等操作,将包含脏数据记录的原始数据集转换成适于分析和挖掘的目标数据集。

1) 数据清洗

数据清洗的目的主要是保证数据的一致性,提高数据质量。未经清洗的原始数据一般含有脏数据,包括噪声数据、错误数据、缺失数据和冗余数据等。数据清洗的任务就是平滑噪声数据、修订错误数据、填补缺失数据和删除冗余数据。造成网络数据集不一致性的原因有很多。例如,在传输过程中可能会因为非对称性路由、传输链路拥塞引起丢包,造成流数据本身不完整;因为网络抖动、丢包引起数据包超时重传,造成流数据的冗余;因为网卡、存储设备拥塞引起只读取到或只写入部分数据,造成流数据某些字段值异常;甚至可能包含为实施特定网络攻击而专门构造的异形数据包,这类数据包更难以从脏数据中被区分出来。

数据清洗的基本操作包括重复记录清除、异常记录修订、缺失值处理(如补入值或固定值)等,一般可采用自动方法或人工方法进行。但由于网络数据集规模庞大,几乎无法进行人工分析,因此一般情况下主要对训练用的标注数据集进行自动清洗。数据清洗检查的内容主要如下:产生数据包的时间戳是否严格单调递增且在合理的窗口范围内;IP数据包头校验和是否存在错误;包头长度是否位于合理区间;包到达间隔时间是否位于合理区间;流的单向数据包是否完备;等等。

2) 数据变换

数据变换的目的是让数据映射成更便于操作的形式。常用的数据变换方法包括数值型数据的规范化、层次型概念数据的泛化、连续数值型数据的离散化以及数值型数据的分桶等。

规范化(normalization,又称为标准化、归一化)处理是数据预处理的一项基础工作,为了消除指标之间的量纲和取值范围差异的影响,需要进行标准化处理,将特征值按比例缩放到特定区间内。其目的是方便数据处理及加快程序收敛,常用的区间为$[-1.0,1.0]$或$[0.0,1.0]$。规范化的方法有很多,最常用的两类是最小-最大规范化方法和Z-score规范化方法。

离散化是将连续取值空间映射到若干数值点上,其目的是简化数据结构,在一定程度上减少数据规模,适用于特定分析和学习算法,加快处理程序的运行。离散化方法也比较多,常用算法包括等宽算法、等频算法和聚类算法,其他方法还包括卡方分裂法、信息增益分裂法等。

3) 数据归约

数据归约即通过数据立方体、属性选择、维归约、数据压缩、数值归约、离散化和概念化等方法,从原始数据集中获取一个精简数据集,在精简数据集尽可能保持原始数据集的有关特点的情况下减少要处理的数据。

4. 网络流量数据分析

在经过数据采集和预处理后,可以将处理后的网络流量数据输入到数据分析算法中,对其进行分析。基于大数据分析的流量识别方法不依赖于连接的端口、数据包的载荷等信息,只需要对一些基本的流量统计信息(例如数据包到达间隔、包长度、包方向等)进行学习分析,即可以实现对数据流量进行识别。基于机器学习的流量识别方法比较稳定,且适用于加密流量的识别,不侵犯用户的隐私,同时具有较高的准确率,是目前比较常用的流量分类方法。常用的机器学习算法包括 k 均值聚类算法、SVM 算法、决策树算法等。后面将介绍最常用的 k 均值聚类算法。

9.2.2 k 均值聚类算法在网络流量分析中的应用

1. 聚类分析

聚类是针对给定的样本,依据它们特征的相似度或距离,将其归并到若干类或簇的数据分类方法。通过对已知分类的数据进行训练和学习,找到这些类的特征,建立分类模型,然后利用模型对未分类的数据进行分类。聚类算法是一种无监督学习算法,并且作为一种常用的数据分析算法在很多领域得到应用。因为聚类分析只是根据样本的相似度或距离将其进行归类,所以类或簇事先无法确定。聚类算法有很多,如 k 均值聚类算法、层次聚类算法、密度聚类算法等。k 均值聚类算法是聚类算法中最常用的一种。

k 均值聚类算法诞生于 1956 年,该算法最常见的形式是采用被称为劳埃德算法(Lloyd algorithm)的迭代式改进探索法。J.B.MacQueen 在 1967 年首次提出了 k 均值聚类算法的要点——经典的 k 均值聚类算法,它是基于质心的一种新的聚类算法。在总结了前人的经验之后,MacQueen 彻底掌握了 k 均值聚类算法的核心要点,总结了 k 均值聚类算法的总体步骤,并且通过数学证明了该算法的合理性。k 均值聚类算法具有收敛速度快、描述清晰、节省时间的特点,因此比较受欢迎。

聚类算法是机器学习中涉及对数据进行分组的一种算法。对于给定的数据集,可以通过聚类算法将其分成一些不同的组,理论上,同一组数据之间有相同的属性或者特征,不同组数据之间的属性或者特征相差比较大。因为聚类是在未标注样本上的分类算法,所以不像之前介绍的其他算法可以直观地知道训练出来的模型的好坏,即不能通过比对测试样本的预测结果和真实预测结果误差值近似泛化误差。

那么,如何评价聚类算法的分类结果好坏呢?一般以聚类性能度量——聚类有效性指标作为评判的标准。聚类是将样本集划分为若干不相交子集的过程,那么什么样的聚类结果是比较好的呢?俗话说:"物以类聚,人以群分。"相同类或簇内的样本尽可能相似,而不同类或簇的样本尽可能不同,即聚类结果的簇内相似度(intra-cluster similarity)高且簇间相似度(inter-cluster similarity)低,这样的分类结果就是比较好的。

聚类分析的性能指标大概分为两类:外部指标和内部指标。

1) 外部指标

外部指标是将聚类结果与某个参考模型(reference model)进行比较的量化结果,例如,将聚类结果与领域专家的划分结果进行比较(其实这已经是在某种程度上对数据进行标注了)。

基于对参考模型的权威性的信任,可以认为参考模型对样本的划分是满足簇内相似度高且簇间相似度低这个条件的。所以对于外部指标,度量目的就是要使得聚类结果与参考模型尽可能相近,通常通过将聚类结果与参考模型结果对应的簇标记向量进行两两比对,以生成具体的性能度量。其度量的中心思想是:聚类结果中被划分到同一簇中的样本在参考模型中也被划分到同一簇中的概率越高,代表聚类结果越好。常用的外部指标有 Jaccard 系数(Jaccard Coefficient，JC)、FM 指数(Fowlkes and Mallows Index，FMI)、Rand 指数(Rand Index，RI)。

对于数据集 $D=\{x_1,x_2,\cdots,x_m\}$，假设通过聚类给出的簇划分为 $C=\{C_1,C_2,\cdots,C_k\}$，参考模型给出的簇划分为 $C^*=\{C_1^*,C_2^*,\cdots,C_s^*\}$。相应地，令 λ 与 λ^* 分别表示与 C 和 C^* 对应的簇标记向量，将样本两两配对考虑，定义如下参数：

$$a=|SS|,SS=\{(x_i,x_j)\mid \lambda_i=\lambda_j,\lambda_i^*=\lambda_j^*,i<j\}$$
$$b=|SD|,SD=\{(x_i,x_j)\mid \lambda_i=\lambda_j,\lambda_i^*\neq\lambda_j^*,i<j\}$$
$$c=|DS|,DS=\{(x_i,x_j)\mid \lambda_i\neq\lambda_j,\lambda_i^*=\lambda_j^*,i<j\}$$
$$d=|DD|,DD=\{(x_i,x_j)\mid \lambda_i\neq\lambda_j,\lambda_i^*\neq\lambda_j^*,i<j\}$$

基于上面 4 个参数导出常用的聚类性能度量的外部指标：

(1) Jaccard 系数：

$$\text{JC}=\frac{a}{a+b+c} \tag{9-1}$$

(2) FM 指数：

$$\text{FMI}=\sqrt{\frac{a}{a+b}\cdot\frac{a}{a+b}} \tag{9-2}$$

(3) Rand 指数：

$$\text{RI}=\frac{2(a+d)}{m(m-1)} \tag{9-3}$$

上述 3 个值均在[0,1]区间，值越大越好。

2) 内部指标

直接考察聚类结果而不利用任何参考模型的聚类性能度量称为内部指标。内部指标通过计算簇内样本距离以及簇间样本距离对聚类结果进行评估。其度量的中心思想是：簇内样本距离近似于簇内相似度，簇间样本距离近似于簇间相似度，通过计算并组合这些样本距离的值构建符合需要的聚类性能度量指标。常用的内部指标有 DB 指数(Davies-Bouldin Index，DBI)和 Dunn 指数(Dunn Index，DI)。

以 DB 指数为例，其代表的是任意两个簇 C_i 和 C_j 的簇内样本平均距离的和($\text{avg}(C_i)+\text{avg}(C_j)$)与它们的簇间距离 $\text{dist}(\text{center}(C_i),\text{center}(C_j))$ 的比值的最大值。DB 指数越小，代表聚类结果的簇间样本距离越大，而簇内样本距离越小。

考虑聚类结果的簇划分 $C=\{C_1,C_2,\cdots,C_k\}$，定义以下参数：

(1) 簇 C 内样本平均距离：

$$\text{avg}(C)=\frac{2}{|C|(|C|-1)}\sum_{1\leqslant i\leqslant j\leqslant |C|}\text{dist}(x_i,x_j) \tag{9-4}$$

(2) 簇 C 内样本最远距离：

$$\text{diam}(C)=\max_{1\leqslant i\leqslant j\leqslant |C|}\text{dist}(x_i,x_j) \tag{9-5}$$

(3) 簇 C_i 与 C_j 最近样本距离：

$$d_{\min}(C_i,C_j)=\min_{x_i\in C_i,x_j\in C_j}\text{dist}(x_i,x_j) \tag{9-6}$$

(4) 簇 C_i 与 C_j 中心点距离：

$$d_{\text{cen}}(C_i, C_j) = \text{dist}(\mu_i, \mu_j) \tag{9-7}$$

基于上面4个参数可导出常用的聚类性能度量内部指标：

(1) DB指数：

$$\text{DBI} = \frac{1}{k} \sum_{i=1}^{k} \max_{j \neq i} \left(\frac{\text{avg}(C_i) + \text{avg}(C_j)}{d_{\text{cen}}(\mu_i, \mu_j)} \right) \tag{9-8}$$

(2) Dunn指数：

$$\text{DI} = \min_{1 \leq i \leq k} \left\{ \min_{j \neq i} \left(\frac{d_{\min}(C_i, C_j)}{\max_{1 \leq l \leq k} \text{diam}(C_l)} \right) \right\} \tag{9-9}$$

常见的距离度量有曼哈顿距离、欧几里得距离等。

曼哈顿距离又称计程车距离，由19世纪的赫尔曼·闵可夫斯基提出。点$P_1(x_1, y_1)$和$P_2(x_2, y_2)$的曼哈顿距离如下：

$$\text{distance}(P_1, P_2) = |x_2 - x_1| + |y_2 - y_1| \tag{9-10}$$

欧几里得距离是欧几里得空间中两点的直线距离。点$P_1(x_1, x_2, \cdots, x_n)$和$P_2(y_1, y_2, \cdots, y_n)$的欧几里得距离如下：

$$\text{distance} = \sqrt{(x_1 - y_1)^2 + (x_2 - y_2)^2 + \cdots + (x_n - y_n)^2}$$
$$= \sqrt{\sum_{i=1}^{n}(x_i - y_i)^2} \tag{9-11}$$

当然，欧几里得距离也可以不求平方根，采用欧几里得距离平方(squared euclidean distance)作为样本距离。

2. k均值聚类算法概述

1) 基本思想

k均值聚类算法是一种迭代求解的聚类分析算法。其基本思想是：先从样本集中随机选取k个样本作为簇中心，并计算所有样本与这k个簇中心的距离，对于每一个样本，将其划分到与其距离最近的簇中心所在的簇中，对于新的簇计算各个簇的新的簇中心。每分配一个样本到一个簇中，聚类的簇中心会根据簇中现有的对象被重新计算，这个过程将不断重复，直到满足某个终止条件。终止条件可以是没有(或低于最小数目的)对象被重新分配给不同的簇，也可以是没有(或低于最小数目的)簇中心再发生变化，或者是误差平方和局部最小。

聚类的对象是观测数据或样本集合。假设有m个样本，每个样本由n个属性的特征向量组成。样本集合可以用矩阵X表示：

$$X = [x_{ij}]_{m \times n} = \begin{bmatrix} x_{11} & x_{12} & \cdots & x_{1n} \\ x_{21} & x_{22} & \cdots & x_{2n} \\ \vdots & \vdots & \ddots & \vdots \\ x_{m1} & x_{m2} & \cdots & x_{mn} \end{bmatrix} \tag{9-12}$$

矩阵的第i行表示第i个样本，$i = 1, 2, \cdots, m$；第j列表示第j个属性，$j = 1, 2, \cdots, n$；矩阵元素x_{ij}表示第i个样本的第j个属性值。

聚类的核心概念是相似度或距离，有很多种计算方式，例如欧几里得距离、曼哈顿距离等。因为相似度直接影响聚类的结果,所以其选择是聚类的根本问题,具体哪种相似度更合适取决于应用问题的特性。

通过聚类得到的类本质上是样本集的子集。如果一个聚类方法假定一个样本只属于一个类,或类的交集为空集,那么该方法称为硬聚类(hard clustering)方法;如果一个样本可以属于多个类,或类的交集不为空集,那么该方法称为软聚类(soft clustering)方法。本章只考虑硬聚类方法。

用 G 表示类,用 x_i、x_j 表示类中的样本,用 n_G 表示 G 中样本的个数,用 d_{ij} 表示样本 x_i 与样本 x_j 的距离。

类的均值 $\bar{x}_G$ 又称为类的中心:

$$\bar{x}_G = \frac{1}{n_G} \sum_{i=1}^{n_G} x_i \tag{9-13}$$

其中,n_G 是类 G 的样本个数。

2) k 均值聚类算法

给定 n 个样本的集合 $X=\{x_1,x_2,\cdots,x_n\}$,每个样本由一个特征向量表示,特征向量的维数是 m。k 均值聚类的目标是将 n 个样本分到 k 个不同的类中,这里假设 $k<n$。k 个类 $G_1,G_2,\cdots,G_k$ 形成样本集合 X 的划分,其中 $G_i \cap G_j = \varnothing$,$\bigcup_{i=1}^{k} G_i = X$。用 C 表示划分,一个划分对应一个聚类结果。

划分 C 是一个多对一的函数。事实上,如果把每个样本用一个整数 $i \in \{1,2,\cdots,n\}$ 表示,每个类也用一个整数 $l \in \{1,2,\cdots,k\}$ 表示,那么聚类可以用函数 $l=C(i)$ 表示,所以 k 均值聚类模型是一个从样本到类的函数。

k 均值聚类归结为样本集 X 的划分,或者从样本到类的函数的选择问题。k 均值聚类的策略是通过损失函数的最小化选取最优的划分 C^*。

首先,采用欧几里得距离平方作为样本距离 $d(x_i,x_j)$。

$$d(x_i,x_j) = \sum_{k=1}^{m}(x_{ki}-x_{kj})^2 = \|x_i-x_j\|^2 \tag{9-14}$$

然后,定义样本与其所属类的中心的距离的总和为损失函数,即

$$W(C) = \sum_{l=1}^{k} \sum_{C(i)=l} \|x_i - \bar{x}_j\|^2 \tag{9-15}$$

其中,$\bar{x}_l = (\bar{x}_{1l}, \bar{x}_{2l}, \cdots, \bar{x}_{ml})$ 是第 l 个类的均值或中心;$I(C(i)=l)$ 是指示函数,取值为 1 或 0。函数 $W(C)$ 的值也称为能量,表示相同类中的样本相似度。

k 均值聚类就是求解最优化问题:

$$C^* = \arg\min_C W(C) = \arg\min_C \sum_{l=1}^{k} \sum_{C(i)=l} \|x_i - \bar{x}_l\| \tag{9-16}$$

相似的样本被聚到同一类时,损失函数值最小,这个目标函数的最优化能达到聚类的目的。但是,这是一个组合优化问题,n 个样本分到 k 类,所有可能分法的数目是

$$S(n,k) = \frac{1}{k!} \sum_{l=1}^{k} (-1)^{k-1} \binom{k}{l} k^n \tag{9-17}$$

而这个数字是指数级的。事实上,k 均值聚类的最优解问题是不确定多项式(Nondeterministic Polynomial,NP)困难问题,现实中采用迭代的方法求解。

k 均值聚类算法是一个迭代的过程,每次迭代包括两个步骤。首先选择 k 个类的中心,将样本逐个指派到与其距离最近的中心的类中,得到一个聚类结果;然后更新每个类的均值,作为类的新的中心。重复以上步骤,直到算法收敛为止。具体过程如下。

首先,对于给定的中心值 $(m_1,m_2,\cdots,m_k)$,求一个划分 C,使得目标函数极小化:

$$\min_C \sum_{l=1}^{k} \sum_{C(i)=l} \|x_i - m_l\|^2 \tag{9-18}$$

也就是说,在类中心确定的情况下,将每个样本分到一个类中,使样本和其所属类的中心的距离总和最小。求解结果是将每个样本指派到与其最近的中心 m_l 的类 G_l 中。

然后,对给定的划分 C,再求各个类的中心 $(m_1,m_2,\cdots,m_k)$,使得目标函数最小化:

$$\min_{m_1,m_2,\cdots,m_k} \sum_{l=1}^{k} \sum_{C(i)=l} \|x_i - m_l\|^2 \tag{9-19}$$

就是在划分确定的情况下,使样本和其所属类的中心的距离总和最小。求解结果是对于每个包含 n_l 个样本的类 G_l 均更新其均值 m_l:

$$m_l = \frac{1}{n_l} \sum_{C(i)=l} x_i, \quad l=1,2,\cdots,k \tag{9-20}$$

重复以上两个步骤,直到划分不再改变时得到聚类结果。

k 均值聚类的算法具体描述如下:

  算法输入:样本集 $D=\{x_1,x_2,\cdots,x_m\}$,聚类的簇数 k。
  算法输出:划分 $C=\{C_1,C_2,\cdots,C_k\}$。
  具体过程:
  ① 从数据集 D 中随机选择 k 个样本作为初始的 k 个中心 $\{\mu_1,\mu_2,\cdots,\mu_k\}$。
  ② 对于 $n=1,2,\cdots,N$,执行以下操作:
- 将簇划分 C 初始化为 $C_t=\varnothing,t=1,2,\cdots,k$。
- 对于 $i=1,2,\cdots,m$,计算样本 x_i 和各个中心 $\mu_j(j=1,2,\cdots,k)$ 的距离:$d_{ij}=\|x_i-\mu_j\|^2$,将 x_i 标记为与 d_{ij} 对应的类 λ_j。此时更新 $C=C_{\lambda_j} \bigcup \{x_i\}$。
- 对于 $j=1,2,\cdots,k$,对 C_j 中所有的样本点重新计算新的中心:
$\mu_j = \frac{1}{|C_j|} \sum_{x \in C_j} x$。
- 如果所有的 k 个中心都没有发生变化(或满足其他终止条件),则转到步骤③;否则循环执行步骤②。

  ③ 输出簇划分 $C=\{C_1,C_2,\cdots,C_k\}$。

3. 算法举例

有 6 个点,如图 9-2 和表 9-1 所示。通过 k 均值聚类算法进行聚类,则 k 值为 2。

图 9-2 　k 均值聚类算法示例数据

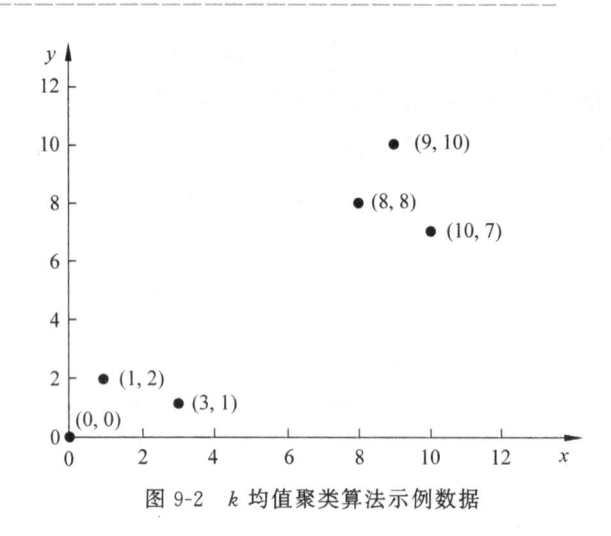

表 9-1 　k 均值聚类算法示例数据的坐标值

待 分 点	x	y
P_1	0	0
P_2	1	2
P_3	3	1
P_4	8	8
P_5	9	10
P_6	10	7

(1) 选择 P_1、P_2 为中心。

(2) 进行初次聚类。

① 计算其他样本点与 P_1、P_2 的距离。为了方便计算，这里采用欧几里得距离公式：

$$d_{31} = \sqrt{(3-0)^2 + (1-0)^2} \approx 3.16$$

$$d_{32} = \sqrt{(3-1)^2 + (1-2)^2} \approx 2.24$$

以此类推，距离计算结果如表 9-2 所示。

表 9-2 　第一次聚类的距离计算结果

待 分 点	中　心	
	P_1	P_2
P_3	3.16	2.24
P_4	11.3	9.22
P_5	13.5	11.3
P_6	12.2	10.3

根据其余各个样本与 P_1、P_2 的距离，将所有样本分为两类：

- A 类：P_1。中心为 P_1，坐标为 (0,0)。
- B 类：P_2,P_3,P_4,P_5,P_6。中心为 P_2，坐标为 (1,2)。

② 对于 A、B 两类重新计算中心，这样的中心可以是不存在的、虚拟的。
- A 类：新的中心坐标为 (0,0)，即 P_1 本身。
- B 类：新的中心坐标为 ((1+3+8+9+10)/5,(2+1+8+10+7)/5)＝(6.2,5.6)，即 B 类所有点的 x、y 坐标均值。

结果如下：
- A 类：中心为 P_1，坐标为 (0,0)。
- B 类：中心为 P_1^B，坐标为 (6.2,5.6)。

(3) 迭代计算第二次聚类结果。

① 计算各类中的待分点到中心的距离，如表 9-3 所示。

表 9-3　第二次聚类的距离计算结果

待 分 点	中　　心	
	P_1	P_1^B
P_2	2.24	6.32
P_3	3.16	5.6
P_4	11.3	3
P_5	13.5	5.21
P_6	12.2	4.05

这时可以看到，P_2、P_3 与 P_1 更近，P_4、P_5、P_6 与 P_1^B 更近，所以第二次聚类的结果如下：

A 类：P_1、P_2、P_3。中心为 P_1，坐标为 (0,0)。
B 类：P_4、P_5、P_6。中心为 P_1^B，坐标为 (6.2,5.6)。

② 再次计算每组的中心：P_1^A，坐标为 (1.33,1)；P_2^B，坐标为 (9,8.33)。

(4) 迭代计算第三次聚类结果，如表 9-4 所示。

表 9-4　第三次聚类的距离计算结果

待 分 点	中　　心	
	P_1^A	P_2^B
P_1	1.4	12
P_2	0.6	10
P_3	1.4	9.5
P_4	47	1.1
P_5	70	1.7
P_6	56	1.7

这时可以看到，P_1、P_2、P_3 与 P_1^A 更近，P_4、P_5、P_6 与 P_2^B 更近，所以第三次聚类的结

果如下：
- A 类：P_1、P_2、P_3。中心为 P_1^A，坐标为 (1.33,1)。
- B 类：P_4、P_5、P_6。中心为 P_2^B，坐标为 (9,8.33)。

可以发现，这次聚类的结果和上一次没有任何变化，说明算法已经收敛，表明聚类结束。聚类结果如图 9-3 所示。

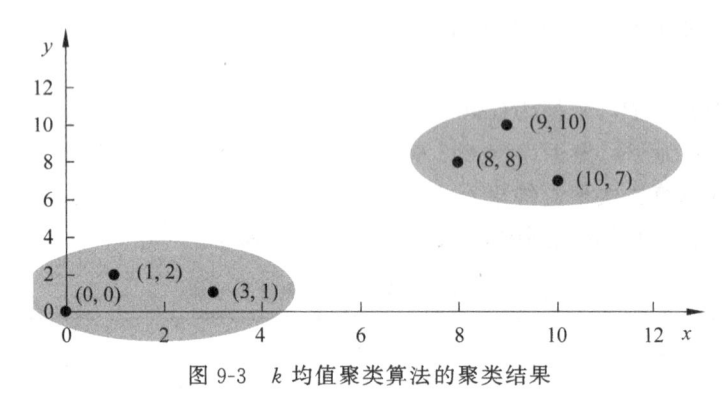

图 9-3 k 均值聚类算法的聚类结果

4. 机器学习在网络流量分析中的应用

基于机器学习方法的网络流量分析的一个重要目标是应独立于协议、通信端口的统计特征，并克服基于端口和基于有效载荷分类分析方法的缺陷，提高网络流量分析的准确度。

从实际应用场景看，基于网络流量进行数据分析的应用场景千变万化，想要完全靠人工完成，工作量将非常巨大，需要一种方案既可以利用从测量到的流量数据中获取可靠的信息，以完成某种流量分析任务的需求，同时又可以利用分析结果反过来支持流量测量等任务。一般来说，通过机器学习，可以对网络流量完成下面两种分析任务：

（1）流量预测。在对正常网络流量的预测中，机器学习的任务是根据流量的当前观测值预测将来某一时刻的流量。通过观察当前流量的观测值，根据流量的特点，获取其特征，通过特征值的变化曲线，可以预测出未来某段时间内网络流量的可能值。衡量任务性能的度量是预测的结果与流量真实值之间的偏差，在实际应用中常用的度量指标是预测值和真实值之间的均方误差。

（2）异常流量检测。在对异常网络流量的检测中，机器学习的任务是根据流量的当前观测值判断网络流量是否出现异常。衡量任务性能的度量是检测的结果与流量真实情况（正常或异常）之间的偏差，在实际应用中常用的度量指标是查准率、查全率和 ROC 曲线。

综上所述，网络流量的预测和异常网络流量的检测是两个紧密相关的问题。从机器学习的角度看，它们都是根据当前的网络流量做某种预测（从这个角度看，异常流量的检测也可以看成一个特殊的预测问题）。在机器学习中，这两个问题所依赖的经验都来自过去一段时间的历史流量数据。从机器学习的种类看，网络流量的预测是监督学习问题，而异常流量检测是非监督学习问题。此外，预测的结果可以直接用于异常流量的检测（例如，当预测的误差大于某个阈值时，认为流量出现异常）；反过来，异常流量的检测结果也可以用来帮助预测算法提高精度（例如，利用异常流量的检测结果，将预测算法训练集中异常的样本剔除）。基于机器学习的异常流量检测流程如图 9-4 所示。

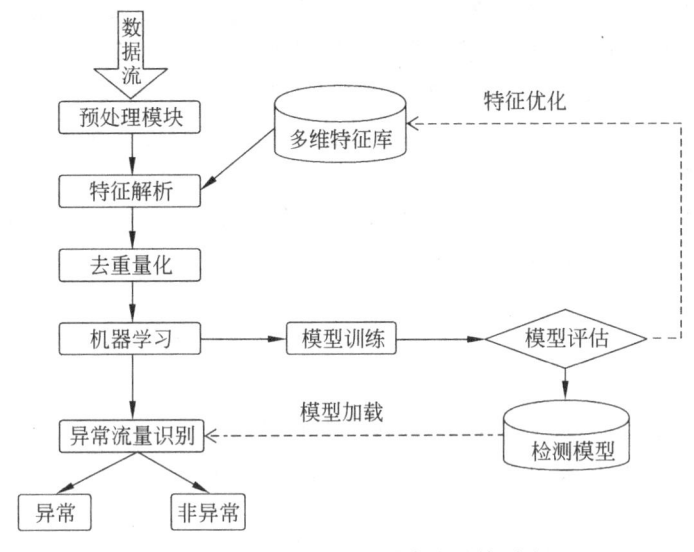

图 9-4　基于机器学习的异常流量检测流程

　　个人用户可以利用 Wireshark、Sniffer 等软件捕获实时流量数据，利用软件自带的协议分析、故障诊断、入侵检测等模块，匹配用户自定义规则，可以便捷地对网络流量进行分析和处理。但软件捕获局限性较大，一般只能捕获通过本机网络适配器的数据。网络数据包从发送方到接收方需要经过数个网络设备，如交换机、路由器、网关等，在此过程中，网络运营商可以通过监听网络设备端口、设备端口复制等方式对流量进行采集。通过监听网络设备端口采集流量数据时一般要对设备进行专门的配置，且流量数据采集和存储要求较高，这种大规模的流量数据采集和分析可以为运营商提供网络整体性能分析依据。但是实时流量数据采集面临诸多问题，首先是采集效率，采集来的流量数据包含大量无用信息，价值密度低，不能直接进行处理；其次是实时流量数据包含用户隐私，对采集的流量数据使用不当会造成用户隐私泄露。

　　对于大数据分析而言，可用于机器学习的流量数据来源有两种：一种是离线流量数据；另一种是实时流量数据。样本流量数据集是离线流量数据的典型代表。在算法模型研究中，训练流量分析算法时一般均会采用特殊处理的网络流量数据集，如 MCFP、HTTP、DATASET CSIC 2010、WIDE、KDD 99 等。某些样本数据集已经标注了正常网络流量和异常网络流量，并提供了训练集和测试集，在监督学习中有很重要的作用。但是随着网络协议的不断演进，网络通信双方采取异种网络协议的情况增多，网络攻击方式日益多样化，要实现对网络流量数据包的正确标注需要耗费大量的人力，异形数据、加密数据也会给数据标注带来更多困难。在网络流量分析模型中，绝大多数样本都是正常的，只有极少数是异常的，在先验概率较低的情况下，这部分异常样本往往会被忽略，这种非均衡化特性使监督学习算法效率降低。而且随着网络带宽的增加和网络应用数量的激增，对网络实时流量的分析成为网络流量分析的主要需求。

下面分别介绍两种典型的机器学习算法在网络流量分析中的应用。

1) k 均值聚类算法在网络流量分析中的应用

无监督的分析方式由于不需要事先标注数据,成为网络流量分析的主要手段。k 均值聚类算法能在无监督的情形下把流量数据集划分为多个簇,簇内对象具有极高的相似性,簇间对象有极大不同。在流量分析过程中,能自动将行为类似的网络流量分为关系紧密的簇。假设 $S=\{f_1,f_2,\cdots,f_n\}$ 为网络数据流的集合,其中 n 为网络数据流个数。以五元组(源端口号,目的端口号,源 IP 地址,目的 IP 地址,协议类型)描述一个网络数据流,每条网络数据流 f_i 由流的多维特征向量 $[x_{i1},x_{i2},\cdots,x_{il}]$ 表示,其中 l 为向量的维度,向量中每个元素为对应的网络数据流的一个特征的数值。k 均值聚类算法作为典型的聚类算法,其应用于网络流量分析的主要过程如下。

(1) 特征预处理。

典型网络流量数据包含以下几种特征:

① 无序枚举型特征,如协议类型、连接状态和目标主机的网络服务类型等。

② 有序枚举型特征,如访问系统敏感文件的次数、过去两秒内与当前连接有相同目标主机的连接数等。

③ {0,1}型特征,如是否成功登录、是否为访客(guest)用户等。

④ 有序连续型特征,如在固定时间内与当前连接在某特征处取值相同的连接数占总连接数的百分比等。

在进行网络流量分析之前,对于不同类型的特征,应采用不同的数据预处理和距离度量方法。

对于有序枚举型特征和有序连续型特征,利用式(9-21)进行数据预处理:

$$b_{ip}=\frac{a_{ip}}{R_p} \tag{9-21}$$

其中,b_{ip} 为 a_{ip} 预处理后的数值,R_p 为数据集中第 p 维特征取值范围的上限。同时,对于网络流量数据,特征取值范围的上限可以在一定程度上反映特征数值的大小。预处理过程可以理解为归一化过程,因此利用式(9-21)进行有序枚举型特征和有序连续型特征的预处理可以在时效性和合理性之间取得很好的折中。

对于无序枚举型特征,为便于存入数组并进行下一步操作,用整数代表特征的不同数值。对于{0,1}型特征,不进行数据预处理,直接将其代入下一步运算。

(2) 特征选择。

网络流量的潜在特征有很多,通过上述方法,可能会产生成百上千个候选特征。若在特征集合中存在大量冗余或不相关的特征,不但会降低网络流量分析的准确度,还会增加算法的搜索空间,导致算法效率降低。因此,选择能准确刻画网络流量行为的特征对网络流量分析就显得至关重要。主成分分析(Principal Component Analysis,PCA)是常用的特征选择技术,是基于变量的协方差矩阵对信息进行处理、压缩和提取的有效方法。其目的是希望找到一个或少数几个综合指标以代替原来的统计指标,而且希望新的综合指标能够尽可能地保留原有信息,并具有最大的方差,即压缩变量个数,用较少的变量解释原始数据中的大部分变量,剔除冗余信息,从而将许多相关性很高的变量转化成个数较少、能解释大部分原始数据方差且彼此互相独立的几个新变量,也就是主成分。简言之,就是用新的变量替代原来的变量,实现特征空间的维度降低,而且新的变量能够完全代表原变量的信息。

(3) 模型训练。

在进行完特征选择以后,将特征矩阵作为 k 均值聚类算法的输入,采用欧几里得距离平方作为样本之间的距离,实现对样本集合的划分,步骤如下:

① 从数据集中随机筛选 k 个样本作为初始的 k 个中心。

② 计算样本 x_i 中所有样本到各个中心的欧几里得距离,同时将 x_i 标记为与之距离最近的中心对应的类别 λ_j。

③ 对类别 λ_j 中所有的样本点重新计算新的中心。判断所有的 k 个中心是否发生变化或满足终止条件。如果是,则输出聚类的结果;否则进行下一次划分。

④ 模型测试和评估。对样本数据进行 k 值划分,计算 k 个簇之间的 Jaccard 系数,判断簇之间的相似度。

2) 分类算法中的决策树在网络流量分析中的应用

分类是根据一些给定的已知类别标号的样本训练机器学习模型(即得到某种目标函数),使它能够对未知类别的样本进行分类,属于机器学习中的监督学习。监督分类算法主要包括决策树算法、朴素贝叶斯算法、支持向量机算法、逻辑回归算法、随机森林算法等。

下面以第 3 章介绍的决策树中的 C4.5 算法为例,介绍分类算法在网络流量分析中的应用。

决策树应用于网络流量分析的主要过程如下。

(1) 特征提取与特征选择。

在前面对聚类算法在网络流量分析中的应用的介绍中提到过网络流量特征的提取和选择的问题。在对网络流量进行分类分析的过程中,流量的时间特征、流量的报文个数及大小特征、流量中报文的标志位信息特征和报文长度等同样可作为普适性特征对网络流量进行分类分析。

(2) 模型训练。

在完成特征选择以后,将特征矩阵作为 C4.5 算法的输入,将流量的标注结果作为预期输出,构建 C4.5 决策树模型,对样本进行学习训练,实现对数据的预测分类,步骤如下:

① 在进行模型训练前,对数据源进行数据预处理,将时间特征、报文大小、报文长度等连续型特征进行离散化处理,形成决策树的特征集。

② 输入数据集的特征数据和对应的类别。

③ 定义输入的网络流量的训练数据集为 D,样本的类别集为 $C=\{C_1,C_2,\cdots,C_k\}$,样本的特征集为 $A=\{A_1,A_2,\cdots,A_n\}$,其中第 i 个特征有 w 个不同取值,即 $\{a_{1i},a_{2i},\cdots,a_{wi}\}$,按照该特征,数据集可以被分为 w 个不同的子集 D_i^A。

④ 计算类别数据和特征数据的信息熵。

⑤ 计算数据集中特征数据的分裂信息和信息增益率。

⑥ 选择信息增益率最大的特征变量为数据集创建分支,划分样本数据。

⑦ 对新得到的每个分支重复上述过程,直到所有分支都无法分割。输出决策树模型的运行结果。

(3) 模型测试和评估。

采用自助法将样本数据划分为 10 份。每次随机挑选一份样本,将其作为训练样本,再将此样本放回样本数据集中,这样有放回地抽样 10 次,生成一个与原数据集大小相同的数据集作为训练集,将未出现在训练集中的数据作为测试集。将利用训练集建立的模型应用到测试集上,得到自主样本的准确率,从而评估模型的训练结果。

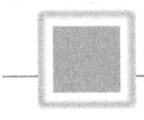

小结

近年来,流量加密和封装等新技术的兴起降低了传统流量分类方法的性能,使得流量分类成为一项具有挑战性的任务。而通过大数据分析技术实现流量分析正成为这一领域的一个新的研究方向,它不仅适用于流量分类任务,而且适用于预测和新知识发现等。大数据分析方法正迅速成为在真实的网络流量场景中构建流量分类解决方案的关键工具。

本章主要介绍了网络流量分析的基本概念、常用方法、研究现状、常用的网络流量分析数据集以及网络流量数据分析面临的相关问题。网络流量分析的基本流程包括数据采集、数据预处理、统计分析、数据展示。网络流量数据分析的常用算法包括 k 均值聚类算法和决策树算法。

第 10 章 基于大数据分析的网络安全态势感知

10.1 网络安全态势感知

10.1.1 态势感知技术

态势感知(Situation Awareness,SA)并不是网络空间领域首创的理论,这一理论来自军事领域。态势感知指战场指挥官了解敌我双方的优势和劣势,这有利于指挥官进行战场决策。在第二次世界大战后,美国空军在提升飞行员空战能力的人因工程学研究中首次提出了态势感知的概念,这主要是为了提升空战能力、分析空战环境信息、快速判断当前及未来形势以做出正确反应而进行的研究探索,至今仍然是军事科学领域的重要研究课题。2004 年 9 月出版的《美军野战手册》将态势感知定义为:"对当前态势的认识和理解,能帮助作战空间中友好的、竞争的和其他性质的行为进行及时、相关和准确的评价,其目的是辅助决策。"

态势感知包括对信息的洞察能力和技巧,以快速确定发展中的众多事件的背景及事件相关性。态势感知研究的重点是如何高效组织各种信息并进行可视化,其目的在于尽可能缩短从获取信息到做出对应决策所需的时间,将抽象的数据表示成人们能够直观理解的图表等。前美国空军首席科学家米卡·安德斯雷(Mica Endsley)博士在态势感知领域内进行了大量的研究工作,她对态势感知的定义是:"在一定时间和空间范围内对于环境要素的感知、对其意义的理解以及对其未来状态的预测"。态势感知通常根据一个特定的工作或功能的目标定义。对感知主体而言,只有那些与当前任务有关的情境片段是重要的。例如,医生需要知道病人的症状才能诊断疾病,但医生通常不需要知道病人过往历史的每一个细节;飞行员必须意识到其他飞机、天气和附近的地理环境随时都在变化,但飞行员不需要知道副驾驶的午餐是什么。

态势感知被分为 3 个不同阶段:
(1) 态势认知。获取环境信息要素,整合处理信息。
(2) 态势理解。对整合处理的信息进行分析,产生当前态势状况。
(3) 态势预测。根据当前的态势状况,预测未来环境变化趋势。

态势感知的 Endsley 概念模型是一个被广泛接受的通用理论模型,如图 10-1 所示。它对网络安全态势感知产生了不可忽视的影响。

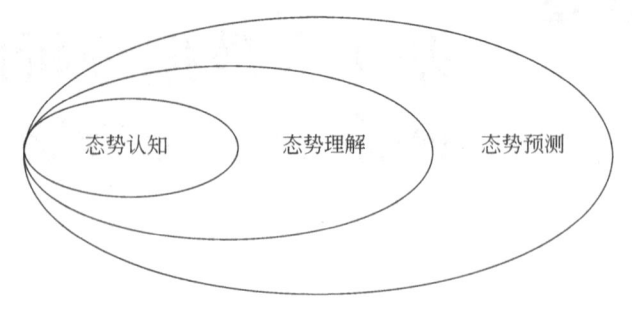

图 10-1 态势感知的 Endsley 模型

与态势感知相关的两个概念是态势评估(situational assessment)和威胁评估(threat assessment)。态势评估是为实现态势感知而采用的方法及其相关的行为过程,态势感知是通过态势评估得到的结果。威胁评估是关于恶意攻击的破坏能力和对整个网络威胁程度的估计,是建立在态势评估的基础之上的。威胁评估的任务是评估攻击事件出现的频度和对网络的威胁程度。态势评估着重事件的出现,威胁评估则更着重事件和态势的效果。态势感知、态势评估与威胁评估的关系如图 10-2 所示。

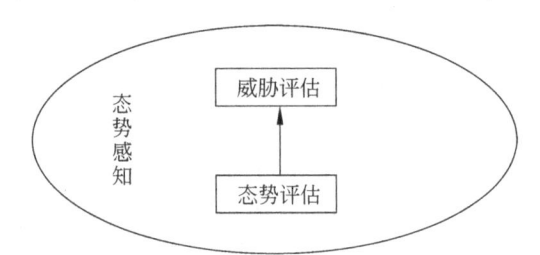

图 10-2 态势感知、态势评估与威胁评估的关系

10.1.2 网络安全态势感知的发展历程

网络安全的发展随着信息技术的发展在不断进化。在 20 世纪 60 年代以前,人们针对网络安全问题的研究集中于如何建立一个绝对安全的系统,减少设计上的漏洞,以保证系统的保密性、完整性及可用性等要求,这可以视为网络安全研究的第一阶段。但人们很快意识到,在实际操作中这是不可能的。恶意入侵一定存在这一现实使人们开始思考构建一个安全辅助系统,它的目标是当入侵发生时可以实时地检测入侵并采取相应的措施,其中最典型的应用就是入侵检测系统。

入侵检测可以分为异常检测和误用检测两类,目前大部分科研机构和商业组织的入侵检测系统也是基于这两类技术实现的。入侵检测技术在网络攻击发生时给出预警信息以保证网络安全,但其对绕墙隐秘攻击、多步复合攻击等无能为力,这样的被动防御技术在检测实时性上也差强人意。因此,20 世纪 90 年代以后,研究的关注重点从被动防御转到主动分析上来。这种转变源于黑客技术的发展,其目标是在网络攻击发生之前对系统进行整体安全评价,制定防御策略或保证在网络遭受破坏的情形下仍能提供预定的服务功能。

伴随着对可生存性研究的深入,1999 年 Tim Bass 首次提出了网络态势感知(Cyber Situation Awareness,CSA)的概念:在大规模网络环境中,对能够引起网络态势发生变化的安全要素进行获取、理解、显示以及预测最近的发展趋势。CSA 通过对多元化的网络数据来源进行分析,对结构各不相同的数据进行统一化处理,形成架构类型相同的数据。然后对这些数据进行处理,形成网络态势模型,在模型上标注时间维度和空间维度,对网络空间环境的各个影响因子进行评测,根据各影响因子的状况和走势,评估和预测网络空间当前和未来的态势。同时利用入侵检测系统的多个网络传感器捕获的多源数据,将传感器信息转化为高层次的网络行为,例如用户行为画像。CSA 的提出在一定程度上促进了网络安全研究和其他学科的融合发展,尤其是和一些高级随机模型的结合取得了理论上的进展(如随机代数、博弈论、贝叶斯网络等),但大部分都是在 CSA 概念模型基础上进行评估算法优化,很少有实践应用上的突破和系统性的阐述。

表 10-1 对网络安全研究发展的 4 个主要阶段进行了简要的总结。

表 10-1 网络安全研究发展的 4 个主要阶段

阶 段	时 间	主 旨 思 想	核 心 技 术
设计保证阶段	1960 年以前	建立一个绝对安全的系统,保证攻击不会发生	软硬件技术层面的架构设计
入侵检测阶段	20 世纪 70—80 年代	构建一个安全辅助系统,能检测到攻击并采取措施	入侵检测系统
主动防御阶段	20 世纪 90 年代	不是被动防御,而是主动评价,在攻击发生之前制定防御策略	攻击模型(攻击树、攻击图、状态图等)
态势感知阶段	2000 年以后	感知时间和空间环境中的元素,把握网络整体安全状况并预测未来变化趋势	JDL、OODA、高级随机模型(复杂网络演化、博弈论等)

在物联网、大数据、移动应用等新技术的推动下,互联网应用层面的创新和推广迅速扩大,网络拓扑结构自然也日趋繁杂。各个国家都将网络安全上升到国家战略层面。从各国公开的网络安全策略中可以看出,各国在对网络安全的理解、实施的策略上虽然有所不同,但是都意识到了需要行动起来保护关键信息和相关的基础设施,同时更需要研究新的方法和技术以实现网络安全态势。

10.1.3 网络安全态势感知简介

随着信息技术的发展,以往传统战场的物理对抗逐渐延伸到网络环境的信息争夺战上,网络的信息安全已经是国家安全的重要组成部分。网络空间属于比较复杂的多维环境,内含诸多不稳定因素,在实施网络监管时更为困难。因此,网络事件的误判及漏判成为网络安全监视发展的薄弱点。网络态势感知是网络安全发展的重要拐点,在如今极为动荡和复杂化的网络环境中需要更为强大的态势感知功能,能够快速而高效地获取有用信息,实现系统化和多元化的网络特征指标体系,让它能够具体呈现网络整体区域的安全状态,进而有助于使网络得到高效管理与控制,有效帮助人们提升对于网络安全的理解能力,并提供决策支持。

网络安全态势感知涵盖了以下几方面的内容:

(1) 网络监测信息的提取,为网络的态势感知准备数据基础。

(2) 将监测数据与其发生原因进行深层次映射,对原始数据进行理解。

(3) 确定当前的网络状态,并结合一定的知识和信息,预测未来一段时间内的网络状态。

(4) 对信息进行可视化的处理。

如图10-3所示,CSA实际上可以视为比较完整的模块形式,能够实时检测网络安全状态变化,还能实现分析预测功能,以便网络管理者及时发现威胁或漏洞的存在并予以处置,消除存在的不确定性。图10-3中,态势觉察的主要职能是监视网络中的数据流及相关信息,对异常情况进行告警;态势理解即是在态势觉察的基础上,对各种安全事件进行综合关联处理,发掘数据内部隐藏的危害,并通过确定的网络指标反映出来;态势预测则要求网络态势感知系统不仅要进行实时监视,而且要对未来的安全事件有一定的预见性,使得网络管理者的决策更加及时,达到预防性网络维护的目标;而态势表达则是通过可视化等手段将所有的态势信息呈现给网络管理者,使其直观易懂并便于人机操作。

图 10-3 网络安全态势感知流程

现阶段,网络安全态势感知并未形成统一的概念形式。网络安全态势感知可以理解为:对网络安全要素进行获取、理解、显示以及预测未来发展趋势,综合各方面的安全因素,从整体上动态地反映网络安全状况,并对未来网络安全状况的发展趋势进行预测和预警,为增强网络安全性提供可靠的参照依据。网络安全要素的数据来源包括入侵检测日志、防火墙日志、病毒日志、网络扫描、非法外联、设备运行状态和实时报警在内的异质多源数据。通过把各种数据整合为有效信息,利用数据分析和机器学习技术,分析网络行为及用户行为等因素,并对网络当前状态和发展趋势进行分析、评估、预测,从而为网络管理员提供技术支持,为决策和后续处置提供依据。例如,当前的信息安全热点——APT攻击和0Day漏洞已成为业内公认的非常严重又影响深远的高级网络威胁。根据安全机构最新发布的安全报告显示,高级网络攻击已经对基础设施、金融系统乃至地缘政治造成重大影响。而且 APT 攻击较为隐秘,常规的检测手段难以发现。网络安全态势感知系统通过采集多种安全数据来源,利用数据建模和大数据分析等技术手段,可以对未知的威胁进行预测和告警。

网络安全态势感知系统与成熟的入侵检测系统相比较,既存在差异又相互联系,二者的比较如表 10-2 所示。

表 10-2 网络安全态势感知系统与入侵检测系统的比较

比较项	网络安全态势感知系统	入侵检测系统
系统职能	实时监测网络状态,同时为网络安全提供技术支持	数据流监测,保护主机的正常运行
检测效果	利用多元异构信息的融合处理,增强了对不确定信息的处理能力	误报、漏报情况较多,对未知及潜在威胁不能察觉
适用范围	数据源的完备性及可视化的结果显示,降低了系统复杂性	高速网络的实时攻击监测成为难点
数据来源	混合型数据源,来源较广	数据来源较为单一,属于同源网络信息
评价标准	数据与信息比*	检测准确率、误检测率等

* 其中的数据指采集的原始数据,信息指根据原始数据映射的网络状态知识。

就现阶段的应用来看,入侵检测系统的监视结果也被视为网络态势感知系统的数据源之一,使得网络安全态势感知系统的应用较入侵检测系统更为广泛。就目前的发展趋势来看,网络安全态势感知系统必将是入侵检测系统、防火墙、流量分析系统、漏洞扫描系统等各种网络监控系统的功能融合体,最终实现可智能定制的模块化、自动化的网络安全态势感知系统。

10.1.4 网络安全态势感知关键技术

网络安全态势感知模型主要包括以下 4 个关键技术。

1. 海量多元异构数据的汇聚融合技术

目前,在大规模网络中,网络安全数据和日志数据由海量设备和多个应用系统产生,且这些安全数据和日志数据缺乏统一标准与关联,在此基础上进行数据分析,无法得到全局的、精准的分析结果。新的网络安全分析和态势感知要求对网络安全数据的分析能够打破传统的单一模式,打破表与表、行与行之间的孤立特性,把数据融合成一个整体,能够从整体上进行全局的关联分析,可以对数据整体进行高性能的处理,以及以互动的形式对数据进行多维度的裁剪和可视化。

通过海量多元异构数据的汇聚融合技术,可以实现 PB 量级多元异构数据的采集汇聚、多维度深度融合、统一存储管理和安全共享,将采集到的多元异构数据进行清洗、归一化后,采用统一的格式进行存储和管理。通过属性融合、关系拓展、群体聚类等方式挖掘数据之间的直接或潜在的相关性,进行多维度数据融合,这样才可以为网络安全分析、态势感知与决策提供高效、稳定、灵活、全面的数据支撑。

2. 面向多类型的网络安全威胁评估技术

从流量、域名、报文和恶意代码等多元数据入手，有效处理来自互联网探针、终端、云计算和大数据平台的威胁数据，分解不同类型的数据中潜藏的异常行为，对流量、域名、报文和恶意代码等安全元素进行多层次的检测。

结合聚类分析、关联分析和序列模式分析等大数据分析方法，对发现的恶意代码、域名信息等威胁项进行跟踪分析，利用相关图等相关性方法检测并扩建威胁列表，对网络异常行为、已知攻击手段、组合攻击手段、未知漏洞攻击和未知代码攻击等多种类型的网络安全威胁数据进行统计建模与评估。只有通过网络安全威胁评估完成从数据到信息、从信息到网络安全威胁情报的完整转化过程，网络安全态势感知系统才能做到对攻击行为、网络系统异常等的及时发现与检测，全貌还原攻击事件和攻击者意图，客观评估攻击投入和防护效能，为威胁溯源提供必要的线索支撑。

3. 网络安全态势评估与决策支撑技术

网络安全态势评估与决策支撑技术需要以网络安全事件监测为驱动，以安全威胁线索为牵引，对网络空间安全相关信息进行汇聚融合，将多个安全事件联系在一起进行综合评估与决策支撑，实现对整体网络安全状况的判定。

对安全事件尤其是对网络空间安全相关信息进行汇聚融合后形成针对人、物、地、事和关系的多维安全事件知识图谱是网络安全态势评估分析的关键。网络安全态势评估与决策支撑技术从人的角度评估攻击者的身份、团伙关系、行为和动机意图，从物的角度评估其工具手段、网络要素、虚拟资产和保护目标，从地的角度评估其地域、关键部位、活动场所和途径轨迹，从事和关系的角度评估攻击事件的相似关系、同源关系。

4. 网络安全态势可视化

网络安全态势可视化的目的是生成网络安全综合态势图，使网络安全态势感知系统的分析处理数据可视化、态势可视化。网络安全态势可视化是一个层层递进的过程，包括数据转化、图像映射、视图变换3部分。数据转化是把分析处理后的数据映射为数据表，将数据的相关性以关系表的形式存储；图像映射是把数据表转换为对应图像的结构和图像属性；视图变换是通过坐标位置、缩放比例、图形着色等方面创建视图，并可通过调控参数完成对视图的控制。

10.1.5 网络安全态势感知的发展趋势

目前阶段，网络安全态势感知系统大多提供数据分析结果和全网的安全风险情况，辅助管理者进行安全战略决策，并根据最终结果对网络安全态势感知的模型进行调整。大数据分析技术与网络安全态势感知结合还有很大的发展空间，深度学习、知识图谱还有广泛的应用空间。

由于网络安全态势感知系统从建立到良好运行要有持续不断的资源投入，不仅需要采集器、威胁情报、大数据分析平台等投入以及一定的使用环境限制（如时间、空间及数据质量等），还需要大量的专家使用网络安全态势感知系统进行核心的人工分析工作，建立不同场景的算法模型。可以预见，在未来的几年里，网络安全态势感知系统的发展将呈现以下总体趋势：

（1）深度融合大数据和人工智能技术。通过在网络安全态势感知系统中融合使用深度学习、知识图谱等大数据分析算法和人工智能模型，从整体上把握网络空间安全状态，对针对关键信息基础设施和重要信息系统的网络攻击和重大网络安全威胁实现可知、可管、可控、可溯、可预警，及时发现并精确预警及处置。

（2）系统可以动态扩展和云化。随着云计算基础设施的大量使用，要求对网络安全威胁和攻击的处置能力也应该随着云计算平台的扩展而动态扩展，实现网络安全态势感知系统的基础平台云化，使其态势感知能力可以随着保护对象的规模变化而动态变化。

（3）可以提供精准预测和防御处置建议。在大数据挖掘与分析技术持续发展的基础上，网络安全态势感知系统可以对越来越广泛的海量数据进行采集和分析，通过人工智能算法，结合云架构的大数据平台计算和分析能力，对网络安全态势进行深度感知和整体把握，并结合国家政策法规和相关标准，对网络空间的整体安全态势发展给出更精准的预测和积极防御处置建议，以供网络安全决策者参考和网络安全人员遵循。

10.2 大数据分析技术在网络安全态势感知中的应用

10.2.1 网络安全态势感知模型

网络安全态势感知模型基于网络系统的信息交换机制，构建各融合层之间的信息交换和交互操作的系统平台。网络安全态势感知模型是开展网络安全态势感知研究的前提和基础，目前国外研究网络安全态势感知的经典模型主要有 JDL 模型、Endsley 模型和 Tim Bass 模型等，与网络安全态势感知相关的研究通常是基于这 3 个模型的优化实现的。

1. JDL 模型

JDL(Joint Directors of Laboratories，实验室主管联席会议)模型是信息融合系统中的一种信息处理方式，由美国国防部成立的数据融合联合指挥实验室提出。JDL 模型是一个数据融合的功能型导向的模型，虽然当时是面向军事应用而提出的，但它对理解信息融合的基本概念有重要的影响，而且普遍适用于其他多种应用领域。将 JDL 模型应用在网络安全态势感知中，它可以先利用智能算法对从网络环境中多方面采集到的数据进行初次整理、预处理，然后对预处理过的数据进行分类和关联分析的精炼处理，并进行评估。在评估的过程中，该模型会根据采集到的数据对评估结果进行多次分析和提炼，最终达到提高评估结果准确性的目的。面对大量的网络安全数据，通过 JDL 模型进行数据的融合分析，能够实现对分析目标进行感知、理解和评估，从而对其评估结果进行威胁评估，也为后续的预测提供重要的依据，最终实时、精确地得到网络安全态势下一阶段的预测结果。JDL 模型如图 10-4 所示。

在描述 JDL 模型的每个级别的网络安全功能之前，需要从网络安全的角度理解融合

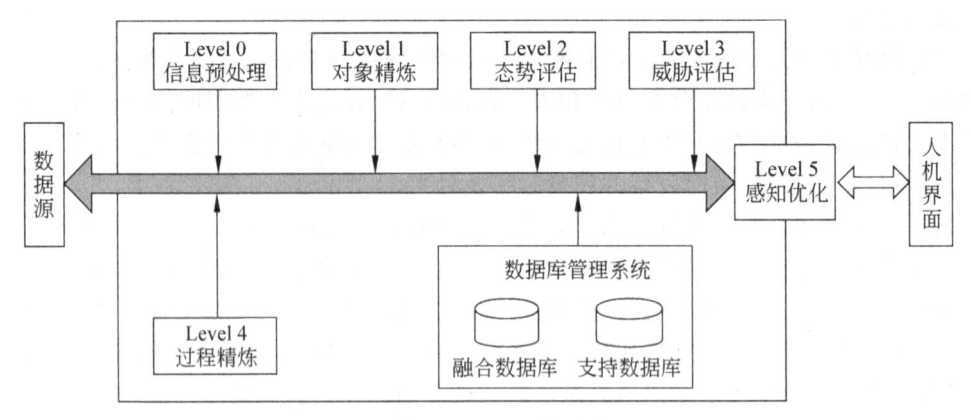

图 10-4 JDL 模型

过程的基本组件和级别之间的关系。JDL 模型中的传感器可以理解为信息系统中提供系统安全信息的信息源，例如防火墙日志和基于主机的安全日志，甚至可以包括公开的 CVE 漏洞库。JDL 模型可以将不同来源的数据信息进行综合处理分析，经过信息预处理、对象精炼、态势评估、威胁评估、过程精炼和感知优化后实现数据融合。下面对这 6 个级别分别进行简要介绍。

（1）Level 0（信息预处理）。根据信息属性和特征进行关联分析操作，对冗余数据进行精简、合并操作。主要是对操作系统及应用程序日志、防火墙日志、入侵检测警报、弱点扫描结果等安全信息进行分类、校准。

（2）Level 1（对象精炼）。将多源异构信息进行关联、融合，并且对网络安全态势和威胁进行及时的评估和预测。主要是将 Level 0 处理后的信息组合起来，以识别各个网络安全事件。

（3）Level 2（态势评估）。分析各类信息之间的关系，对态势进行评估和预测。主要是从信息系统整体角度评估当前的网络安全状况。

（4）Level 3（威胁评估）。根据攻击者所处的环境、进行的训练以及习惯等因素判断攻击者可能的意图，对威胁进行评估和预测。例如，系统是否会受到特定攻击？攻击者下一步将采取什么行动？在仅仅知道攻击者可能的能力的情况下，可以触发类似的响应，而这些响应是对可能发生的攻击状态的预测。

（5）Level 4（过程精炼）。通过监控系统资源和传感器，动态监测数据融合过程，进行准确实时的评估与预测。主要是更新入侵检测系统规则、病毒库、传感器任务等，通过动态监控信息的反馈不断优化过程。

（6）Level 5（感知优化）。对感知信息进行优化，以便安全人员理解和进行人机交互。在数据融合过程中的每个级别提供访问和人工控制功能，网络安全数据融合系统应该向安全分析人员提供受保护的系统情况概览。

多传感器数据融合是一种强大的能力，可以使网络安全取得重大的突破，特别是从组织层面来看。数据融合的概念在网络安全中的应用进展可以体现在 JDL 模型的各个层面。

2. Endsley 模型

1988年,米卡·安德斯雷首次提出了态势感知的概念。米卡·安德斯雷在1995年提出了态势感知模型,即 Endsley 模型,它包括态势要素认知、态势理解、态势预测3级。它是目前国际上应用最广的态势感知模型。沿着信息处理链,第一级(Level 1)是对环境中各成分的感知(信息的输入),第二级(Level 2)是对目前的情境的综合理解(信息的处理),第三级(Level 3)是对未来情境的预测和规划(信息的输出)。Endsley 模型如图10-5所示。

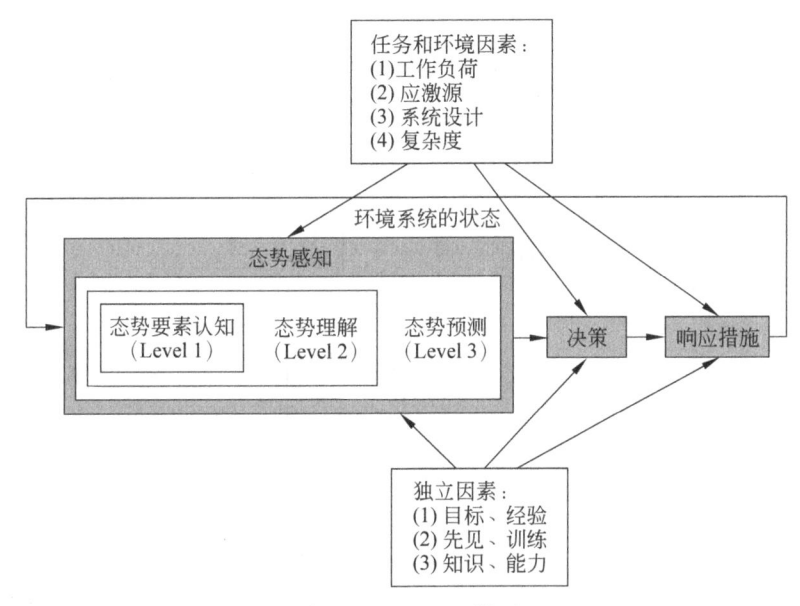

图 10-5　Endsley 模型

从网络安全的角度看,Endsley 模型中的3级分别如下:

(1) 网络安全态势获取。获取环境中的重要元素,实时收集多源传感器数据,这里的主要来源是网络中的安全设备运行日志等信息(例如路由器日志、交换机日志、防火墙日志、操作系统日志、Web 服务器日志、数据库日志、应用系统日志等),然后对数据进行整理和规范化。

(2) 网络安全态势理解。对获取的数据和信息进行整合处理,分析其相关性,理解当前网络的安全状态。网络安全分析师从获取的网络元素中分析、综合、关联和汇总网络环境的特征,确定特征与解决问题的基本目标的相关性,理解特征的重要性以及被监控资产的重要性,提供当前情况的有组织图像。当新的特征集可用时,信息库会更新以反映这种变化。

(3) 网络安全态势预测。在理解环境信息的基础上,预测网络未来的发展趋势。主要依据历史的和当前的网络安全态势信息预测网络安全态势的发展趋势,并根据系统目标和任务,结合专家的知识、能力、经验进行决策,实施安全控制措施。目前,可以结合安全大数据分析技术预测未来网络安全问题的可能性,并提出推荐的预防和应对策略。

3. Tim Bass 模型

1999年，Tim Bass 提出了网络态势感知的概念，他认为融合多传感器数据从而形成网络态势感知能力是下一代入侵检测系统的关键突破点。此后，各国研究团队基于不同的知识体系提出了多种数据模型及平台，网络态势感知技术也迅速成为研究热点。通过融合态势感知技术和网络安全技术，弥补了当时网络安全管理领域的不足。Tim Bass 等指出，"下一代网络入侵检测系统应该融合从大量的异构分布式网络传感器采集的数据，实现网络空间的态势感知"，并且基于数据融合的 JDL 模型，提出了基于多传感器数据融合的网络态势感知功能模型，即 Tim Bass 模型。该模型基于多传感器数据建立了网络态势感知框架，描述了多传感器和入侵检测设备之间数据融合的原理及流程，可以应用到网络安全态势感知领域。Tim Bass 模型共分为 5 级，如图 10-6 所示。

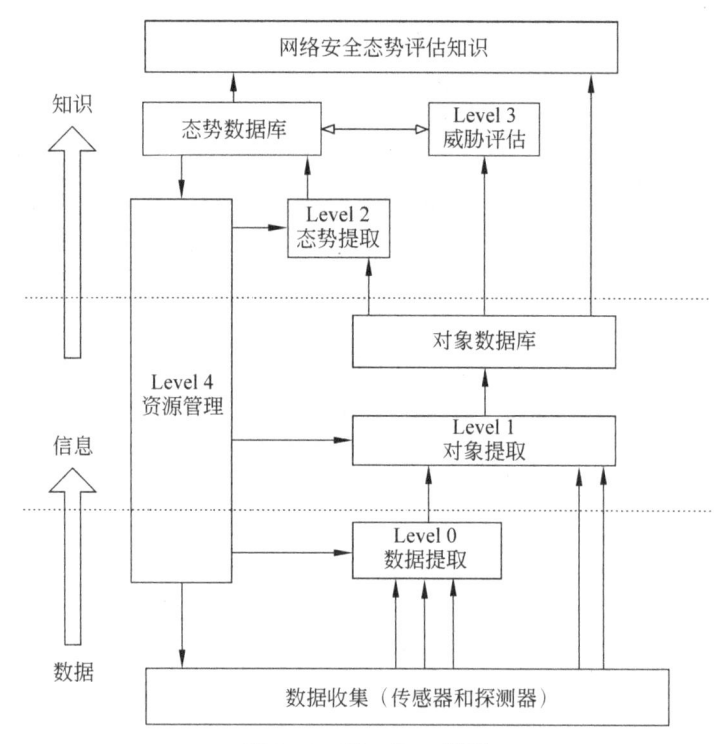

图 10-6 Tim Bass 模型

该模型共有 5 级，分别为数据提取、对象提取、态势提取、威胁评估、资源管理。态势要素逐级不断延伸，态势评估流程可以表示为"数据→信息→知识"的处理过程。

（1）Level 0（数据提取）。主要是指获取影响态势因素的关键信息。该模型中选取的态势数据源主要有入侵检测系统和 Sniffers 等采集的安全信息。

（2）Level 1（对象提取）。对 Level 0 采集的事件信息进行时间校准、类型检测、关联处理，区分不同类型的网络信息，主要功能是识别不同的攻击事件。

（3）Level 2（态势提取）。通过分析已识别的攻击事件之间的联系，对各类网络安全行为进行深层次分析，然后对当前网络的安全状况进行综合评估。

(4) Level 3(威胁评估)。在态势提取的基础上,对网络攻击的危害性和威胁程度进行评估。态势提取和威胁评估存在着一定的区别,前者注重网络安全事件的发现,后者注重网络安全事件对网络的影响。

(5) Level 4(资源管理)。负责整个态势评估框架的资源调度分配,主要包括评估整个态势感知系统的运行状况、接受和执行上一级派发的任务、协调各级设备的协作等。

Endsley 模型为网络安全态势感知研究提供了理论基础,同时也确定了网络安全态势感知中的研究内容。JDL 模型从数据融合的角度开展了网络安全态势研究,通过对多源数据进行融合,能够更全面地进行网络安全态势感知。该模型为后来的研究提供了一个新的方向,已经成为该领域的核心基础。Tim Bass 模型是入侵检测模型的框架,为网络态势感知模型的研究奠定了基础。在该模型的基础上,研究人员提出了多种改进模型,总结出更加细致的模型结构并充实了各模块的内容。

10.2.2 线性支持向量机算法

1. 支持向量机算法概述

支持向量机(Support Vector Machine,SVM)算法是一种监督学习的方法,是一种二分类模型。该算法是 Cortes 和 Vapnik 于 1995 年首先提出的,它在小样本、非线性及高维模式识别中表现出特有的优势,并能够推广应用到函数拟合等其他机器学习问题中,可广泛地应用于统计分类以及回归分析。支持向量机算法属于定义在特征空间上的间隔最大的线性分类器,这种分类器的特点是能够同时最小化经验误差与最大化几何边缘区,因此支持向量机算法也被称为最大边缘区分类器。

支持向量机包含 3 种:

(1) 线性可分支持向量机。当训练数据线性可分时,可通过硬间隔最大化学习一个线性的分类器,称为线性可分支持向量机,也称硬间隔支持向量机。

(2) 线性支持向量机。当训练数据近似线性可分时,可通过软间隔最大化学习一个线性的分类器,称为线性支持向量机,也称为软间隔支持向量机。

(3) 非线性支持向量机。当训练数据线性不可分时,通过使用核函数技巧及软间隔最大化学习一个非线性的支持向量机。

下面分别对这 3 种算法进行说明。

1) 线性可分支持向量机

支持向量机算法的基本思想是求解能够正确划分训练数据集并且几何间隔最大的超平面,如图 10-7 所示,这样的超平面有无穷多个(即感知机),但是几何间隔最大的超平面却是唯一的。

假设给定一个特征空间上的线性可分的训练数据集:

$$T = \{(\bm{x}_1, y_1), (\bm{x}_2, y_2), \cdots, (\bm{x}_N, y_N)\}$$

其中,$\bm{x}_i \in \mathbb{R}^n$,$y_i \in Y = \{-1, +1\}$,$i = 1, 2, \cdots, N$。$\bm{x}_i$ 为第 i 个特征向量,也称为实例。y_i 为 $\bm{x}_i$ 的类标记。当 $y_i = +1$ 时,称 $\bm{x}_i$ 为正例;当 $y_i = -1$ 时,称 $\bm{x}_i$ 为负例。$(\bm{x}_i, y_i)$ 称为样本点。

给定线性可分训练数据集,通过间隔最大化或等价地求解相应的凸二次线性规划问

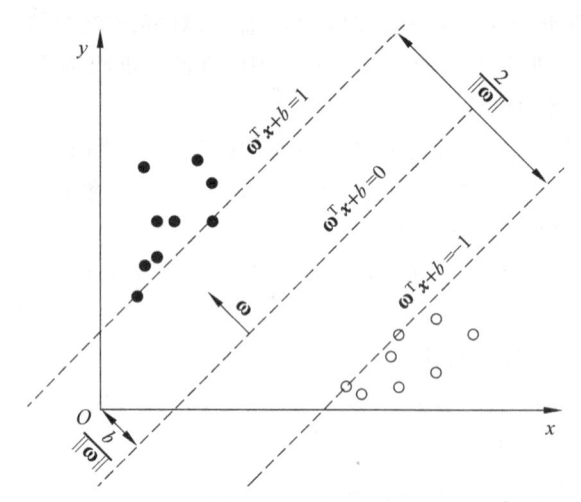

图 10-7　支持向量机算法的基本思想

题,可以通过学习得到能够分离样本点的超平面。分离超平面对应于 $\boldsymbol{\omega}^T\boldsymbol{x}+b=0$,对应的分类决策函数为

$$f(\boldsymbol{x})=\text{sign}(\boldsymbol{\omega}^T\boldsymbol{x}+b) \tag{10-1}$$

这样的支持向量机称为线性可分支持向量机。

超平面由法向量 $\boldsymbol{\omega}$ 和截距 b 确定,可用 $(\boldsymbol{\omega},b)$ 表示。超平面将特征空间划分为两部分,一部分是正类,另一部分是负类。法向量指向的一侧为正类,另一侧为负类。

一般,当训练数据集线性可分时,存在无穷个超平面可将两类数据正确分开。感知机利用误分类最小的策略求得超平面,不过这时的解有无穷多个。线性可分支持向量机利用间隔最大化求最优超平面,此时解是唯一的。

(1) 几何间隔。

给定训练样本集 $D=\{(\boldsymbol{x}_1,y_1),(\boldsymbol{x}_2,y_2),\cdots,(\boldsymbol{x}_n,y_n)\},y_i=\{-1,+1\}$。分类学习最基本的想法就是基于训练集 D 在样本空间中找到一个超平面,将不同类别的样本分开,但能将训练样本分开的超平面可能有很多,如图 10-8 所示。

直观地看,应该选择位于两类训练样本"正中间"的超平面,即图 10-8 中加粗的那条线代表的超平面,因为这个超平面对训练样本局部扰动的容忍性最好。换言之,这个超平面产生的分类结果鲁棒性最好,泛化能力最强。

在样本空间中,超平面可通过如下线性方程描述:

$$\boldsymbol{\omega}^T\boldsymbol{x}+b=0 \tag{10-2}$$

其中 $\boldsymbol{\omega}$ 为法向量,决定了超平面的方向;b 为位移项,决定了超平面与原点的距离。将超平面记为 $(\boldsymbol{\omega},b)$。

对于给定训练数据集 T 和超平面 $(\boldsymbol{\omega},b)$,定义超平面 $(\boldsymbol{\omega},b)$ 关于样本点的几何间隔为

$$\gamma_i=y_i\left(\frac{\boldsymbol{\omega}}{\|\boldsymbol{\omega}\|}\boldsymbol{x}_i+\frac{b}{\|\boldsymbol{\omega}\|}\right) \tag{10-3}$$

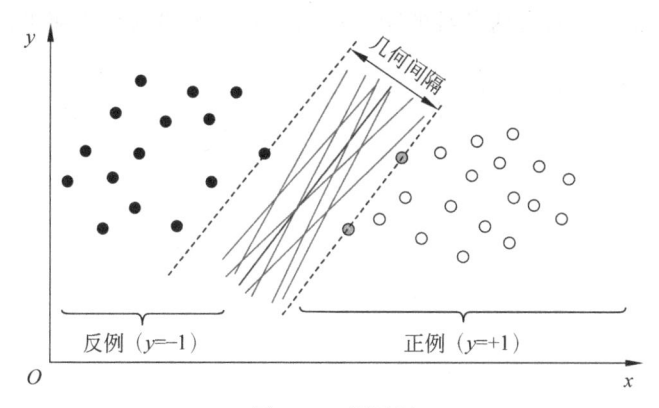

图 10-8 超平面

其中，$\|\boldsymbol{\omega}\|$ 是 $\boldsymbol{\omega}$ 的模，$y_i=\{-1,+1\}$。当 $y_i=+1$，也就是样本点在超平面正例的一侧时，$\gamma_i=\left(\dfrac{\boldsymbol{\omega}}{\|\boldsymbol{\omega}\|}x_i+\dfrac{b}{\|\boldsymbol{\omega}\|}\right)$；反之，$\gamma_i=-\left(\dfrac{\boldsymbol{\omega}}{\|\boldsymbol{\omega}\|}x_i+\dfrac{b}{\|\boldsymbol{\omega}\|}\right)$。

(2) 硬间隔最大化和支持向量。

支持向量机学习的思路是找出一个超平面，它满足能够正确划分训练数据集且几何间隔最大的条件。首先，正确划分训练数据集的超平面有很多个，但是几何间隔最大的超平面是唯一的，该超平面不仅能够将正负例分开，而且将离超平面最近的点（也就是最难分的点）分开，使距离最近的点之间的几何间隔最大，又称为硬间隔最大化（对应训练数据集近似线性可分时的软间隔最大化），这样的超平面可信度比较高，对于未知的点有很好的泛化能力。

可以将求几何间隔最大的超平面问题转化为求最优解的问题：

$$\max_{\boldsymbol{\omega},b}\gamma$$
$$\text{s.t.}\quad y_i\left(\dfrac{\boldsymbol{\omega}}{\|\boldsymbol{\omega}\|}x_i+\dfrac{b}{\|\boldsymbol{\omega}\|}\right)\geqslant\gamma,\quad i=1,2,\cdots,N$$

求解一个最大的超平面 $(\boldsymbol{\omega},b)$ 关于训练数据集的几何间隔 γ，这样的超平面使得每个训练样本的几何间隔至少是 γ。

这里对 $\boldsymbol{\omega}$ 和 b 按比例变换，同时乘以系数 λ，函数间隔成为 $\lambda\gamma$，这样对不等式约束没有影响，对于要求解的目标函数也没有影响。变换不等式，左右同时乘以 $\|\boldsymbol{\omega}\|$，令右边的 $\|\boldsymbol{\omega}\|\gamma=\gamma'$，求解 $\max\limits_{\boldsymbol{\omega},b}\gamma$ 转化为求解 $\max\limits_{\boldsymbol{\omega},b}\dfrac{\gamma}{\|\boldsymbol{\omega}\|}$。这里令 $\gamma=1$。对不等式进行变换，求最大值的 $\max\limits_{\boldsymbol{\omega},b}\dfrac{1}{\|\boldsymbol{\omega}\|}$ 等价于求最小值的 $\min\limits_{\boldsymbol{\omega},b}\dfrac{1}{2}\|\boldsymbol{\omega}\|^2$，于是可以将上述问题转化为

$$\min_{\boldsymbol{\omega},b}\dfrac{1}{2}\|\boldsymbol{\omega}\|^2$$
$$\text{s.t.}\quad y_i(\boldsymbol{\omega}^{\text{T}}x_i+b)-1\geqslant 0,\quad i=1,2,\cdots,N$$

满足上面的不等式约束的向量就是支持向量，也就是训练数据集的样本点中与超平面最近的实例，例如图 10-9 中灰色的点就是支持向量。支持向量所在的两条线平行，超

平面位于这两条线的中间,这两条线的距离称为间隔。间隔依赖于超平面的法向量 $\boldsymbol{\omega}$,等于 $\dfrac{2}{\|\boldsymbol{\omega}\|}$。这两条线称为间隔边界。

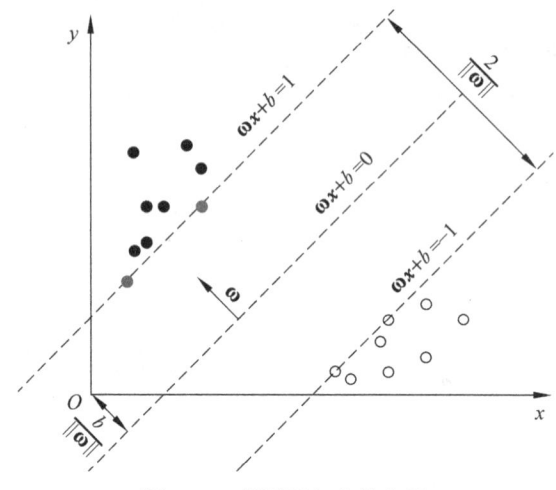

图 10-9　超平面与支持向量

(3) 利用对偶问题求解线性可分支持向量机。

求解线性可分支持向量机时,可以通过拉格朗日对偶性对原始问题进行求解。

定义以下拉格朗日函数:

$$L(\boldsymbol{\omega},b,\boldsymbol{\alpha}) = \frac{1}{2}\|\boldsymbol{\omega}\|^2 - \sum_{i=1}^{N}\alpha_i y_i(\boldsymbol{\omega}^{\mathrm{T}}\boldsymbol{x}_i + b) + \sum_{i=1}^{N}\alpha_i \tag{10-4}$$

其中,$\boldsymbol{\alpha}=(\alpha_1,\alpha_2,\cdots,\alpha_N)^{\mathrm{T}}$ 为拉格朗日乘子向量。根据拉格朗日对偶性,可以将原始问题转化为其对偶问题:

$$\max_{\boldsymbol{\alpha}}\min_{\boldsymbol{\omega},b} L(\boldsymbol{\omega},b,\boldsymbol{\alpha}) \tag{10-5}$$

为了求对偶问题的解,需要先求 $L(\boldsymbol{\omega},b,\boldsymbol{\alpha})$ 对 $\boldsymbol{\omega}$ 和 b 的极小解,再求该极小解对 $\boldsymbol{\alpha}$ 的极大解。

① 求 $\min\limits_{\boldsymbol{\omega},b} L(\boldsymbol{\omega},b,\boldsymbol{\alpha})$。

将拉格朗日函数 $L(\boldsymbol{\omega},b,\boldsymbol{\alpha})$ 分别对 $\boldsymbol{\omega}$ 和 b 求偏导并令其为 0:

$$\nabla_{\boldsymbol{\omega}} L(\boldsymbol{\omega},b,\boldsymbol{\alpha}) = \boldsymbol{\omega} - \sum_{i=1}^{N}\alpha_i y_i \boldsymbol{x}_i = 0 \tag{10-6}$$

$$\nabla_b L(\boldsymbol{\omega},b,\boldsymbol{\alpha}) = -\sum_{i=1}^{N}\alpha_i y_i = 0 \tag{10-7}$$

得

$$\boldsymbol{\omega} = \sum_{i=1}^{N}\alpha_i y_i \boldsymbol{x}_i \tag{10-8}$$

$$\sum_{i=1}^{N}\alpha_i y_i = 0 \tag{10-9}$$

将 $\boldsymbol{\omega}$ 代入式(10-4),利用 $\sum_{i=1}^{N}\alpha_i y_i=0$ 求得

$$L(\boldsymbol{\omega},b,\boldsymbol{\alpha})=-\frac{1}{2}\sum_{i=1}^{N}\sum_{j=1}^{N}\alpha_i\alpha_j y_i y_j(\boldsymbol{x}_i\boldsymbol{x}_j)+\sum_{i=1}^{N}\alpha_i \tag{10-10}$$

即

$$\min_{\boldsymbol{\omega},b}L(\boldsymbol{\omega},b,\boldsymbol{\alpha})=-\frac{1}{2}\sum_{i=1}^{N}\sum_{j=1}^{N}\alpha_i\alpha_j y_i y_j(\boldsymbol{x}_i\boldsymbol{x}_j)+\sum_{i=1}^{N}\alpha_i \tag{10-11}$$

② 求 $\min_{\boldsymbol{\omega},b}L(\boldsymbol{\omega},b,\boldsymbol{\alpha})$ 对 $\boldsymbol{\alpha}$ 的极大解,就是原始问题的对偶问题:

$$\max_{\boldsymbol{\alpha}}-\frac{1}{2}\sum_{i=1}^{N}\sum_{j=1}^{N}\alpha_i\alpha_j y_i y_j(\boldsymbol{x}_i\boldsymbol{x}_j)+\sum_{i=1}^{N}\alpha_i \tag{10-12}$$

$$\text{s.t.} \sum_{i=1}^{N}\alpha_i y_i=0$$

$$\alpha_i\geqslant 0, i=1,2,\cdots,N$$

③ 将②的目标函数由求极大解转换为求极小解,得到下面等价的对偶最优化问题:

$$\min_{\boldsymbol{\alpha}}\frac{1}{2}\sum_{i=1}^{N}\sum_{j=1}^{N}\alpha_i\alpha_j y_i y_j(\boldsymbol{x}_i\boldsymbol{x}_j)-\sum_{i=1}^{N}\alpha_i \tag{10-13}$$

$$\text{s.t.} \sum_{i=1}^{N}\alpha_i y_i=0$$

$$\alpha_i\geqslant 0, i=1,2,\cdots,N$$

总结以上过程,支持向量机算法的计算过程如下:

算法输入:线性可分训练集 $T=\{(\boldsymbol{x}_1,y_1),(\boldsymbol{x}_2,y_2),\cdots,(\boldsymbol{x}_N,y_N)\}$,其中 $\boldsymbol{x}_i\in\mathbb{R}^n$,$y_i\in Y=\{-1,+1\}$,$i=1,2,\cdots,N$。

算法输出:超平面和分类决策函数。

具体过程:

① 构造并求解约束优化问题:

$$\begin{cases}\min_{\boldsymbol{\alpha}}\frac{1}{2}\sum_{i=1}^{N}\sum_{j=1}^{N}\alpha_i\alpha_j y_i y_j(\boldsymbol{x}_i\boldsymbol{x}_j)-\sum_{i=1}^{N}\alpha_i\\ \text{s.t.} \sum_{i=1}^{N}\alpha_i y_i=0\\ \alpha_i\geqslant 0, i=1,2,\cdots,N\end{cases} \tag{10-14}$$

求得最优解:

$$\boldsymbol{\alpha}^*=(\alpha_1^*,\alpha_2^*,\cdots,\alpha_N^*)^\mathrm{T} \tag{10-15}$$

② 计算 $\boldsymbol{\omega}^*$:

$$\boldsymbol{\omega}^*=\sum_{i=1}^{N}\alpha_i^* y_i \boldsymbol{x}_i \tag{10-16}$$

并选择 $\boldsymbol{\alpha}^*$ 的一个正分量 $\alpha_j^*>0$,计算

$$b^* = y_j - \sum_{i=1}^{N} \alpha_i^* y_i (\boldsymbol{x}_i \boldsymbol{x}_j) \tag{10-17}$$

③ 求得超平面：

$$\boldsymbol{\omega}^{*T}\boldsymbol{x} + b^* = 0 \tag{10-18}$$

分类决策函数如下：

$$f(\boldsymbol{x}) = \text{sign}(\boldsymbol{\omega}^{*T}\boldsymbol{x} + b^*) \tag{10-19}$$

2) 线性支持向量机

如果训练数据集不是线性可分的，例如在二维空间中找不到一条直线刚好能把正负例分开，此时如果忽略一些异常点，就可以用一个超平面把正负例分开，缓解该问题的一个办法是允许支持向量机在一些样本上出错，为此引入了软间隔的概念，如图 10-10 所示。

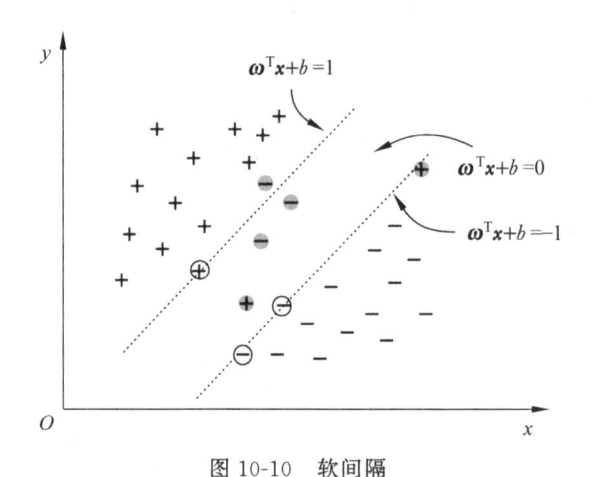

图 10-10 软间隔

具体来说，前面介绍的线性可分支持向量机要求所有样本均满足以下约束：

$$\begin{cases} \boldsymbol{\omega}^T \boldsymbol{x} + b \geqslant +1, & y_i = +1 \\ \boldsymbol{\omega}^T \boldsymbol{x} + b \leqslant -1, & y_i = -1 \end{cases} \tag{10-20}$$

即所有样本都必须划分正确，这称为硬间隔。而软间隔则允许某些样本不满足约束 $y_i(\boldsymbol{\omega}^T \boldsymbol{x}_i + b) \geqslant 1$，引入松弛变量 ξ，使函数间隔加上松弛变量大于或等于 1。这样，约束条件就变为

$$y_i(\boldsymbol{\omega}^T \boldsymbol{x}_i + b) \geqslant 1 - \xi_i \tag{10-21}$$

同时，对每个松弛变量 ξ_i，需要支付一个代价，目标函数由原来的 $\frac{1}{2}\|\boldsymbol{\omega}\|^2$ 变为 $\frac{1}{2}\|\boldsymbol{\omega}\|^2 + C\sum_{i=1}^{N}\xi_i$。这里 $C > 0$，称为惩罚参数，一般由应用问题决定。

近似线性可分的线性支持向量机的学习问题变成如下凸二次规划问题：

$$\min_{\boldsymbol{\omega}, b, \xi} \frac{1}{2}\|\boldsymbol{\omega}\|^2 + C\sum_{i=1}^{N}\xi_i \tag{10-22}$$

$$\text{s.t.} \quad y_i(\boldsymbol{\omega}^T \boldsymbol{x}_i + b) \geqslant 1 - \xi_i$$

$$\xi_i \geqslant 0, i = 1, 2, \cdots, N$$

对于给定的线性不可分的训练数据集,通过求解凸二次规划问题,即间隔最大化问题,得到的超平面为

$$\boldsymbol{\omega}^{*\mathrm{T}}\boldsymbol{x} + b^* = 0 \tag{10-23}$$

相应的分类决策函数为

$$f(\boldsymbol{x}) = \mathrm{sign}(\boldsymbol{\omega}^{*\mathrm{T}}\boldsymbol{x} + b^*) \tag{10-24}$$

这样的支持向量机称为线性支持向量机。

3) 非线性支持向量机

对于非线性分类问题,显然无法用一个线性超平面把不同类别的数据点分开,例如,可能需要一个椭圆等非线性的超曲面才能把正负例分开。前两种方法不适用于此类场景。此时需要将数据集映射到一个更高维的特征空间(即输入空间到特征空间的映射),将训练数据集变成线性可分的,就可以用线性支持向量机求解,这种方法称为核技巧,采用的变换函数称为核函数。

核技巧应用到支持向量机的基本想法是:通过一个非线性变换将输入空间(欧几里得空间$\mathbb{R}^n$或离散集合)对应于一个特征空间(希尔伯特空间H),使得在输入空间$\mathbb{R}^n$中的超曲面模型对应于特征空间H中的超平面模型(即线性支持向量机)。

当输入空间为欧几里得空间或离散集合、特征空间为希尔伯特空间时,核函数表示将输入从输入空间映射到特征空间得到的特征向量的内积。表10-3列举了常用的核函数。

表 10-3 常用的核函数

名 称	表 达 式	参 数
线性核函数	$k(\boldsymbol{x}_i, \boldsymbol{x}_j) = \boldsymbol{x}_i^{\mathrm{T}}\boldsymbol{x}_j$	
多项式核函数	$k(\boldsymbol{x}_i, \boldsymbol{x}_j) = (\boldsymbol{x}_i^{\mathrm{T}}\boldsymbol{x}_j)^d$	$d \geqslant 1$ 为多项式的次数
高斯核函数	$k(\boldsymbol{x}_i, \boldsymbol{x}_j) = \exp\left(-\dfrac{\|\boldsymbol{x}_i - \boldsymbol{x}_j\|^2}{2\sigma^2}\right)$	$\sigma > 0$ 为高斯核宽度
拉普拉斯核函数	$k(\boldsymbol{x}_i, \boldsymbol{x}_j) = \exp\left(-\dfrac{\|\boldsymbol{x}_i - \boldsymbol{x}_j\|}{\sigma}\right)$	$\sigma > 0$ 为拉普拉斯核宽度
Sigmoid 核函数	$k(\boldsymbol{x}_i, \boldsymbol{x}_j) = \tanh(\beta\boldsymbol{x}_i^{\mathrm{T}}\boldsymbol{x}_j + \theta)$	β 是一个标量,θ 是位移参数

通过核函数将原来的输入空间变换为一个新的特征空间,从新的特征空间学习线性支持向量机,利用线性分类学习方法与核函数解决非线性问题。

2. 支持向量机算法举例

给出正例点 $x_1 = (3,3)^{\mathrm{T}}, x_2 = (4,3)^{\mathrm{T}}$,负例点 $x_3 = (1,1)^{\mathrm{T}}$,求解线性可分支持向量机。

解:根据所给数据,对偶问题是

$$\min_{\boldsymbol{\alpha}} \frac{1}{2}\sum_{i=1}^{N}\sum_{j=1}^{N}\alpha_i\alpha_j y_i y_j(\boldsymbol{x}_i \boldsymbol{x}_j) - \sum_{i=1}^{N}\alpha_i \tag{10-25}$$

$$= \frac{1}{2}(18\alpha_1^2 + 25\alpha_2^2 + 2\alpha_3^2 + 42\alpha_1\alpha_2 - 12\alpha_1\alpha_3 - 14\alpha_2\alpha_3) - \alpha_1 - \alpha_2 - \alpha_3$$

$$\text{s.t.} \quad \alpha_1 + \alpha_2 - \alpha_3 = 0, \quad \alpha_i \geqslant 0, i = 1, 2, 3$$

将 $\alpha_3 = \alpha_1 + \alpha_2$ 代入目标函数：

$$s(\alpha_1, \alpha_2) = 4\alpha_1^2 + \frac{13}{2}\alpha_2^2 + 10\alpha_1\alpha_2 - 2\alpha_1 - 2\alpha_2 \tag{10-26}$$

对 α_1 和 α_2 求偏导并令其为 0，已知 $s(\alpha_1, \alpha_2)$ 在点 $\left(\frac{3}{2}, -1\right)^T$ 取极值，但该点不满足约束条件 $\alpha_2 \geqslant 0$，所以极小值应在边界上达到。

当 $\alpha_1 = 0$ 时，极小值 $s\left(0, \frac{2}{13}\right) = -\frac{2}{13}$；当 $\alpha_2 = 0$，极小值 $s\left(\frac{1}{4}, 0\right) = -\frac{1}{4}$。于是 $s(\alpha_1, \alpha_2)$ 在 $\alpha_1 = \frac{1}{4}, \alpha_2 = 0$ 时达到极小，此时 $\alpha_3 = \alpha_1 + \alpha_2 = \frac{1}{4}$。

这样，$\alpha_1^* = \alpha_3^* = \frac{1}{4}$ 对应的实例点 $\boldsymbol{x}_1$ 和 $\boldsymbol{x}_3$ 是支持向量，根据

$$\boldsymbol{\omega}^* = \sum_{i=1}^{N} \alpha_i^* y_i \boldsymbol{x}_i \tag{10-27}$$

$$b^* = y_i - \sum_{i=1}^{N} \alpha_i^* y_i (\boldsymbol{x}_i \boldsymbol{x}_j) \tag{10-28}$$

计算得

$$\boldsymbol{\omega}_1^* = \boldsymbol{\omega}_2^* = \frac{1}{2}, \quad b^* = -2$$

超平面为

$$\frac{1}{2}\boldsymbol{x}^{(1)} + \frac{1}{2}\boldsymbol{x}^{(2)} - 2 = 0$$

分类决策函数为

$$f(\boldsymbol{x}) = \text{sign}\left(\frac{1}{2}\boldsymbol{x}^{(1)} + \frac{1}{2}\boldsymbol{x}^{(2)} - 2\right)$$

3. 支持向量机算法在网络安全态势感知中的应用

网络安全态势评估过程就是输入多个网络状态检测值，经过计算，最后从输出端得到评估类别的过程。而网络安全态势评估往往需要利用各种网络参数为用户提供一个比较准确的网络安全状态评估和网络安全趋势估计，使管理者能够有目标、有计划地进行决策和安全防护。一般来说，网络安全态势可以通过不同的安全等级体现，而不是简单的二分类问题。例如，可以通过非常安全、安全、警告、有危险、有严重安全漏洞这 5 种状态体现整个网络的安全状态。因此，不难发现网络安全态势评估是一个多分类问题。前面已经介绍了支持向量机的分类原理，这个原理的最初目的是解决二分类问题。现在要解决多分类问题，应使用构造支持向量机多分类器的方法。

目前，构造支持向量机多分类器的方法主要有两种：

（1）直接法。直接在目标函数上进行修改，将多个超平面的参数求解合并到一个最

优化问题中,通过求解该最优化问题一次性实现多分类。这种方法看似简单,但其计算复杂度比较高,实现起来比较困难,只适用于小型问题。

(2) 间接法。主要是通过组合多个二分类器实现多分类器的构造,常见的方法有一对多法和一对一法两种。

① 一对多法。训练时依次把某个类别的样本归为一类,把其他样本归为另一类,这样 k 个类别的样本就构造出了 k 个支持向量机。分类时将未知样本分入具有最大分类函数值的那一类。这种方法计算量较小,但是有以下缺陷:因为训练集的划分比例是 $1:M$,这种情况下存在偏差。可以在抽取数据集的时候,从完整的负集中再抽取 1/3 作为训练负集。

② 一对一法。其做法是在任意两类样本之间设计一个支持向量机,因此 k 个类别的样本就需要设计 $k(k-1)/2$ 个支持向量机。当对一个未知样本进行分类时,最后得票最多的类别即该未知样本的类别。这种方法虽然好,但是当类别很多的时候,分类器的个数是 $n(n-1)/2$,计算量还是相当大的。因此,在实际应用中具体选取哪种构造方法,需要根据实际问题进行具体分析。

根据研究人员实验分析,网络系统中的某些特征参数可以表达网络攻击行为,主要有 12 种指标:CPU 占用率、内存占用率、端口流量、丢包率、网络可用宽带、平均往返时延、传输率、吞吐率、服务请求率、服务响应率、出错率以及响应时间。在出现网络攻击时,这些指标会发生比较明显的变化。可以基于支持向量机算法建立一个网络安全态势评估系统,基于这 12 种指标建立网络安全态势评估指标体系,每个输入向量包含 12 维。表 10-4 给出了在 DDoS 攻击下这 12 种指标的变化。

表 10-4 在 DDoS 攻击下 12 种指标的变化

指标	攻击情况															
	不攻击	单机攻击					双机攻击					三机攻击				
每秒攻击次数	0	40	60	80	100	120	40	60	80	100	120	40	60	80	100	120
攻击时间/s	0	10	10	10	10	10	10	10	10	10	10	10	10	10	10	10
CPU 占用率/%	20	65	67	70	74	80	71	82	90	98	98	88	95	99	99	100
内存占用率/%	15	38	40	56	61	63	53	61	66	72	75	68	74	80	88	95
端口流量/(Mb/s)	99	13	19	27	33	40	13	20	27	33	40	13	20	27	33	40
丢包率/%	0	0	0	0	0	1	0	0	1	1	2	0	1	5	5	10
网络可用带宽/(Mb/s)	95	95	95	94	90	89	95	92	90	88	85	70	70	65	65	65
平均往返时延/μs	3	3	3	3	3	3	3	3	4	4	4	4	4	4	4	4
传输率/%	100	100	100	100	100	100	100	100	98	98	95	94	80	62	45	30
吞吐率/%	100	100	100	96	96	96	96	92	90	89	66	75	50	50	50	37
服务请求率/%	20	20	30	40	50	60	40	60	80	100	100	100	100	100	100	100

续表

指　　标	攻　击　情　况													
	不攻击	单机攻击				双机攻击				三机攻击					
服务响应率/%	100	100	100	100	100	100	100	100	92	80	74	60	52	19	0	0
出错率/%	0	0	0	0	0	0	0	0	1	2	5	5	5	10	33	66
响应时间/μs	5	5	5	5	5	5	5	6	∞	∞	∞	∞	∞	∞	∞	∞

网络系统的安全状态可以划分为 5 个级别：非常安全(Good)、安全(OK)、警告(Warning)、有危险(Bad)、有严重安全漏洞(Critical)。通过这 5 个不同的安全状态显示当前整个网络的安全态势。表 10-5 是一组测试数据和相应的网络安全状态，其中 $y_1 \sim y_{12}$ 表示表 10-4 中列出的 12 种指标。

表 10-5　一组测试数据和相应的网络安全状态

序号	y_1	y_2	y_3	y_4	y_5	y_6	y_7	y_8	y_9	y_{10}	y_{11}	y_{12}	级别
1	7	12	89	0	96	3	100	100	19	100	0	5	Good
2	12	14	90	0	95	3	100	100	20	100	0	5	Good
3	10	19	93	0	95	3	100	100	20	100	0	5	Good
4	21	19	90	0	93	3	100	100	21	100	0	5	Good
5	17	23	78	0	96	3	100	100	16	100	0	5	Good
6	45	38	20	0	91	3	100	100	29	100	0	5	OK
7	35	29	22	0	94	3	100	98	29	100	0	5	OK
8	61	41	29	0	95	3	100	99	39	100	0	5	OK
9	51	45	30	0	95	3	100	92	33	100	0	5	OK
10	46	51	29	0	94	3	100	95	31	100	0	5	OK
11	63	59	30	0	89	3	98	89	46	100	0	5	Warning
12	67	60	35	1	81	3	98	92	41	99	0	5	Warning
13	71	61	25	1	88	3	99	90	50	100	0	5	Warning
14	69	56	35	1	85	3	99	95	50	98	1	5	Warning
15	74	63	29	0	87	3	97	90	55	95	2	6	Warning
16	85	76	42	1	80	4	82	70	72	67	5	10	Bad
17	87	71	31	3	79	4	79	69	67	51	8	11	Bad
18	81	81	36	2	78	3	68	66	89	50	10	9	Bad
19	90	78	38	2	72	4	72	59	95	32	19	22	Bad

续表

序号	y_1	y_2	y_3	y_4	y_5	y_6	y_7	y_8	y_9	y_{10}	y_{11}	y_{12}	级别
20	88	85	29	3	70	4	77	57	90	41	11	21	Bad
21	99	89	31	5	68	4	53	49	100	10	55	∞	Critical
22	99	89	42	6	65	4	46	48	100	6	67	∞	Critical
23	98	90	13	9	65	4	44	37	100	0	86	∞	Critical
24	100	94	25	10	68	4	38	39	100	0	67	∞	Critical
25	99	95	27	10	62	4	48	42	100	9	74	∞	Critical

为了在训练和测试的时候能够使算法收敛速度快一些,应该使得输入数据更加规范统一。对样本每一项指标数据按下式做规范处理:

$$X' = \frac{X - X_{\min}}{X_{\max} - X_{\min}}$$

其中,X' 为目标数据,X 为原始数据,$X_{\min}$ 和 $X_{\max}$ 为原始数据的最小值和最大值。经过规范化处理后,所有的数据取值都在[0,1]区间。

根据设定的 5 个安全状态,需要基于支持向量机构造多分类解决方案。如果采用一对一法,那么需要$(5 \times 4)/2 = 10$ 个二分类器,分类器数量过多,计算量较大。因此,可以采用一对多法进行多分类,5 个安全状态需要 5 个二分类器,从而将 5 分类问题转化为 5 个二分类问题。通过训练数据分别进行训练得到 5 个分类器:SVM_1、SVM_2、SVM_3、SVM_4、SVM_5,分类决策函数为

$$f_m(x) = \text{sign}\left(\sum_i a_i^* y_i K(\boldsymbol{x}_i, x) + b^*\right) \tag{10-29}$$

其中,$m = 1, 2, \cdots, 5$。将待评测的数据依次输入 SVM_1、SVM_2、SVM_3、SVM_4、SVM_5,得到 f_1、f_2、f_3、f_4、f_5,这 5 个值中的最大值 $\max(f_i)$ 是最终的评估结果。基于支持向量机算法构造的网络安全态势评估模型如图 10-11 所示。

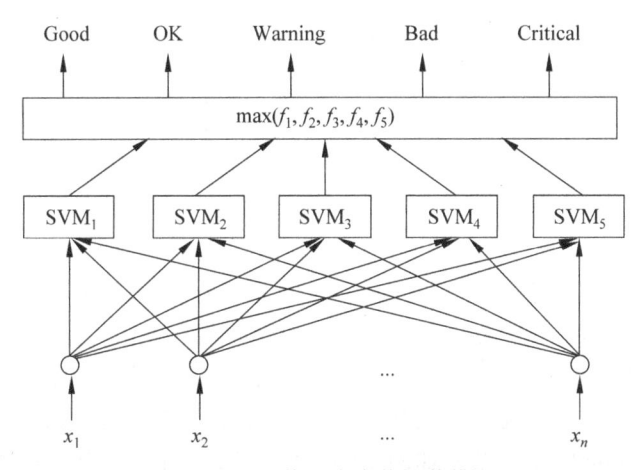

图 10-11 网络安全态势评估模型

10.2.3 Inception Net 算法

Inception Net 也被称为 GoogLeNet。GoogLeNet 是 Google 公司提出的深度网络结构。在 2014 年的 ILSVRC 比赛中,GoogLeNet 获得了冠军,其所用模型参数不足 AlexNet 的 1/12,性能却比 AlexNet 高。原因有两个:一是它引入了一种新的结构——Inception Module;二是它增加了网络的深度。

提升网络性能最直接的办法就是增加网络深度和宽度,深度指网络层次数量,宽度指神经元数量。但这种传统方式存在以下问题:

(1) 参数太多,如果训练数据集有限,很容易产生过拟合。

(2) 网络越大,参数越多,计算复杂度越大,难以应用。

(3) 网络越深,越容易出现梯度弥散问题(梯度越往后越容易消失),难以优化模型。

为了解决上面提到的问题,核心的方法是在增加网络深度和宽度的同时减少参数。为了减少参数,需要将全连接变成稀疏连接。但在实现层面上,即使将全连接变成稀疏连接,实际计算量也不会大幅度降低。因为大部分硬件都是针对密集矩阵计算进行优化的,稀疏矩阵虽然数据量少,但是计算所消耗的时间却很长。通过将稀疏矩阵聚类为较为密集的子矩阵可以提高计算性能,因此,GoogLeNet 团队提出了 Inception 网络结构,构造一种基础神经元结构,以搭建一个稀疏性、高计算性能的网络结构。

Inception 历经了 V1、V2、V3、V4 等多个版本的发展,不断趋于完善。下面对 Inception V1~V4 分别进行介绍。

1. Inception V1

Google 公司提出的 Inception V1 基本结构要求设计一个稀疏网络结构,但是要求它能够产生稠密的数据,既能提升神经网络表现,又能保证计算资源的使用效率。Inception V1 的基本结构如图 10-12 所示。

该结构将卷积神经网络中常用的卷积操作(1×1、3×3、5×5)、最大池化操作(3×3)堆叠在一起(卷积、池化后的尺寸相同,将通道相加)。这一方面增加了网络的宽度,另一方面也增加了网络对尺度的适应性。网络卷积层中的网络能够提取输入的每一个细节信息,5×5 的滤波器也能够覆盖大部分接收层的输入。同时,还可以进行池化操作,以减小空间大小,降低过度拟合。在这些层之上,在每一个卷积层后都要执行一个激励函数操作,以增强网络的非线性特征。

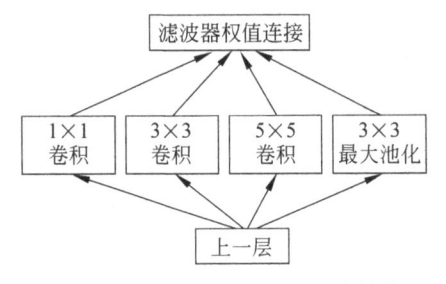

图 10-12 Inception V1 的基本结构

在 Inception V1 中,所有的卷积核都在上一层的所有输出上进行,而 5×5 的卷积核所需的计算量就太大了,造成了特征图的厚度很大。为了避免这种情况,在 3×3 卷积前、5×5 卷积前和 3×3 最大池化后分别加上了 1×1 的卷积核,以降低特征图厚度。

Inception Module 的基本结构如图 10-13 所示,其中有 4 个分支。第一个分支对输入进行 1×1 卷积,可以跨通道组织信息,提高网络的表达能力,同时可以对输出通道进行升维和降维操作。Inception Module 的 4 个分支都用到了 1×1 卷积,以进行低成本的跨通道特征变换。第二个分支先使用了 1×1 卷积,然后连接 3×3 卷积,相当于进行了两次特征变换。第三个分支先使用 1×1 卷积,然后连接 5×5 卷积。最后一个分支则是在 3×3 最大池化后直接使用 1×1 卷积。通过观察该结构可知,有的分支只使用 1×1 卷积,有的分支使用了其他尺寸的卷积时也会再使用 1×1 卷积,这是因为 1×1 卷积的性价比很高,用很小的计算量就能增加一层特征变换和非线性化。Inception Module 的 4 个分支在最后通过一个聚合操作进行合并,即在输出通道数维度上进行聚合操作。

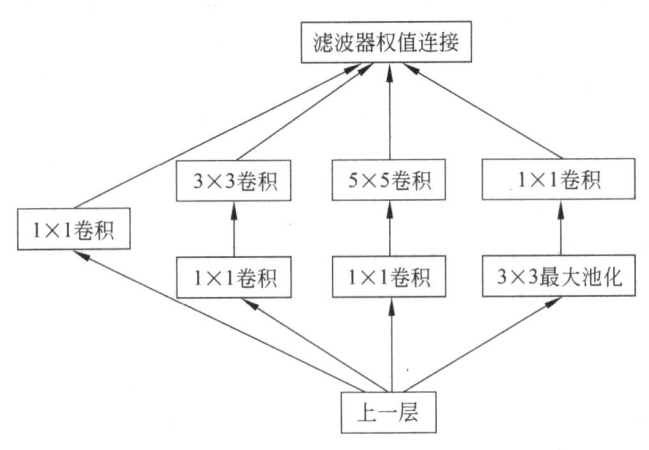

图 10-13 Inception Module 的基本结构

Inception V1 最大的特点是在控制了计算量和参数量的同时获得了非常好的分类性能,Top-5 的错误率只有 6.67%。虽然 Inception V1 比早于它提出的 AlexNet 的 8 层结构和 VGGNet 的 19 层结构更深,但是它的计算量只有 15 亿次浮点运算,同时只有 500 万的参数量,仅仅是 AlexNet 参数量(6000 万)的 1/12,却在准确率方面远远超过 AlexNet,因此 Inception V1 是非常优秀并且实用的模型。

Inception Net 的主要目标就是找到最优的稀疏结构单元,其稀疏结构基于 Hebbian 原理:一个好的稀疏结构应该把相关性高的簇神经元节点连接在一起。在普通的数据集中,这可能需要对神经元节点进行聚类;但是在图片数据中,邻近区域的数据相关性高,因此相邻的像素点被卷积操作连接在一起。在同一空间位置但在不同通道的多个卷积核的输出结果相关性高,因此,一个 1×1 卷积可以把这些相关性很高的、在同一空间位置但是在不同通道的特征连接在一起,这就是 1×1 卷积被频繁地应用到 Inception Net 中的原因。而尺寸稍微大一点的卷积(例如 3×3 卷积、5×5 卷积)连接的节点相关性也很高,因此,可以适当地使用一些大尺寸的卷积以增加多样性(diversity)。最后,Inception Module 通过 4 个分支中不同尺寸的 1×1、3×3、5×5 等小型卷积将相关性很高的节点连接在一起,就构建出很高效的符合 Hebbian 原理的稀疏结构。

Inception Net 的深度有 22 层,除了最后一层是输出以外,其中间节点的分类效果也很好。因此在 Inception Net 中还使用了辅助分类节点,即将中间某一层的输出用于分类,并按一个较小的权重(0.3)加到最终分类结果中。这样相当于做了模型融合,同时给网络增加了反向传播的梯度信号,还提供了额外的正则化,有助于 Inception Net 的训练。

2. Inception V2

GoogLeNet 凭借其优秀的表现受到了很多研究人员的关注。GoogLeNet 的设计初衷就是要又准又快,而如果只是单纯地堆叠网络,虽然可以提高准确率,但是会导致计算效率有明显的下降,所以如何在不增加过多计算量的同时提高网络的表达能力就成为一个问题。Inception V2 通过修改 Inception 的内部计算逻辑,给出了比较特殊的卷积计算结构。GoogLeNet 团队提出可以用两个连续的 3×3 卷积层组成的小网络代替单个 5×5 卷积层,即在保持感受野范围的同时又减小了参数量。

Inception V2 学习了 VGGNET,用两个 3×3 卷积代替 5×5 卷积,以减小参数量并减轻过拟合。Inception V2 还提出了著名的批量规范化(Batch Normalization,BN)方法。BN 是一个非常有效的正则化方法,可以让大型卷积网络的训练速度加快很多倍,同时收敛后的分类准确率大幅提高。BN 在用于神经网络某层时,会对每一个小批量(mini-batch)数据的内部进行规范化处理,使输出规范化到 $N(0,1)$ 的正态分布,减少了内部协变量偏移(Internal Covariate Shift,ICS,即内部神经元分布的改变)。

传统的深度神经网络在训练时,每一层输入的分布都在变化,导致训练变得困难,只能使用一个很小的学习速率解决这个问题。而对每一层使用 BN 之后,可以有效地解决这一问题,学习速率大大提升,达到以前的准确率需要的迭代次数仅为原来的 1/14,训练时间大大缩短。达到以前的准确率后,可以继续训练,并最终取得远超于 Inception V1 模型的性能,top-5 错误率仅为 4.8%。因为 BN 某种意义上还起到了正则化的作用,所以减少或者取消了 Dropout,简化了网络结构。

3. Inception V3

Inception V3 网络主要进行了以下 4 方面的改进:

(1) 引入了拆分成小卷积(factorization into small convolutions)的思想,将一个较大的二维卷积拆分成两个较小的一维卷积,例如将 7×7 卷积拆分成 1×7 卷积和 7×1 卷积,或者将 3×3 卷积拆分成 1×3 卷积和 3×1 卷积。

(2) 减少了大量参数,加速了运算并减轻了过拟合(例如将 7×7 卷积拆分成 1×7 卷积和 7×1 卷积,比拆分成 3 个 3×3 卷积需要的参数更少),同时增加了一个非线性层以扩展模型表达能力。这种非对称的卷积结构拆分比对称地拆分为几个相同的小卷积核效果更明显,可以处理更多、更丰富的空间特征,增加了特征多样性。

(3) 优化算法使用均方根加速(Root Mean Square Prop,RMSProp)算法替代随机梯度下降(Stochastic Gradient Descent,SGD)算法,在辅助分类器中也加入了 BN 操作。

(4) 使用标签平滑正则化(Label Smoothing Regularization,LSR)方法以避免过拟合,防止网络对某个类别的预测过于自信,增加对小概率类别的关注。

另外,Inception V3 优化了 Inception Module 的结构,现在常用的 Inception Module 有 35×35、17×17 和 8×8 这 3 种结构。这些 Inception Module 只在网络的后部出现,前部还是普通的卷积层。并且 Inception V3 除了在 Inception Module 中使用分支以外,在分支中也使用了分支。

4. Inception V4

Inception V4 基本延续了 Inception V2/V3 的结构，Inception-ResNet 和 Inception V4 网络结构都是基于 Inception V3 的改进。

Inception V4 的架构如图 10-14 所示。

Stem 是 Inception V4 结构的主干，起到基本特征提取的作用。Inception Module 适用于卷积神经网络的中间层，用于处理高维特征。若直接将 Inception Module 用于低维特征的提取，模型的性能会降低。Stem 处理过程如图 10-15 所示。

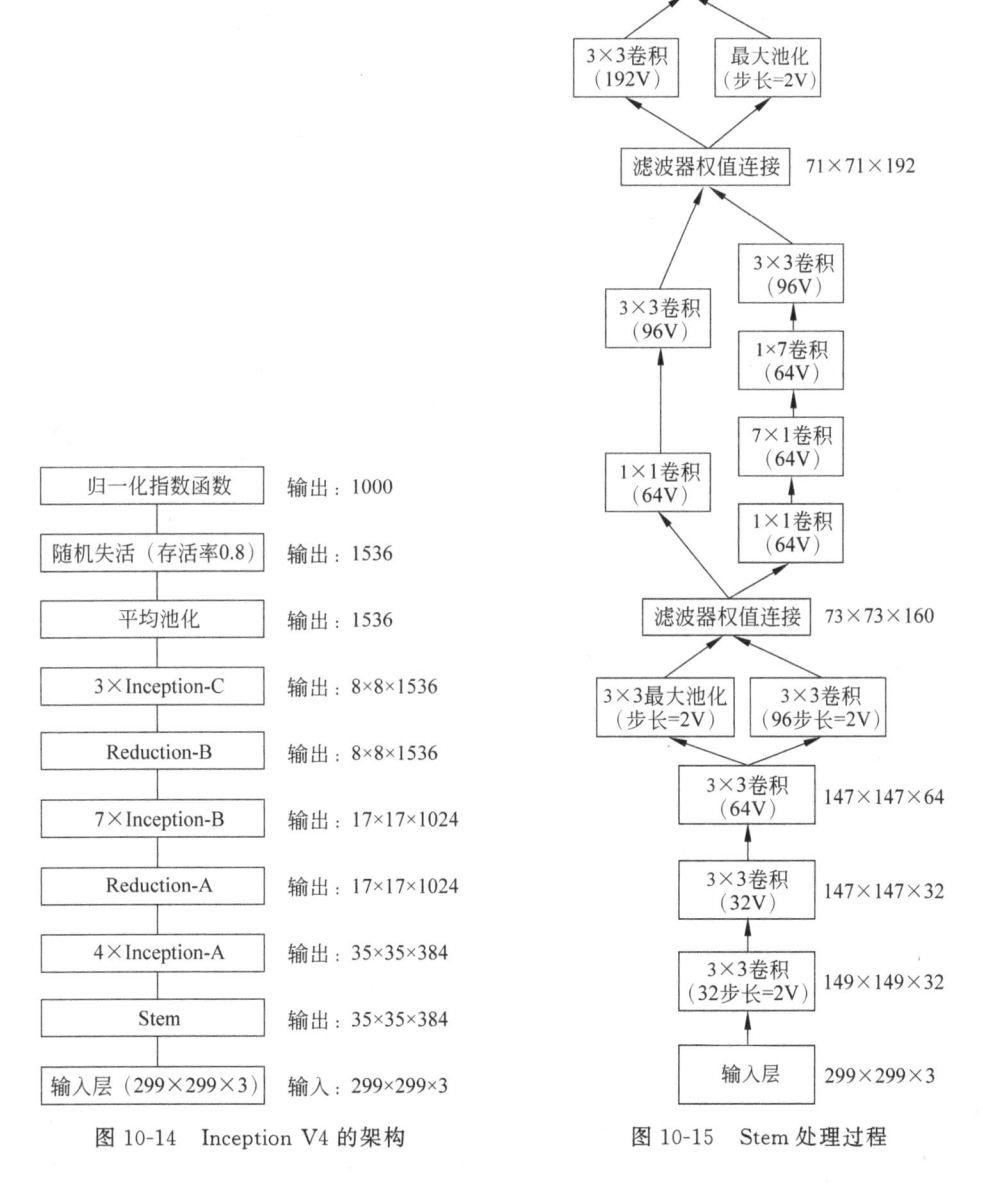

图 10-14 Inception V4 的架构

图 10-15 Stem 处理过程

在图 10-15 中,没有使用"V"标记的卷积使用 Same 的填充原则,即其输出网格与输入的尺寸正好匹配;使用"V"标记的卷积使用 Valid 的填充原则,即每个单元的输入块全部包含在前几层中,同时输出激活图(output activation map)的网格尺寸也会相应减少。

Inception V4 使用了 4 个 Inception-A 模块、7 个 Inception-B 模块、3 个 Inception-C 模块,以起到高级特征提取的作用。并且各个模块的输入输出维度是相同的,Inception-A、Inception-B、Inception-C 分别处理输入维度为 35×35、17×17、8×8 的特征图,只要告知模块对应维度的特征图是最合适的,根据维度选择对应的模块即可。

Inception V4 使用了两种降维(reduction)模块:Reduction-A 和 Reduction-B,作用是在避免瓶颈的情况下减小特征图的大小,并增加特征图的深度。简单地说,就是多个分支同时减小大小,最终将多个分支的输出在深度维上合并。

Inception V4 使用了 Network in Network 中的平均池化(average-pooling)方法避免全连接产生大量的网络参数,使网络参数量减少了 8×8×1536×1536＝150 994 944。最后一层使用 Softmax 函数得到各个类别的后验概率,并加入 Dropout 正则化以防止过拟合。

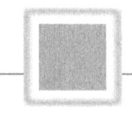

小结

本章主要介绍了网络安全态势感知的基本概念、发展历程、主要内容、关键技术和发展趋势,网络安全态势感知模型(包括 JDL 模型、Endsley 模型和 Tim Bass 模型)的基本原理,支持向量机算法和 Inception Net 算法的基本思想、原理、算法过程以及其在网络安全态势感知中的应用。

第 11 章 基于大数据分析的网络用户行为分析

11.1 网络用户行为

网络用户行为的研究与心理学、社会学、社会心理学、人类学以及一切涉及行为研究的学科密切相关。它研究网络用户行为的规律性，借以控制并预测网络用户行为，并为实现政治、经济、文化目的服务。具体地讲，网络用户行为研究就是分析网络用户的构成、特点及其行为表现出来的规律。

11.1.1 网络用户行为的概念及特点

从行为学的角度，个体网络行为是个体在网络上表现出来的行为，是由个体的个性决定的。每个个体都有自己的个性，个性是个体在一定的社会环境和教育模式下形成的稳定的个人品格，个体在心理、行为、体质、性格、特长、兴趣和价值观等方面各不相同。这些差异造成了个性的差异和需求的多元化，也决定了个性具有一定的稳定性。不同的个体有不同的兴趣和爱好，也有不同的信息需求。短期的个体网络行为可能并不具有明显的规律，但长期的个体网络行为则具有一定的稳定性，可以发现其行为模式。另外，个性也会随着环境发生变化，个体网络行为也会随之变迁。同样，多个个体组成的一个用户群体也有其群体行为模式。

网络用户行为就是网络用户的特点、构成及其在网络应用过程中表现出来的行为规律，是一个广义的概念。网络用户行为分析就是研究网络用户行为的学科，它属于网络知识发现的范畴。按照研究目的和对象数目，网络用户行为可分为网络个体用户行为和网络群体用户行为。与现实社会中人们的社会行为相对应，发生在虚拟社会中的行为称为网络行为。网络行为是伴随现代网络技术出现的，可定义为：行为主体为实现某种特定的目标，采用基于计算机系统的电子网络作为手段和方法而进行的有意识的活动。网络行为具有社会行为的一般特征和基本要素。

然而，由于网络行为存在于虚拟空间中，而这种在网络中形成的信息交流空间又具有不同于物理空间的特殊性，所以网络用户行为有其自身的特点。

(1) 知识含量高，升级快。网络行为的主体——用户必然有一定的计算机知识和网络技术,有利用电子网络的能力。

(2) 隐蔽性强。这种隐蔽性体现在两方面:一方面,行为主体身份的隐蔽性,即任何人都可以通过一台联网的计算机访问网络中传播的信息,其过程无须登记,所以网上存在着大量匿名行为;另一方面,网络行为本身也具有隐蔽的特征,互联网上信息以数字化的形式存在,操作者可以在数据传输过程中改变信息的内容和形式而不留任何痕迹。

(3) 主动性强,涉及面广。网络行为完全突破了地域的限制,可以充分体现行为者的个性和主观意志。

(4) 判断标准不一。互联网的连通为越境数据流(Transborder Data Flow,TDF,即跨越国家边境的数字化电子数据传递)提供了坚实的载体。无国界的电子空间中的网络行为必然会牵涉不同国家和地区的利益。

(5) 性质复杂。网络空间的纷繁复杂决定了网络行为的性质是多种多样的,足以和现实社会相提并论。

11.1.2 网络用户行为的分类

网络用户行为的分类与需要解决的具体问题和研究的目的有关。例如,从网络安全角度可以将网络用户行为分为正常行为和异常行为(并不一定是入侵行为)、善意行为和恶意(失范)行为;在电子消费领域,可以从用户行为上的不同表现辨别重要客户、偶然客户或潜在客户;在互联网建设和管理中,根据用户获取的信息可分析出用户的兴趣和爱好。例如,基于用户访问的网页中最频繁出现的特征字或关键字、最受用户欢迎的站点等,也可以分析出网络内不同用户的行为表现,正确引导用户行为或进行用户管理。

由于网络用户行为的复杂性,网络用户行为分类本身具有模糊性和多样性:
- 从行为是否有危害的角度可将用户行为分为善意行为和恶意行为。
- 从行为主体对象是一人还是多人的角度可将用户行为分为个体行为与群体行为。
- 从行为是否合乎习惯模式的角度可将用户行为分为正常行为和异常行为。

网络用户行为是一个广义的概念,它是用户在网络上表现的活动方式。关于网络用户行为,一直没有比较规范的分类。根据研究和应用的侧重不同,可以从多个角度对网络用户行为进行分类。

一般将互联网和移动互联网用户的网络行为分成五大类,即信息获取类、沟通交流类、电子服务类、休闲娱乐类、电子商务类。

(1) 信息获取类。由于互联网和移动互联网资源的实时性、共享性和开放性,网络已成为目前人们获取和分享信息的来源和集散地,随着WWW和超文本协议的成功,互联网上的资源也呈现多介质、资源组织的有序性和文件传输交流的无时差性的特点。而搜索引擎技术的出现,使得互联网GB级数据查找成为可能。大数据分析技术使得信息获取更加便捷,越来越多的信息推荐服务可以将用户感兴趣的信息自动推送到用户的终端,使得信息获取更加便捷。它的实现方式主要是网站/手机APP与网络用户的互动。

(2) 沟通交流类。互联网的出现实现了互联互通,使得人们的沟通交流跨越了时间、空间、地域等客观限制因素。移动互联网的飞速发展则使得沟通和交流的障碍进一步减小,全天候的沟通交流成为现实。沟通交流是网络用户之间通过互联网进行语言、文字、图形图像的互通,它的实现方式是网络用户通过网络沟通工具互相连接,可以是一对一,也可以是多对多。

(3) 电子服务类。互联网有了信息功能和沟通功能之后,利用这两项基本功能就可以实现服务的网络化。电子服务以具体应用为主,利用多种技术手段实现服务的网络化,如银行服务、理财服务、旅游服务、医疗服务、娱乐服务等,它的实现形式是网络服务商与网络用户的互动。

(4) 休闲娱乐类。其实质是电子服务的一类,是以互联网和移动互联网为基础,通过各种娱乐客户端(视频网站、手机、APP、游戏等)为网络用户提供的一种体验服务。将休闲娱乐单独划分为一类主要因为在目前电子服务、电子商业领域中,它已经成为最大的一个群落,使用休闲娱乐的网络用户数量非常多,可以单独作为一种典型的电子服务与其他电子服务比较。休闲娱乐的实现形式是网络平台与网络用户/网络用户群的互动。

(5) 电子商务类。其实质是商业交易的电子化和网络化,通过互联网和移动互联网的基本功能,利用 Web 技术、网络安全技术、移动应用程序和大数据分析技术等构建一个虚拟的交易平台,实现产品和服务的交易,如网络购物、网上拍卖、订房订票等。

11.1.3 网络用户分类

网络用户的分类是进行网络行为研究的一项重要的工作。可以根据需要对网络用户进行多种分类。例如,可以根据用户访问的内容分出具有不同兴趣爱好的用户群,如足球爱好者、计算机技术爱好者、休闲娱乐用户群等;可以根据上网时段、访问量、上网总时间、上网总次数等把用户分为初级网络用户、中级网络用户、高级网络用户等;可以根据访问的内容信息大致确定用户从事的职业,如商人、教师、学生等。

根据用户类型可以对用户进行群体划分:以用户学科领域划分,有社科、文艺、科技、综合等学科信息用户群体;以职业划分,有各种职业信息用户群体;以用户需求目的划分,有以增长知识、实际应用、教学参考、研究开发、娱乐消遣等为目的的信息用户群体;以信息利用状态划分,有现实用户群体和潜在用户群体;另外,还可以按年龄、性别等划分出不同的用户群体。

从行为学的角度,不同群体有不同的心理特点、不同的价值观、不同的行为准则和规范。群体网络行为是一个用户群体在网络上表现出来的行为。由于群体网络行为能表现出比较明显的规律性,因此,对其进行研究很有意义。而且,在不同场合合理地进行群体的分类也是必要的。

11.1.4 网络用户行为分析的过程

网络用户行为分析,即通过对网络用户行为数据进行统计、分析,从中发现用户访问网站、使用 APP、攻击入侵等行为的规律,并将这些规律与网络营销方案、网络安全预防策略等业务活动相结合,从而发现目前可能存在的问题,并为进一步修正或重新制定方案或策略提供依据。

网络用户行为分析的过程主要包括 3 个阶段:预处理阶段、网络用户行为模式发现阶段和网络用户行为模式分析阶段。

1. 预处理阶段

预处理是对包括各种可利用数据源的使用记录、网络内容和结构信息为行为模式的数据在内的网络用户行为数据提取过程。预处理过程是整个网络用户行为分析过程的基础,主要包括使用记录预处理、内容信息预处理和结构信息预处理。这个阶段面临很多困难的问题,例如区分用户、获取完整的用户行为轨迹数据、区分会话和事务等。

2. 网络用户行为模式发现阶段

网络用户行为模式发现的常见方法如下:

(1) 统计分析。这是网络用户行为模式发现的最常用方法。通过分析会话文件,依据网络用户浏览过的网页、浏览时间、导航路径的长度,能获取不同种类的描述统计信息(频度、均值、中值等)。有一些统计分析工具能生成一个周期性的统计报表,包括站点中最频繁地被访问的网页、平均浏览时间、平均浏览路径长度。通过统计分析还可以发现一些常见的错误,例如没有授权实体点和非法的 URL。尽管此类工具缺乏有深度的分析,但是有利于提高系统性能,增强系统安全性,给站点的修改和商业市场决策提供支持。

(2) 关联规则。程序执行和用户活动通常能够表现出相互关联的特性。使用关联规则可发现一个服务会话中网页之间的关系,这些关系是指超过某个阈值的访问网页集合。关联规则常用于商业和市场上的应用,例如网上购物推荐。

(3) 分类。它是将一个数据项映射到几个预先给定类别中的某一个的方法。分类的关键在于描述属于某个特定类别的用户轮廓。例如,通过用户数据分类可以发现 30% 的 18~25 岁的用户对音乐感兴趣,居住在沿海城市。分类可以通过监督学习算法进行,该类算法主要包括决策树算法、贝叶斯网络算法、k 近邻算法、支持向量机算法等。

(4) 序列分析。序列模式用来发现按时序排列的网络用户行为中的数据之间的相关性。通过对序列模式的分析,Web 站点可以精准地向某个用户群体投放广告,也可以进行趋势分析、改变点分析、相似性分析等。

(5) 依赖模式。它是数据挖掘中另一个有广泛应用的网络用户行为模式发现方法,其目标是为用户的行为建模,挖掘用户各种行为之间的依赖关系、依赖强度等。

(6) 联系分析。其目标是确定数据间的联系,分析数据中系统特征之间的关系,将其作为构成网络用户正常使用轮廓的基础。

3. 网络用户行为模式分析阶段

网络用户行为模式分析是网络用户行为分析的最后一个阶段,是对模式发现中感兴趣的规则或模式进行分析。最常用的分析方法包括知识的查询机制,例如 SQL 语句查询。另一个方法是联机分析处理(Online Analytical Processing,OLAP)。

11.2 犯罪网络分析

上面介绍了网络用户行为的概念以及网络用户行为分析的基本流程。本章的主题是网络用户行为分析在网络安全领域的应用。在网络安全领域,从网络用户的行为特点来看,应主要从以下两方面对网络用户行为进行分析:一是网络用户异常行为检测,主要包括对网络环境中用户误操作、入侵攻击、传播恶意软件、非正常使用网络服务等行为进行挖掘和识别,可以有效抑制破坏性或恶意网络行为,保护网络环境的正常运行;二是对社交网络中隐藏的犯罪网络和犯罪团伙进行分析,可以为公安机关预防犯罪以及侦查办案提供支持。关于网络用户异常行为检测,在前面的章节已经进行了详细的介绍和讲解。本节与11.3节将重点讲解犯罪网络分析以及大数据分析技术在犯罪网络分析中的应用。

11.2.1 社会网络分析的基本概念

犯罪网络分析(Crime Network Analysis,CNA)是指采用社会网络分析(Social Network Analysis,SNA)的思想方法,结合数据挖掘等计算机技术,对有组织犯罪人员的社会信息、通信信息等数据进行分析,为国家执法部门提供有关犯罪组织的结构、核心成员和子团伙等重要情报信息。犯罪网络分析是社交网络分析在犯罪侦查和犯罪预防的国家司法领域的重要应用,是社交网络分析研究的又一热点。犯罪网络分析涉及分析数据处理、网络建立、网络分析等技术和数据挖掘的应用内容,其中涉及的许多概念、思想和方法都源于社交网络分析。为更好地理解和研究犯罪网络分析的方法和技术,有必要对社交网络分析的相关内容进行介绍。

社会网络分析是从社会学领域发展起来的,是一种新的研究社会结构的方法和技术。它以关系作为基本的研究单位,因此从社会学角度分析,社会网络分析主要是研究社会实体的连结以及这些连接关系的模式、结构和功能,同时也探讨社会网络中个体间的关系以及由这种关系形成的结构及其内涵。换句话说,社会网络分析的主要目标是从社会网络的潜在结构(latent structure)中分析发掘群体之间的动态关系。

11.2.2 社会网络分析的主要内容

从数据挖掘的角度看,社会网络分析也可以称为链接分析或链接挖掘。社会网络分析的主要方法是基于标号图的链接挖掘以及图挖掘,用于对网络新链接的预测和子群的发现。

社会网络分析用于描述和测量个体之间的关系或通过这些关系流动的各种有形或无形的东西(如信息、资源等)。自人类学家Barnes在1954年首次使用社交网络的概念分析挪威某渔村的社会结构以来,社会网络分析就被视为是研究社会结构的最具有说服力的研究方法之一。20世纪70年代以来,研究者在社会网络分析领域探讨了小群体、同位群、社会圈以及组织内部的网络、市场网络等特殊的网络形式,这些探讨逐渐形成了社会网络分析的主要内容。

根据分析的着眼点不同,社会网络分析可以分为两种基本视角:关系取向和位置取向。关系取向关注个体之间的社会性黏着关系,通过社会连接本身(如密度、强度、对称性、规模等)说明特定的行为和过程。位置取向则关注存在于个体之间的、在结构上处于平等地位的社会关系的模式化,它讨论的是两个或两个以上的个体和第三方之间的关系所折射的社会结构,强调用结构等效原则理解人类行为。

1. 关系取向中的主要分析内容

由于社会网络分析是以网络中的个体之间的关系或通过关系流动的信息、资源等为主要研究对象的,因此关系取向中的分析内容主要集中在网络关系上也就不足为怪了。

关系取向的社会网络分析研究涉及的主要内容如下:

(1) 规模(range)。社会网络中的个体都与其他个体有着或多或少、或强或弱的关系,规模测量的是个体与其他个体之间关系的数量。如果把研究的焦点集中在某一特定个体(节点)上时,对关系数量的考察就变成了对网络集中性的考察。

所谓集中性是指特定个体身上凝聚的关系的数量。一般说来,特定个体凝聚的关系数量越多,该个体在网络中就越重要。不过,关系的数量多少并不是个体重要性的唯一指标,有时候个体在网络中所处的位置比个体的集中性更为重要。特别是当个体的位置处于网络边缘时,关系数量就远不如位置重要。

(2) 强度(strength)。格兰诺维特认为,测量关系强度的变量包括关系的时间量(包括频度和持续时间)、情感紧密性、熟识程度(相互信任)以及互惠服务。个体花在关系上的时间越多、情感越紧密、相互间的信任和服务越多,这种关系就越强;反之则关系就越弱。

(3) 密度(density)。网络中一组个体之间关系的实际数量和其最大可能数量之间的比率称为密度。实际的关系数量越接近于网络中所有可能关系的总量,网络的整体密度就越大;反之则密度越小。与格兰诺维特的情感紧密性不同的是,网络密度只用来表示网络中关系的稠密程度,测量的是关系的数量;而情感紧密性则是指关系的强度,即情感上的亲密程度。

(4) 内容(content)。即使在同一个网络中,个体之间的关系也会具有不同的内容。所谓网络关系的内容,主要是指网络中个体之间联系的特定性质或类型。任何可能将个体联系起来的东西都能使个体之间产生关系,因此内容的表现形式也是多种多样的,交换关系、亲属关系、信息交流关系、感情关系、工具关系、权力关系等都可以成为具体的内容。

(5) 不对称关系(asymmetric ties)与对称关系(symmetric ties)。在不对称关系中,相关个体的关系在规模、强度、密度和内容方面是不同的,而在对称关系中,个体的关系在这些方面的表现都是相同的。例如,当信息只从个体 A 流向个体 B,而个体 B 不向个体 A 提供信息时,两者之间的关系就是不对称关系。

(6) 直接性(direct)与间接性(indirect)。直接性指个体之间直接发生的关系,间接性指两个个体必须通过中间人才能发生的关系。一般说来,直接关系连接的往往是相同或相似的个体,这些个体往往彼此认同,具有相同的价值观,因此其关系通常为强联系;而在间接关系中,由于有中间人的存在,相互联系的个体之间关系的强度受距离(中间人的数量)的影响很大。经历的中间人越多,个体之间的关系越弱;反之则可能(但不一定)越强。

2. 位置取向中的主要分析内容

与关系取向不同的是,位置取向强调的是网络中位置的结构性特征。如果说关系取向是以社会黏着为研究基点,以关系的各种特征为表现,那么位置取向则以结构上的相似性为基点,以关系的相似性为基本特征。从位置取向的视角看,位置所反映的结构性特征更加稳定和持久,更具有普遍性,因而对现实也更有解释力,且需要分析的内容也更为简单明了。位置取向的社会网络分析研究涉及的主要内容如下:

(1) 结构等效。当两个或两个以上的个体(这些个体之间不一定具有关系)与另一个个体具有相同的关系时,即为结构等效。这样的两个或两个以上的个体称为等效点。这里强调的是,在同一社会网络中的等效点必须与同一个点(个体)保持相同的关系,网络中等效点的数量和质量将对网络的驱动力产生很大的影响。

(2) 位置。作为位置取向的核心概念,位置在这里指的是在结构上处于相同地位的一组个体,是个体被消除了个性化特征而剩下的结构性特征,哪个个体处在一个位置上并不重要,重要的是这个位置在网络中的地位。

(3) 角色。与位置密切相关的另一项内容是角色,它是在结构上处于相同地位的个体在面对其他个体时表现出来的相对固定的行为模式。反过来说,具有相同社会角色的个体往往在社会网络结构中处于相同的位置。因此,角色在某种程度上是位置的行为规范。

11.2.3 犯罪网络分析的主要内容

根据上述关于犯罪网络的特征描述,从侦查有组织犯罪活动的角度看,犯罪网络分析的内容主要是犯罪网络的核心和子群。

1. 犯罪网络的核心

犯罪组织具有层次性结构特征,在犯罪组织之内或犯罪成员之间存在着领导和被领导的关系,有核心成员和普通人员之分。犯罪网络的核心就是代表犯罪团伙的领导或关键人员的网络节点。犯罪网络的核心应该具有以下特点:

(1) 犯罪网络的凝聚力是依靠其核心来维持的。一旦将这个或这些核心节点去除,犯罪网络会变得极为松散。

(2) 犯罪网络的任何一个节点都至少与核心节点中的一个相连。

2. 犯罪网络的子群

犯罪网络的子群是指在整个犯罪组织中由具有相同或相近分工的成员结合在一起的、有核心成员的子网络。犯罪网络的子群是犯罪网络的重要结构组成,通过分析找出犯罪网络中的子群是研究整个犯罪网络结构的基础。发现子群与子群间的联系或互动模式,就可以确定这些子群在网络中的地位和作用。

犯罪网络的子群一般具有以下特征:

(1) 子群内部节点间关系紧密,子群内部节点与外部节点间的联系较少。

(2) 子群内有一个(有时也会多个)节点与其他子群有联系。

(3) 子群有自己的核心节点。

3. 犯罪网络的组织结构与交互模式

犯罪网络的组织结构就是成员的分布及其在网络中的角色和地位。犯罪网络的交互模式是指整个犯罪网络的信息和资源(钱、物)在核心群与子群以及子群与子群间的流动方式。根据对以往有组织犯罪团伙的组织架构的分析总结,犯罪网络的交互模式主要有以下几种：

(1) 星形模式。在星形交互模式中，各子群(独立节点也可看成一个子群)与核心群之间是单独交互的，各子群间没有交互，如图 11-1 所示。而且各子群在网络中的地位一般不是平等的，也就是说各子群与核心群间的联系紧密程度是不同的，在图 11-1 中以线条粗细表示，即子群 3 与核心群的联系比其他子群紧密。

图 11-1 星形模式

(2) 总线型模式。在总线型模式中，核心群与子群以及子群与子群之间的信息是以阶梯式下达上传的，核心群只与地位最高的子群联系，其他子群不与核心群发生联系，如图 11-2 所示。

图 11-2 总线型模式

(3) 混合型模式。这种模式是上述两种模式的组合，在现实的犯罪团伙中，多以这种模式进行信息和资源等的交流，如图 11-3 所示。

图 11-3 混合型模式

犯罪网络的组织结构与社会网络的组织结构一样，主要在行政上体现了上述交互模式，是对整个犯罪网络的全面描述，包括节点数、关键节点、子群、子群的关键节点、各子群间的关系和子群的地位、角色等。

11.2.4 犯罪网络分析的主要方法和工具

犯罪网络分析从早期借助 Excel、Access 等工具的人工分析方法发展到目前的结构化智能分析方法，已经历经了 3 代的发展。

1. 人工分析方法

研究人员或者执法人员应用 Excel、Access 等工具软件，根据搜集到的数据人工建立关系表，再根据关系表绘制出关系图(犯罪网络)，以此对犯罪网络的核心、成员组成等相关方面进行分析研究。显然,这种方法的技术含量不高,分析效率也较低,能提供的有用信息也很有限。

2. 图形化分析方法

图形化分析方法的基础是数据库技术。采用这种方法时,首先对有关犯罪信息进行收集并通过计算机整理、录入数据库系统,然后应用数据库技术对这些数据进行分析,并将犯罪团伙的成员及其联系的分析结果以关联图的形式展示出来。这种分析方法的特点是能根据数据和条件自动生成涉案人员的关系图,使用的主要技术是数据库技术、计算机软件编程技术和数据的图形化展示技术。

3. 结构化智能分析方法

结构化智能分析方法是目前犯罪网络分析的研究方向和热点。它在数据库和数据挖掘技术的基础上,采用社会网络分析、图论等的思想和方法,对犯罪网络的结构进行分析。这种分析方法的分析对象是犯罪网络整体,而不再是涉案人员代表的网络节点。

结构化智能分析常用的技术和方法有以下 3 种。

1) 用于犯罪网络核心挖掘的方法

(1) 虚拟组织核心挖掘方法,具体步骤如下:

① 构建虚拟组织。对收集到的犯罪网络的有关成员及其联系的信息进行数据整理和抽取,构建出虚拟组织。

② 定义虚拟组织树。

③ 对虚拟组织树进行剪枝,采用递归算法找出虚拟组织树中权重最大的节点,即核心节点。

(2) 基于六度分隔理论与最短路径算法的方法。

该方法主要采用六度分隔理论和 Dijkstra 最短路径算法的思想。所谓六度分隔理论就是指社会里任何两个人之间的联系只需要至多 6 个人作为中介即可建立起来。该理论描述了社会网络的连通性质。基于六度分隔理论与最短路径算法的方法要点如下:

① 划分出子群。首先建立犯罪网络,对得到的网络应用后面介绍的子群挖掘算法得到子群集。

② 过滤。计算每个子网络中每个节点的联系度、中介度以及紧密度,其中,中介度和紧密度采用 SPLNE 算法计算得到。

③ 挖掘核心。对过滤后的节点集,找出中心度最大的节点集,就是犯罪网络的核心。

(3) 分裂法和交互集凝聚法。

分裂法(fragmentation)是解决 KPP-Neg 问题的方法。其思想是:删除一个节点,如果网络分裂后各子网络的节点间无法连通的个数最多,这个被删除的节点就是核心节点。在具体算法中应用了图论中的顶点距离的计算方法。

交互集凝聚法(inter-set cohesion)是解决 KPP-Pos 问题的方法。其思想是基于节点对网络的凝聚度的贡献来判断它是不是网络的核心节点。在具体算法中仍然应用了图论的距离、可达性(reachability)等概念和计算方法。

2）用于子群挖掘的方法

子群挖掘的方法有矩阵变换法和层次聚类法，后者是采用得较多的方法。层次聚类法把犯罪网络的节点根据连接的紧密度聚集成不同层次的类，紧密度高的节点构成网络的子群。

3）用于网络交互模式分析的方法

块模型方法是一种重要的社会网络分析方法。与在社会网络分析中基于网络位置的同构性分析不同的是，在犯罪网络分析中通过分析各子群之间的关系强度发现犯罪网络中各子群的交互模式。

11.3 大数据分析技术在犯罪网络分析中的应用

11.3.1 Louvain 算法

Louvain 算法属于社团发现（community detection）算法。社团发现算法是用来揭示网络聚集行为的一种算法，实际上就是一种网络聚类的方法。这里的社团并没有严格的定义，可以将其理解为一类具有相同特性的节点的集合。社团发现问题大多基于这样的假设：同一社团内部的节点连接较为紧密，不同社团的节点连接较为松散。因此，社团发现本质上就是网络中连接紧密的节点的聚类。常用的社团发现方法有如下几种：

（1）基于图分隔的方法，如 Kernighan-Lin 算法、谱平分法等。

（2）基于层次聚类的方法，如 GN 算法、Newman 快速算法等。

（3）基于模块度优化的方法，如 Louvain 算法等。

相对于其他算法，Louvain 算法有明确的量化指标用来衡量算法对社团划分的好坏。以下对 Louvain 算法进行详细介绍。

Louvain 算法是一种基于多层次优化模块度（modularity）的社团发现算法，该算法的优点是快速、准确，被认为是性能最好的社团发现算法之一，其优化的目标是最大化整个社团网络的模块度。

模块度是一种评估社团网络划分好坏的度量指标，这个概念是 Newman 在 2003 年提出的。它的物理含义是社团内顶点的连接边数与随机情况下的边数之差，它的取值范围是 $[-0.5,1)$，其形式化定义如下：

$$Q = \frac{1}{2m} \sum_{i,j} \left(A_{ij} - \frac{k_i k_j}{2m} \right) \delta(c_i, c_j) \tag{11-1}$$

其中，A_{ij} 表示顶点 i 和顶点 j 之间边的权重，如果是无权图，所有的边权重可以取 1；$k_i = \sum_j A_{ij}$ 表示与顶点 i 相连的所有边的权重之和（度数）；c_i 表示顶点 i 所属的社团；m 的计算公式如下：

$$m = \frac{1}{2} \sum_{i,j} A_{ij} \tag{11-2}$$

式(11-1)可以做如下简化：

$$\begin{aligned}Q &= \frac{1}{2m}\sum_{i,j}\left(A_{ij} - \frac{k_ik_j}{2m}\right)\delta(c_i,c_j) \\ &= \frac{1}{2m}\left(\sum_{i,j}A_{ij} - \frac{\sum_i k_i \sum_j k_j}{2m}\delta(c_i,c_j)\right) \\ &= \frac{1}{2m}\left(\sum_{\text{in}} - \frac{\left(\sum_{\text{tot}}\right)^2}{2m}\right)\end{aligned} \quad (11\text{-}3)$$

其中 $\sum_{\text{in}}$ 表示社团内的边的权重之和，$\sum_{\text{tot}}$ 表示与社团内的顶点相连的所有边的权重之和。

模块度也可以理解为社团内部边的权重减去所有与社团顶点相连的边的权重和。对无向图更好理解，即社团内部边的度数减去社团内顶点的总数。基于模块度的社团发现算法都是以最大化模块度 Q 为目标的。

Louvain 算法的具体描述如下：

算法输入：初始社团网络 c。

算法输出：聚类后的社团网络 c'。

具体过程：

① 将图中的每个顶点看成一个独立的社团，初始社团的数目与顶点个数相同。

② 对每个顶点 i，尝试把顶点 j 分配到其邻居顶点所在的社团中，计算分配前与分配后的模块度变化 ΔQ，并记录 ΔQ 最大的那个邻居顶点。如果最大 $\Delta Q > 0$，则把顶点 i 分配到 ΔQ 最大的那个邻居顶点所在的社团；否则放弃此次划分。其中：

$$\begin{aligned}\Delta Q &= \left(\frac{\sum_{\text{in}} + k_{i,\text{in}}}{2m} - \frac{\sum_{\text{tok}} + k_i}{4m^2}\right) - \left(\frac{\sum_{\text{in}}}{2m} - \frac{\sum_{\text{tok}}}{4m^2}\right) \\ &= \frac{k_{i,\text{in}}}{2m} - \frac{k_i}{4m^2}\end{aligned} \quad (11\text{-}4)$$

③ 重复步骤②，直到所有顶点的社团不再变化。

④ 对图进行压缩，将所有在同一个社团的顶点压缩成一个新的顶点，社团内顶点之间的边的权重转化为新顶点的环的权重，社团间的边的权重转化为新顶点间的边的权重。

⑤ 重复整个算法，直到图的模块度不再发生变化。

从流程来看，该算法能够产生层次性的社团结构，其中计算耗时较多的是最底层的社团划分。顶点按社团压缩后，将大大减小边和顶点数目，并且计算顶点 i 分配到其邻居顶点 j 所在的社团时模块度的变化只与顶点 i、j 所在的社团有关，与其他社团无关，因此计算速度很快。

下面以一个社团群为例介绍 Louvain 算法的具体步骤。

(1) 假设最初有 16 个顶点，顶点之间存在一定的关系，如图 11-4 所示。

(2) 经过算法描述步骤②的充分迭代,将相似的顶点归为一个社团,并做好标记,生成如图 11-5 所示分类。

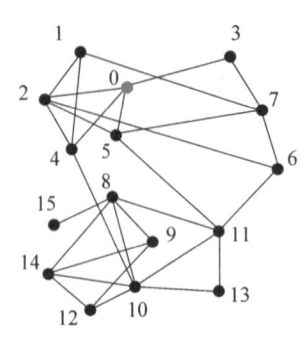

图 11-4　Louvain 算法示例步骤(1) 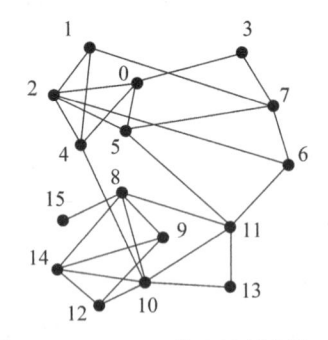　　　　图 11-5　Louvain 算法示例步骤(2)

(3) 执行算法描述步骤④,对做了标记的新社团进行折叠,将折叠之后的社团看成一个单点,如图 11-6 所示。

此时图中共有 4 个顶点(或者说 4 个社团),社团内的模块度分别为 14、4、16、2,社团之间的权重值分别为 4、1、1、1。

(4) 重新执行算法描述步骤②～④,对 4 个社团进行扫描,最终结果如图 11-7 所示。

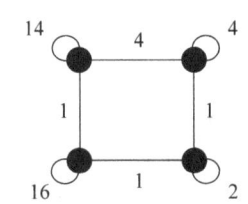

图 11-6　Louvain 算法示例步骤(3) 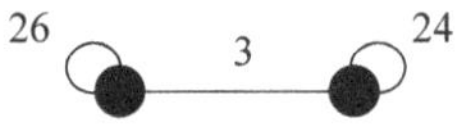　　　　图 11-7　Louvain 算法示例步骤(4)

此时,由于只有两个社团,再执行算法描述步骤②时不会有任何一个顶点的社团归属发生变化,此时也就不需要再执行算法描述步骤④,至此算法迭代结束,生成的结果可以用于分析。

11.3.2　Louvain 算法在犯罪网络分析中的应用

在社会网络中存在着犯罪嫌疑人进行密切联系的群体,他们集中在一段时间进行社交通信联络,其中的通话话单就可以揭示一些异常的通信行为。网络通话是犯罪嫌疑人进行网络电信诈骗或其他犯罪活动的方式。以电信诈骗为例,通过对比正常的通话话单和电信诈骗的通话话单,可以看到正常行为和犯罪活动之间的差异。

在图 11-8 和图 11-9 中,用圆圈表示用户,大圆圈表示需要观察的用户。用户间关系的强弱用连线的粗细表示,粗线表示用户间的关系比较强,细线表示用户间的关系比较弱。正常通话的用户间关系如图 11-8 所示,用户间的关系通常呈现出环状。例如用户 A 与用户 B、C、D 都有联系,而用户 C 与用户 B、D 也有联系,这样在 A、B、C、D 之间就构成了环状,与某一用户有联系的若干用户之间可能也会有联系,这与人们在现实社会中的社会关系是一致的。

图 11-8　正常通话的用户间关系

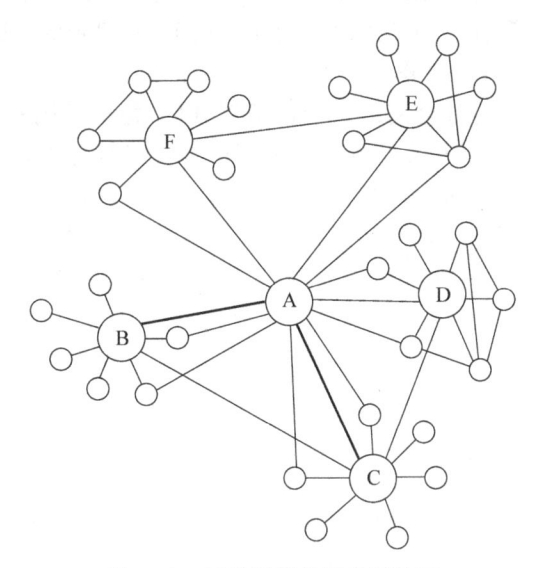

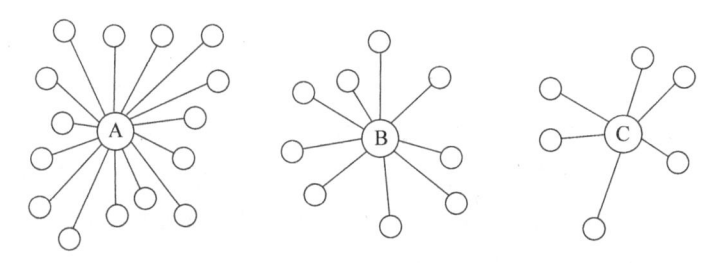

图 11-9　异常通话的用户间关系

异常通话的用户间关系如图 11-9 所示,其用户的关系并不呈现出环状,被观察的用户可能会在某个时间段内与若干号码进行了通话,但是这些号码之间并没有联系,并不符合用户在现实社会中的社会关系的正常模式。例如用户 A、B、C 在某个时间段联系了若干用户,但是这些用户之间并没有相互联系,而是分别与用户 A、B、C 构成了放射状,这属于异常的关系。将这种异常的关系特征运用于犯罪团伙发现中,往往能够查出潜在的电信网络诈骗团伙。

根据社会网络的拓扑结构可以提取一些关键信息,或者根据拓扑结构得出一些有效的评价指标,从而更好地了解网络拓扑结构的特征,判断犯罪团伙的成员在犯罪组织中的角色地位,对公安机关侦破犯罪团伙有着至关重要的作用。

以 Louvain 算法为例,在对社会网络进行划分时,将社会网络中的每个节点看成一个独立的社团,初始社团的数目与节点个数相同。对于一个节点 i,考虑其所有邻居节点 j,计算将 i 从原社团删除并移动到 j 所在社团的模块度变化,将节点 i 移动到模块度变化最大的 j 所在的社团。对所有节点重复执行该过程,在过程中一个节点可能被多次考虑,当模块度为局部最大值时,即没有单独节点可以移动并改善模块度时,就完成了 Louvain

算法第一阶段的划分。在算法第二阶段,将划分后的每个社团压缩成一个节点,两个社团中节点之间连接权重之和作为新节点之间的连接权重,构建新的社团,采用第一阶段的迭代过程,完成整个社会网络的划分。

在使用 Louvain 算法对社会网络进行社团划分后,每个社团都是联系紧密的节点集合,其中可能存在着犯罪团伙成员。在对划分后的社团进行分析时,可以通过对社团的拓扑结构或者属性信息进行分析,发现可疑团伙成员。如果已知一个社会网络的拓扑结构,就可以从该拓扑结构中提取一些关键信息,或者根据该拓扑结构得出一些有效的评价指标,从而更好地了解社会网络拓扑结构的特征。例如,在电信诈骗犯罪团伙中,有人负责进行设备采购和人员组织,有人负责与受骗者沟通,有人负责线下取钱或线上洗钱;在贩卖儿童团伙中,有人负责寻找儿童目标,有人负责运输,有人沟通买家,最终还会有不同的人收钱。

11.3.3 三角形计数法

图的三角形计数问题是一个基本的图计算问题,是很多复杂网络分析(例如社交网络分析)的基础。目前图的三角形计数问题已经成为 Spark 系统中 GraphX 图计算库提供的一个算法级 API。

三角形计数法在社会网络分析中是非常有用的。这里的三角形是图中 3 个顶点构成的小图,这 3 个顶点两两相连。假如,一个人在微博上认识两个校友,而这两个校友彼此又相互认识,那么这 3 个人就组成了一个三角形。对社会网络进行三角形计数,可以用三角形数量反映社会网络中关系的稠密程度和质量。社会网络拥有的三角形越多,其节点之间的关系也就越紧密。如果一个人只关注了很多人,却没有形成三角形,则说明这个社交群体很松散。三角形是一种完全图(即任意两点之间均有边)。如果一条边的两个顶点有共同的邻居顶,则这 3 个点构成三角形。

三角形计数法的算法描述如下:

算法输入:社交网络图 G。

算法输出:图 G 中三角形的个数。

① 为每个顶点计算邻居集合。

② 对于每条边,计算两个顶点的邻居集合的交集中的元素个数,它就是与该顶点关联的三角形的个数。

③ 对每个顶点合并三角形的个数。由于三角形中一个顶点关联两条边,所以对于同一个三角形而言,一个顶点计算了两次,故最终结果需要除以 2。

以图 11-10 为例,首先找出每个顶点的邻居顶点,例如,顶点 1 的邻居顶点集合为{2,3,4}。顶点 1 和顶点 4 有共同的邻居顶点 2、3,因此在边 1-4 上可以发现两个三角形,这样就完成了三角形的计数。

11.3.4 PageRank 算法

1. 算法简介

PageRank 算法又称网页排名算法、Google 公司左侧排名算法,是一种由搜索引擎根

图 11-10　三角形计数法

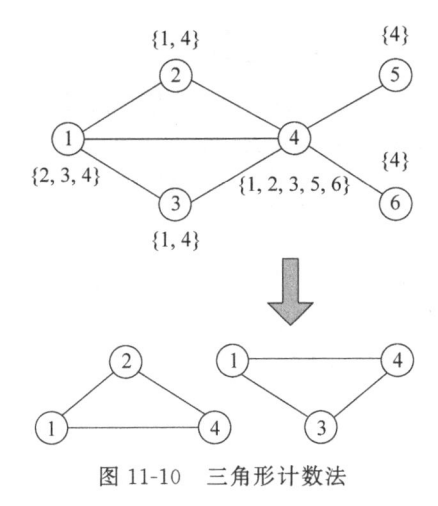

据网页之间相互链接的次数计算网页排名的技术,以 Google 公司创办人拉里·佩奇(Larry Page)的姓氏命名。Google 公司用该算法计算网页的相关性和重要性,在搜索引擎优化操作中是经常用来评估网页优化成效的算法之一。PageRank 算法借鉴了学术界衡量论文重要性的评估方法:一篇论文被引用的次数越多就越重要。PageRank 算法就是给每个网页附加权值。其核心思想如下:

(1) 如果一个网页被链接到很多其他网页上,说明这个网页比较重要,其 PageRank 值会比较高。

(2) 如果一个网页被链接到一个 PageRank 值很高的网页上,那么该网页的 PageRank 值会相应地提高。

在介绍 PageRank 算法的原理之前,先对以下基本概念进行介绍:

(1) 出链。如果在网页 A 中附加了网页 B 的超链接 B-Link,用户浏览网页 A 时可以点击 B-Link 进入网页 B,称 A 出链 B。

(2) 入链。对于上面的情况,称 B 入链 A。

(3) 无出链。如果网页 A 中没有到其他网页的超链接,则称 A 无出链。

(4) 只对自己出链。如果网页 A 中没有到其他网页的超链接,而只有到本网页其他部分的超链接,则称 A 只对自己出链。

(5) PR 值。一个网页的 PR 值就是该网页被访问的概率。PR 值越高,其排名越靠前。

2. 算法描述

PageRank 算法的具体描述如下:

算法输入:n 个待排序的网页。

算法输出:n 个网页及其 PR 值。

具体过程:

① 给每个网页赋一个初始的 PR 值,它满足以下条件:

$$\sum_{i=1}^{n} \mathrm{PR}_i = 1 \tag{11-5}$$

② 根据网页之间的出链和入链关系,将每个网页的 PR 值迭代平均分给它所指向的网页,直至所有网页的 PR 值收敛。迭代公式如下:

$$\mathrm{PR}_u = \alpha \sum_{v = N_{\mathrm{in}}(u)} \frac{\mathrm{PR}_v}{|N_{\mathrm{out}}(v)|} + \frac{1-\alpha}{n} \tag{11-6}$$

为了避免出链为 0 的网页始终将 PR 值分配给自己,设置一个比例因子 α 对每个网页的 PR 值进行缩减,再把剩余的 PR 值平均分配给其他的每个网页,以保持网络总的 PR 值为 1。$N_{\mathrm{in}}(u)$ 表示指向网页 u 的其他网页集合;$N_{\mathrm{out}}(v)$ 表示网页 v 指向的其他网页集合,$|N_{\mathrm{out}}(v)|$ 表示这个集合的大小。当迭代次数足够多时,所有网页的 PR 值将会收敛。

3. 算法实例

如图 11-11 所示,存在 3 个页面 A、B、C。为了方便计算,假设每个页面的初始 PR 值为 1/3,α 为 0.85。

第一次迭代时,页面 A 的 PR 值计算如下:

$$\mathrm{PR}(A) = \alpha \times \mathrm{PR}(C) + \frac{1-\alpha}{3} = 0.333\ 333$$

页面 B 的 PR 值计算如下:

$$\mathrm{PR}(B) = \frac{\alpha \times \mathrm{PR}(A)}{2} + \frac{1-\alpha}{3} = 0.191\ 667$$

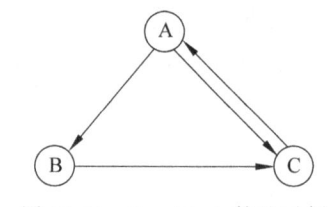

图 11-11 PageRank 算法示例

页面 C 的 PR 值计算如下:

$$\mathrm{PR}(C) = \frac{\alpha \times \mathrm{PR}(A)}{2} + \alpha \times \mathrm{PR}(B) + \frac{1-\alpha}{3} = 0.354\ 583$$

表 11-1 是各页面迭代 15 次的 PR 值。

表 11-1 各页面迭代 15 次的 PR 值

迭代次数	PR(A)	PR(B)	PR(C)
1	0.333 333	0.191 667	0.354 583
2	0.351 396	0.199 343	0.368 785
3	0.363 467	0.204 474	0.378 276
4	0.371 535	0.207 902	0.384 619
5	0.376 926	0.210 194	0.388 858
6	0.380 530	0.211 725	0.391 691
7	0.382 938	0.212 749	0.393 585
8	0.384 547	0.213 432	0.394 850
9	0.385 623	0.213 890	0.395 696

续表

迭代次数	PR(A)	PR(B)	PR(C)
10	0.386 341	0.214 195	0.396 261
11	0.386 822	0.214 399	0.396 639
12	0.387 143	0.214 536	0.396 891
13	0.387 357	0.214 627	0.397 060
14	0.387 501	0.214 688	0.397 172
15	0.387 597	0.214 729	0.397 248

从表11-1可以看到，PR(A)、PR(B)、PR(C)的结果均收敛于某个值，为了避免程序无限次迭代，一般要设置收敛条件。例如，当上次迭代结果与本次迭代结果之差小于某个阈值时，结束程序运行。也可以设置最大循环次数。

11.3.5 PageRank算法在犯罪网络分析中的应用

在分析犯罪网络的过程中，通常主要关注犯罪网络结构的诸多特征，以查明下述问题：犯罪网络中心人物是谁？犯罪网络中存在哪些团伙？团伙之间互动关系类型有哪些？犯罪网络的整体结构是什么？打击哪些犯罪团伙成员能够破坏整个犯罪网络？信息与资源在犯罪网络中如何流动？通过这些犯罪网络结构特征能够掌握犯罪网络的情况，从而有效辅助执法和司法工作。其中，发现犯罪网络中心人物（即社会网络分析中的核心）是分析犯罪网络的基础与前提。只有识别犯罪网络中心人物，才能掌握犯罪网络结构，最终制定有针对性的打击犯罪网络对策。

节点的中心度是社会网络中心度测量的基础。节点的中心度的概念来自核心的概念，其目的在于发现网络的核心。节点的度数是对节点的中心度最简单、最直接的量度，与一个节点直接相连的其他节点的个数就是该节点的度数。节点的度数说明该个体在社会网络中与其他个体之间关联的紧密程度。中心度最高的节点是该社会网络的核心，或者说该节点处于网络中心、领导地位。

通过对PageRank算法的分析和介绍，可以发现该算法对网页PR值的计算可以推广到对犯罪网络中各嫌疑人节点的中心度计算，即构建一个与犯罪团伙对应的网络结构图，将犯罪团伙成员视为网络结构图的各个节点，将成员间的联系视为连接各个节点的有向边。例如，在一个团伙犯罪案件中，通过分析团伙中的各成员属性，就可以构建一个网络结构图，团伙成员可视为图中的各个节点。成员之间进行的通信交流、信息传递和财物转移等可视为连接各个节点的有向边，通过分析这些边与案件是否相关为其赋予权值，进一步计算得出节点的PR值，该值即为节点的中心度值。通过对PR值的计算，找出该网络中重要程度最高的节点，从而确认犯罪网络中的中心人物。这个过程的主要步骤如下。

(1) 主题相关性度量。

由于PageRank算法本身无法对团伙成员之间的联系是否与主题相关进行分析，所以对团伙成员的数据需要进一步分析，以得出更精确的结果。根据团伙成员中的通信发出者、通信接收者及通信主题与案件的相关性对有向边进行赋值,引入主题相关性系数,它具体体现为团伙成员组成的网络结构图中节点或各条边的属性。其中,节点代表通信发出者或通信接收者,边代表通信的主题。

(2) 成员重要性度量。

在由多个成员构成的犯罪网络中,一个成员与其他成员之间的紧密度可以视为一个成员到其他成员之间的最短路径之和。一个成员的紧密度越大,表示成员之间的联系通过这个成员的可能性越大;反之表示成员之间的联系通过这个成员的可能性越小。每个成员对犯罪团伙的重要性是不同的,如果任意其他成员之间的最短路径均通过一个成员,则该成员对犯罪团伙的重要性越大。

(3) 犯罪团伙中成员的重要性评价。

犯罪团伙中成员的重要性评价要在确定主题相关性的基础上结合犯罪团伙的特点进行。犯罪团伙中成员的重要性评价步骤如下:

① 收集并分析线索,把当前所有相关成员列出,初步构建犯罪网络结构图。

② 在犯罪网络中搜集线索,添加成员的信息和团伙犯罪相关主题。

③ 根据成员信息判断团伙犯罪网络中各成员是否关联主题。如果关联主题,根据主题相关性系数和嫌疑人重要性系数计算成员的重要性;否则,记录线索信息,继续拓展新的线索。

④ 形成证据链,确定嫌疑人。

犯罪网络成员的重要性评价流程如图 11-12 所示。

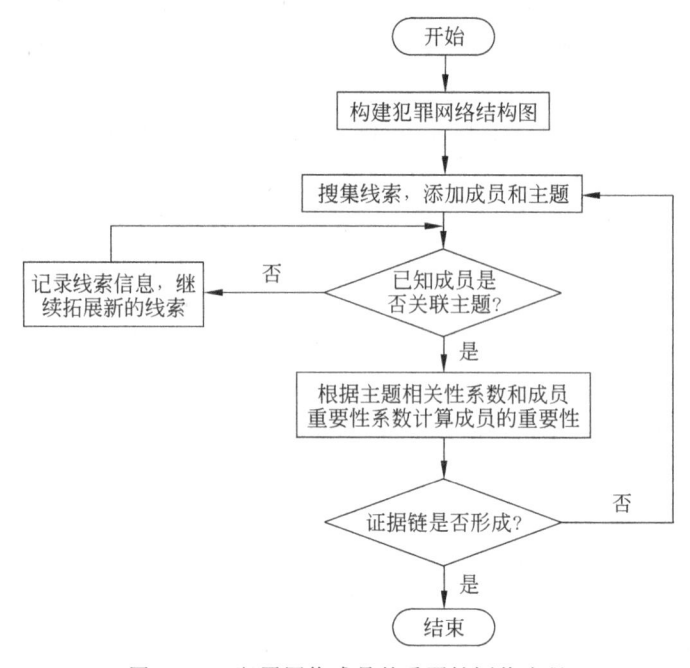

图 11-12 犯罪网络成员的重要性评价流程

小结

本章主要介绍了网络用户行为的概念、特点、分类及其分析技术和分析过程,社交网络分析的基本概念和主要内容,犯罪网络分析的主要内容、方法和工具,Louvain 算法、三角形计数法、PageRank 算法的基本思想、原理及其在犯罪网络分析中的应用。

附录 A 英文缩略语

ACL   Access Control List   访问控制列表
ADC   Asymmetric Distance Computation   非对称距离计算
ANN   Artificial Neural Network   人工神经网络
API   Application Programming Interface   应用编程接口
APT   Advanced Persistent Threat   高级持续性威胁
ASCII   American Standard Code for Information Interchange   美国信息交换标准代码
ASN   Autonomous System Number   自治系统号
BDSA   Big Data Security Analysis   大数据安全分析
BIC   Bayesian Information Criterion   贝叶斯信息判别式
BPNN   Back-Propagation Neural Network   反向传播神经网络
BSP   Bulk Synchronous Parallel   整体同步并行计算模型
CAP   Credit Assignment Problem   贡献度分配问题
CLS   Concept Learning System   概念学习系统
CNN   Convolutional Neural Network   卷积神经网络
CNA   Crime Network Analysis   犯罪网络分析
CSA   Cyber Situation Awareness   网络态势感知
CSRF   Cross-Site Request Forgery   跨站请求伪造
CVE   Common Vulnerabilities and Exposures   常见漏洞和披露
DDoS   Distributed Denial of Service   分布式拒绝服务攻击
DLL   Dynamic Link Library   动态链接库
DoS   Denial of Service   拒绝服务攻击
ETL   Extract, Transform, and Load   数据抽取、数据变换和数据加载
FSS   Feature Subset Selection   特征子集选择
FTP   File Transfer Protocol   文本传输协议
GFS   Google File System   Google 文件系统
HDFS   Hadoop Distributed File System   Hadoop 分布式文件系统
HTTP   HyperText Transfer Protocol   超文本传输协议
IDES   Intrusion Detection Expert System   入侵检测专家系统

IDM	ID Management	身份管理
IDS	Intrusion Detection System	入侵检测系统
JDL	Joint Directors of Laboratories	实验室主管联席会议
LDA	Linear Discriminant Analysis	线性判别式分析
MAE	Mean Absolute Error	平均绝对误差
MAPE	Mean Absolute Percentage Error	平均绝对百分比误差
MPM	Massively Parallel Processing	大规模并发处理
MSE	Mean Squared Error	均方误差
NTP	Network Time Protocol	网络时间协议
OLAP	On Line Analytical Processing	联机分析处理
OS	Operation System	操作系统
PCA	Principal Components Analysis	主成分分析
RMSE	Root Mean Squared Error	均方根误差
ROC	Receiver Operating Characteristic	受试者工作特征
SA	Situation Awareness	态势感知
SCP	Secure Copy	安全复制
SD	Signature Database	签名数据库
SDC	Symmetric Distance Computation	对称距离计算
SNA	Social Network Analysis	社会网络分析
SNMP	Simple Network Management Protocol	简单网络管理协议
SSO	Single Sign On	单点登录
SSRF	Server-Side Request Forgery	服务器端请求伪造
SVM	Support Vector Machines	支持向量机
TCP	Transmission Control Protocol	传输控制协议
UPS	Uninterruptible Power Supply	不间断电源
URL	Uniform Resource Locator	统一资源定位符

参 考 文 献

[1] 张焕国,韩文报,来学嘉,等. 网络空间安全综述[J]. 中国科学：信息科学,2015,46(2)：125-164.

[2] 沈昌祥,张焕国,冯登国,等. 信息安全综述[J]. 中国科学：信息科学,2007,37(2)：129-150.

[3] 李曼曼. 全球网络空间国家大数据安全面临的挑战与中国应对[D]. 郑州：郑州大学,2019.

[4] 林润辉,谢宗晓. 从信息安全到网络空间安全[J]. 中国质量与标准导报,2017(3)：44-47.

[5] 周泳成. 万物互联下的网络安全分析[J]. 网络安全技术与应用,2019(9)：3-4.

[6] 张庆涛. 网络安全分析如何应用大数据技术[J]. 计算机知识与技术,2019,15(31)：19-20.

[7] 白硕,徐辉. 大数据技术在网络安全分析中的应用[J]. 网络安全技术与应用,2018,210(6)：54-55.

[8] 李涛. 网络安全中的数据挖掘技术[M]. 北京：清华大学出版社,2017.

[9] 中国信息通信研究院安全研究所. 大数据安全白皮书[R]. 2018.

[10] 基于案例的安全分析方法实践[EB/OL]. https://www.secrss.com/articles/9103.

[11] 张舒,李淼. 2018年度国内外网络空间安全形势回顾[J]. 信息安全与通信保密,2019(1)：32-42.

[12] 肖占军,赵志杰,吴宝明. 基于大数据的网络安全分析系统构建问题研究[J]. 网络安全技术与应用,2019,219(3)：50.

[13] 郝泽晋,梁志鸿,张游杰,等. 大数据安全技术概述[J]. 内蒙古科技与经济,2018,418(24)：75-78.

[14] 梅宏. 大数据发展现状与未来趋势[J]. 交通运输研究,2019,5(5)：1-11.

[15] 高佳雨. 大数据安全与隐私保护研究[J]. 无线互联科技,2019,16(14)：143-144.

[16] 李淼,谈超洪,邵国安. 电子政务大数据环境下的数据安全研究[J]. 网络空间安全,2019,10(6)：65-70.

[17] 吴信东,董丙冰,堵新政,等. 数据治理技术[J]. 软件学报,2019,30(9)：266-292.

[18] 李树栋,贾焰,吴晓波,等. 从全生命周期管理角度看大数据安全技术研究[J]. 大数据,2017,3(5)：3-19.

[19] 刘驰,胡柏青,谢一,等. 大数据治理与安全：从理论到开源实践[M]. 北京：机械工业出版社,2017.

[20] 陈性元,高元照,唐慧林,等. 大数据安全技术研究进展[J]. 中国科学：信息科学,2020,50(1)：25-66.

[21] 周涛,程学旗,陈宝权. CCF大专委2020年大数据发展趋势预测[J]. 大数据,2020,6(1)：119-123.

[22] 孙志鹏. 分类型数据异常检测算法研究[D]. 哈尔滨：哈尔滨工业大学,2020.

[23] 蒲晓川. 大数据环境下的网络流量异常检测研究[J]. 现代电子技术,2018,41(3)：84-87.

[24] 宋若宁. 海量数据环境下的网络流量异常检测的研究[D]. 北京：北京邮电大学,2015.

[25] SUN Z, BEBIS G, MILLER R. Object detection using feature subset selection[J]. Pattern Recognition, 2004, 37(11)：2165-2176.

[26] LIU H, SETIONO R. Feature selection and classification—a probabilistic wrapper approach[C]// Industrial and Engineering Applications of Artificial Intelligence and Expert Systems, Proceedings of the Ninth International Conference, Fukuoka, Japan, June 4-7, 1996.

[27] FISHER R A. The use of multiple measurements in taxonomic problems[J]. Annals of Eugenics, 1936, 7.

[28] 奚琪,王清贤,曾勇军.恶意代码检测技术综述[C]//计算机研究新进展(2010)——河南省计算机学会2010年学术年会论文集.河南省计算机学会,河南省科学技术协会,2010：7.
[29] 王慧敏,龚庆悦,胡孔法,等.基于层次聚类的失眠处方用药分析[J].计算机时代,2020(3)：28-31.
[30] 王圆方.基于层次聚类改进SMOTE的过采样方法[J].软件,2020,41(2)：201-204.
[31] 牛津.基于静态行为特征的恶意软件检测方法与实现[D].西安：西安电子科技大学,2019.
[32] 孙博文.基于深度神经网络的恶意代码变种检测技术的研究与实现[D].北京：北京邮电大学,2019.
[33] 任重儒.基于深度学习的恶意软件检测技术研究[D].大连：大连理工大学,2020.
[34] 蒋方朔.基于深度学习的恶意软件识别研究与实现[D].北京：北京邮电大学,2019.
[35] 黄海新,张路,邓丽.基于数据挖掘的恶意代码检测综述[J].计算机科学,2016,43(7)：13-18,56.
[36] 曾娅琴.基于特征融合的恶意软件家族检测方法研究[D].乌鲁木齐：新疆大学,2019.
[37] 陈森.数据驱动的安卓恶意软件排查和安卓应用漏洞挖掘的研究[D].上海：华东师范大学,2019.
[38] 赵瑞华.智能手机安全问题分析与恶意软件检测技术研究[D].武汉：武汉理工大学,2014.
[39] 邓兆琨,陆余良,黄钊.动静结合的网络恶意代码检测技术研究[J].计算机应用研究,2019,36(7)：2159-2163.
[40] 鲍美英.基于改进决策树分类的Android恶意软件检测[J].软件,2017,38(2)：33-36.
[41] 倪铭.基于数据挖掘技术的恶意软件检测关键问题研究[D].南京：南京理工大学,2018.
[42] 程翔龙.基于机器学习的威胁情报可信分析系统的研究[D].北京：北京邮电大学,2019.
[43] 徐留杰.基于威胁情报的APT检测技术研究[D].镇江：江苏科技大学,2019.
[44] 胡必伟.基于贝叶斯理论的Webshell检测方法研究[J].科技广场,2016(6)：66-70.
[45] 马泽辉.基于逻辑回归算法的Webshell检测方法研究[J].信息安全研究,2019,5(4)：298-302.
[46] 卢琳.网络入侵检测与计算机取证技术探析[J].廊坊师范学院学报,2011,11(4)：34-36.
[47] 李琼阳,田萍.基于主成分分析的朴素贝叶斯算法在垃圾短信用户识别中的应用[J].数学的实践与认识,2019,49(1)：136-140.
[48] 许艳萍,伍淳华,侯美佳.基于改进朴素贝叶斯的安卓恶意应用检测技术[J].北京邮电大学学报,2016,39(2)：43-47.
[49] 王洋,吴建英,黄金垒.基于贝叶斯攻击图的网络入侵意图识别方法[J].计算机工程与应用,2019,55(22)：73-79.
[50] 金志刚,苏菲.基于FSVM与多类逻辑回归的两级入侵检测模型[J].南开大学学报,2018,51(3)：1-6.
[51] 于静,王辉.改进支持向量机在网络入侵检测中的应用[J].微电子学与计算机,2012,29(3)：10-13.
[52] 李卓冉.逻辑回归方法原理与应用[J].新科技,2017(28)：114-115.
[53] 特征选择及贝叶斯正则化[EB/OL].https：//www.cnblogs.com/hxsyl/p/5438520.html.
[54] Gartner. Market Guide for Security Threat Intelligence Service[R]. 2014.
[55] 中国国家标准化管理委员会.信息安全技术 网络安全威胁信息格式规范(GB/T 36643—2018)[S]. 2018.
[56] 石志鑫,马瑜汝,张悦,等.威胁情报相关标准综述[J].信息安全研究,2019,5(7)：560-569.
[57] 程翔龙.基于机器学习的威胁情报可信系统的研究[D].北京：北京邮电大学,2019.
[58] 杨沛安,武杨,苏莉娅,等.网络空间威胁情报共享技术综述[J].计算机科学,2018,45(6)：15-24,32.

[59] 汪鑫,武杨,卢志刚.基于威胁情报平台的恶意 URL 检测研究[J].计算机科学,2018,45(3):124-130,170.

[60] 刘文彦,霍树民,陈扬,等.网络攻击链模型分析及研究[J].通信学报,2018,39(S2):92-98.

[61] 范仲伟,王洪鹫,杨丹.基于攻击链的网络安全等级保护整体测评方法研究[C]//2019 中国网络安全等级保护和关键信息基础设施保护大会论文集.江苏无锡,2019:5-8.

[62] 时熙然.基于日志的异常检测研究[D].天津:中国民航大学,2019.

[63] 张建东.基于大数据技术的日志分析体系结构的研究[J].现代计算机(专业版),2018(9):64-678.

[64] 徐大川,许宜诚,张冬梅.k-平均问题及其变形的算法综述[J].运筹学学报,2017,21(2):101-109.

[65] 徐开勇,龚雪容,成茂才.基于改进 Apriori 算法的审计日志关联规则挖掘[J].计算机应用,2016,36(7):1847-1851.

[66] 杨楠.基于关联规则 Apriori 算法的 Web 日志挖掘研究与实现[D].成都:成都理工大学,2012.

[67] 万斌,徐明.一种基于 Apriori 算法的网络安全预测方法[J].电力信息与通信技术,2019,17(1):133-138.

[68] 周志华.机器学习[M].北京:清华大学出版社,2016.

[69] 马莉雅.基于决策树、逻辑回归和改进神经网络的几种慢性病的危险因素分析研究[J].软件,2014,35(12):58-65.

[70] 王正存,肖中俊,严志国.逻辑回归分类识别优化研究[J].齐鲁工业大学学报,2019,33(5):47-51.

[71] 肖柏旭,张丽静.基于分流抑制机制的卷积神经网络人脸检测法[J].计算机应用,2006,26(S1):46-48.

[72] 邓红莉,杨韬.一种基于深度学习的异常检测方法[J].信息通信,2015(3):3-4.

[73] 吴镜锋,金辉东,唐鹏.数据异常的监测技术综述[J].计算机科学,2017(S2):34-38.

[74] 深入浅出 KNN 算法[EB/OL].https://zhuanlan.zhihu.com/p/61341071.

[75] KNN 算法[EB/OL].http://kesmlcv.blogpot.com/2013/08/knn.html.

[76] 详解 IDS 入侵检测系统的功能与作用[EB/OL].https://www.yisu.com/news/id_399.html.

[77] 钓鱼网站的技术原理和防护[EB/OL].http://www.h3c.com/cn/d_201104/711487_30008_0.htm.

[78] 中国互联网络信息中心(CNNIC).第 45 次中国互联网络发展现状统计报告[R].2020.

[79] 邹腾宽,汪钰颖,吴承荣.网络背景流量的分类与识别研究综述[J].计算机应用,2019,39(3):802-811.

[80] 李振国,郑惠中.网络流量采集方法研究综述[J].吉林大学学报(信息科学版),2014,32(1):70-75.

[81] 周爱平,程光,郭晓军.高速网络流量测量方法[J].软件学报,2014,25(1):135-153.

[82] 张广兴,邱峰,谢高岗,等.一种高效的网络流记录表示方法[J].计算机研究与发展,2013,50(4):722-730.

[83] CLAFFY K C,BRAUN H W,POLYZOS G C. A Parameterizable Methodology for Internet Traffic Flow Profiling [J]. IEEE Journal on Selected Areas in Communications,1995,13(8):10-23.

[84] 张潇丹,李俊.一种基于云服务模式的网络测量与分析架构[J].计算机应用研究,2012,29(2):725-729,733.

[85] 李志敏,赵治国,郝丽波. 以太网流量测量研究综述[J]. 网络安全技术与应用,2011(7):26-28.

[86] 陈松,王珊,周明天. 基于实时分析的网络测量抽样统计模型[J]. 电子学报,2010,38(5):1177-1180.

[87] HE G H,JENNIFER C HOU. On Sampling Self-Similar Internet Traffic[J]. Computer Networks,2006,50(16):2919-2936.

[88] RASPALLF. Efficient Packet Sampling for Accurate Traffic Measurements[J]. Computer Networks,2012,56(6):1667-1684.

[89] 包铁,刘淑芬. 基于规则的网络数据采集处理方法[J]. 计算机工程,2007(1):101-103.

[90] 牛丽君,郭宇明,朱晓梅. 网络管理中流量采集技术的应用[J]. 计算机与信息技术,2006(11):53-55.

[91] 牛燕华,任新华,毕经平. Internet 网络测量方式综述[J]. 计算机应用与软件,2006(7):11-13,25.

[92] 唐海娜,李俊. 网络性能监测技术综述[J]. 计算机应用研究,2004(8):10-13.

[93] 程光,龚俭. 大规模高速网络流量测量研究[J]. 计算机工程与应用,2002(5):17-19,78.

[94] 陈萍,孙洁丽. IP 计费几种常用技术比较及对 IP 统计数据的进一步分析[J]. 计算机工程,2000(S1):340-344.

[95] 韩晓露,刘云,张振江,等. 网络安全态势感知理论与技术综述及难点问题研究[J]. 信息安全与通信保密,2019(7):61-71.

[96] 贾焰,王晓伟,韩伟红,等. YHSSAS:面向大规模网络的安全态势感知系统[J]. 计算机科学,2011,38(2):4-8.

[97] 赖积保. 网络安全态势感知系统关键技术研究[D]. 哈尔滨:哈尔滨工程大学,2007.

[98] 王磊. 网络安全态势感知关键技术研究[D]. 西安:西安电子科技大学,2015.

[99] 李艳,王纯子,黄光球,等. 网络安全态势感知分析框架与实现方法比较[J]. 电子学报,2019,47(4):161-179.

[100] ENDSLEY M R,GARLAND D J. Situation Awareness:Analysis and Measurement[M]. Lawrence Erlbaum Associates,2000:1740-1741.

[101] GIACOBE N A. Application of the JDL data fusion process model for cyber security[J]. Proc Spie,2010,7710(5):1-10.

[102] BASS T. Intrusion Detection Systems and Multisensor Data Fusion[J]. Communications of the ACM,2000,43(4):99-105.

[103] 龚俭,臧小东,苏琪,等. 网络安全态势感知综述[J]. 软件学报,2017(4):1010-1026.

[104] 陶源,黄涛,张墨涵,等. 网络安全态势感知关键技术研究及发展趋势分析[J]. 信息网络安全,2018(8):79-85.

[105] 展娜,杨志军. 基于大数据分析的网络安全态势感知[C]//中国计算机用户协会网络应用分会 2018 年第 22 届网络新技术与应用年会论文集. 2018.

[106] 崔明辉. 网络安全态势评估与预测关键技术研究[D]. 西安:西安电子科技大学,2019.

[107] 陈柳巍. 面向网络安全态势评估系统的态势评估算法设计[D]. 哈尔滨:哈尔滨工程大学,2011.

[108] WANG N,YEUNG D-Y. Learning a deep compact image representation for visual tracking. In Advances in Neural Information Processing Systems,pages 809-817,2013.

[109] TOSHEV A,SZEGEDY C. Deeppose:Human pose estimation via deep neural networks. In 2014 IEEE Conference on Computer Vision and Pattern Recognition(CVPR),IEEE,2014:1653-1660.

[110] TIELEMAN T,HINTON G. Divide the gradient by a running average of its recent magnitude. COURSERA:Neural Networks for Machine Learning,4,2012. Accessed:2015-11-05.

[111] SZEGEDY C, VANHOUCKE V, IOFFE S, et al. Rethinking the inception architecture for computer vision. arXiv preprint arXiv：1512.00567，2015.

[112] SZEGEDY C, LIU W, JIA Y, et al. Going deeper with convolutions[C]//Proceedings of the IEEE Conference on Computer Vision and Pattern Recognition, 2015：1-9.

[113] SUTSKEVER I, MARTENS J, DAHL G, et al. On the importance of initialization and momentum in deep learning[C]//Proceedings of the 30th International Conference on Machine Learning(ICML-13)：volume 28, 2013：1139-1147.

[114] SIMONYAN K, ZISSERMAN A. Very deep convolutional networks for large-scale image recognition. arXiv preprint arXiv：1409.1556, 2014.

[115] LONG J, SHELHAMER E, DARRELL T. Fully convolutional networks for semantic segmentation[C]//Proceedings of the IEEE Conference on Computer Vision and Pattern Recognition, 2015：3431-3440.

[116] 张宪立,唐建新,曹来成.基于反向 PageRank 的影响力最大化算法[J].计算机应用,2020,40(1)：96-102.

[117] 潘潇.基于社交网络的犯罪团伙发现研究[D].北京：中国人民公安大学,2019.

[118] 潘潇,王斌君.基于社交网络的犯罪团伙发现算法研究[J].软件导刊,2018,17(12)：77-80,86.

[119] 魏强.网络用户行为分类的研究[D].大连：大连海事大学,2016.

[120] 李沐南.Louvain 算法在社区挖掘中的研究与实现[D].北京：中国石油大学(北京),2016.

[121] 潘芳.基于模糊集合论的犯罪网络分析研究[D].重庆：西南大学,2009.

[122] 李海波.基于通信行为挖掘的犯罪网络分析技术研究与应用[D].上海：上海交通大学,2007.

[123] 董富强.网络用户行为分析研究及其应用[D].西安：西安电子科技大学,2005.

图书资源支持

感谢您一直以来对清华版图书的支持和爱护。为了配合本书的使用，本书提供配套的资源，有需求的读者请扫描下方的"书圈"微信公众号二维码，在图书专区下载，也可以拨打电话或发送电子邮件咨询。

如果您在使用本书的过程中遇到了什么问题，或者有相关图书出版计划，也请您发邮件告诉我们，以便我们更好地为您服务。

我们的联系方式：

地　　址：北京市海淀区双清路学研大厦A座714

邮　　编：100084

电　　话：010-83470236　010-83470237

客服邮箱：2301891038@qq.com

QQ：2301891038（请写明您的单位和姓名）

资源下载：关注公众号"书圈"下载配套资源。

资源下载、样书申请	图书案例	
书圈	清华计算机学堂	观看课程直播